U0817878

数控机床编程与操作

主 编 迟 旭

北京理工大学出版社
BEIJING INSTITUTE OF TECHNOLOGY PRESS

版权专有　侵权必究

图书在版编目（CIP）数据

数控机床编程与操作/迟旭主编．—北京：北京理工大学出版社，2016.10
ISBN 978－7－5682－3210－4

Ⅰ.①数…　Ⅱ.①迟…　Ⅲ.①数控机床－程序设计－高等学校－教材②数控机床－操作－高等学校－教材　Ⅳ.①TG659

中国版本图书馆CIP数据核字（2016）第238061号

出版发行／北京理工大学出版社有限责任公司
社　　址／北京市海淀区中关村南大街5号
邮　　编／100081
电　　话／（010）68914775（总编室）
（010）82562903（教材售后服务热线）
（010）68948351（其他图书服务热线）
网　　址／http：//www.bitpress.com.cn
经　　销／全国各地新华书店
印　　刷／三河市天利华印刷装订有限公司
开　　本／787毫米×1092毫米　1/16
印　　张／15
字　　数／352千字
版　　次／2016年10月第1版　2016年10月第1次印刷
定　　价／48.00元

责任编辑／孟雯雯
文案编辑／多海鹏
责任校对／周瑞红
责任印制／马振武

图书出现印装质量问题，请拨打售后服务热线，本社负责调换

前　言

2015年5月国务院印发《中国制造2025》部署制造业强国战略，被称为中国版“工业4.0”规划。数控机床作为制造业的基础，对制造业强国的建设至关重要，此次10年规划旨在开发一批精密、高速、高效、柔性数控机床与基础制造装备及集成制造系统。这些将会不断推动数控机床行业的快速发展。而数控加工技术已经普及到中小企业，数控机床已成为机械加工制造过程中的基本设备。因此，数控机床编程与操作成为每个机械制造行业从业者必须掌握的技能。同时，目前国内使用的数控设备的种类纷繁复杂，数控系统门类众多，给从业者学习数控机床编程与操作带来了很大的困难。随着我国数控技术研发水平的不断提升，国产数控系统在数控机床企业中的配套量也在不断提高，已成为数控机床应用系统的重要组成，华中数控股份有限公司的世纪星数控系统作为国产的优秀数控系统，在数控机床企业中的配套量也在不断上升，现已占有很大的比重。因此，从华中世纪星数控系统入手学习数控机床编程与操作，是学习者掌握数控技术的有效捷径。

“数控机床编程与操作”是机械类各专业学习领域中的一门核心课程，具有很强的实践性。通过本课程的学习，使学生能够掌握机械零件常用的数控编程加工方法及数控机床的操作。

本书是从数控加工的生产实际出发而编写的，包含“数控机床入门基本操作”“数控车床编程与操作”“数控铣床编程与操作”“宏程序的编制与机床操作”四个项目，按照任务驱动、项目导向的设计思想，内容由浅入深，有针对性、实用性，突出了对学生职业能力的培养，以面向应用为目标，将理论知识和实践操作有效地结合起来进行课程学习。

本书由迟旭编写，由于编者水平有限，书中难免存在一些缺点和错误，恳请读者批评指正。

编　者

目　　录

项目1　数控机床入门基本操作 …… 1

1.1　数控机床编程与加工的基础认知 …… 1

1.1.1　数控机床概述 …… 1

1.1.2　数控机床的组成、工作原理及运动轨迹控制 …… 3

1.1.3　数控加工程序编制的内容和方法 …… 9

1.1.4　数控加工的特点 …… 11

1.1.5　数控加工零件的特点 …… 12

1.1.6　数控机床的合理使用 …… 13

1.2　数控加工工艺基础入门 …… 13

1.2.1　数控加工工艺概述 …… 14

1.2.2　数控加工工艺分析 …… 15

1.2.3　典型零件的数控加工工艺 …… 30

1.3　华中世纪星数控系统的基本操作 …… 39

1.3.1　华中世纪星数控系统的面板按键功能 …… 39

1.3.2　数控机床的手动操作 …… 42

1.3.3　自动运行操作 …… 45

1.3.4　程序编辑和管理 …… 46

1.3.5　数控车床系统华中世纪星21T数据设置 …… 47

1.3.6　数控铣床系统华中世纪星21M数据设置 …… 49

项目2　数控车床编程与操作 …… 53

2.1　数控车床编程基础 …… 53

2.1.1　数控车床的坐标系 …… 53

2.1.2　机床参考点、机床零点和机床坐标系 …… 55

2.1.3　工件坐标系和程序原点 …… 55

2.1.4　程序的结构 …… 56

2.1.5　数控车床的对刀方法与建立工件坐标系 …… 58

2.1.6　项目任务 …… 63

2.2　简单车削类零件程序编制与机床操作 …… 63

2.2.1　带直线轮廓简单轴类零件的编程与加工 …… 63

2.2.2　带有圆弧的简单轴类零件的编程与加工 …… 82

2.2.3　带有螺纹的简单轴类零件的编程与加工 …… 93

2.3　复杂车削类零件程序编制与机床操作 …… 109

2.3.1　毛坯为棒料的复杂轴类零件的编程与加工 …… 110

2.3.2 毛坯为棒料的盘类零件的编程与加工 …… 118
2.3.3 毛坯与零件轮廓相似的复杂轴类零件的编程与加工 …… 122
2.3.4 轴类零件螺纹的复合循环加工 …… 125
项目3 数控铣床编程与操作 …… 136
3.1 数控铣床编程基础 …… 136
3.1.1 数控铣床的坐标系 …… 136
3.1.2 机床坐标系和工件坐标系 …… 137
3.1.3 数控铣床的对刀方法 …… 138
3.1.4 项目任务 …… 140
3.2 简单铣削类零件程序编制与机床操作 …… 141
3.2.1 铣削简单凹槽类零件 …… 141
3.2.2 利用刀具补偿加工简单铣削零件 …… 154
3.2.3 利用刀具半径补偿功能加工同心轮廓零件 …… 167
3.2.4 运用子程序铣削简单零件 …… 169
3.2.5 运用刀具补偿与子程序嵌套功能铣削双层同心轮廓零件 …… 172
3.2.6 运用镜像指令铣削简单轮廓零件 …… 178
3.2.7 运用旋转指令加工简单轮廓零件 …… 180
3.2.8 运用旋转、镜像及子程序嵌套功能完成简单轮廓零件的编程与加工 … 184
3.2.9 运用孔的固定循环完成简单零件的编程与加工 …… 187
3.3 复杂铣削类零件程序编制与机床操作 …… 214
项目4 宏程序的编制与机床操作 …… 223
4.1 宏程序的基础知识 …… 223
4.1.1 宏变量及宏常量 …… 223
4.1.2 宏程序的语句 …… 224
4.2 简单轮廓宏程序的编制与加工 …… 225
4.2.1 数控车床简单宏程序的编制与加工 …… 225
4.2.2 数控铣床简单宏程序的编制与加工 …… 228
4.3 复杂轮廓宏程序的编制与加工 …… 230
参考文献 …… 234

项目1　数控机床入门基本操作

1.1　数控机床编程与加工的基础认知

学习目标

了解数控机床的概念。
掌握数控机床的组成及运动轨迹控制。
了解数控加工程序编制的内容和方法。
了解数控加工的特点。

知识学习

1.1.1　数控机床概述

计算机数字控制（Computer Numerical Control，CNC）系统是一种自动控制技术。利用数字化信息对某一过程进行控制，以实现数字控制的一整套装置称为数控系统。而配有数控系统的高效自动化机床就是数控机床。数控机床和普通机床的最大区别在于数控机床装备有数控系统，通过数字化信息对机床运动及其加工过程进行控制，从而实现自动加工。

图1-1所示为数控车床，图1-2所示为数控铣床。

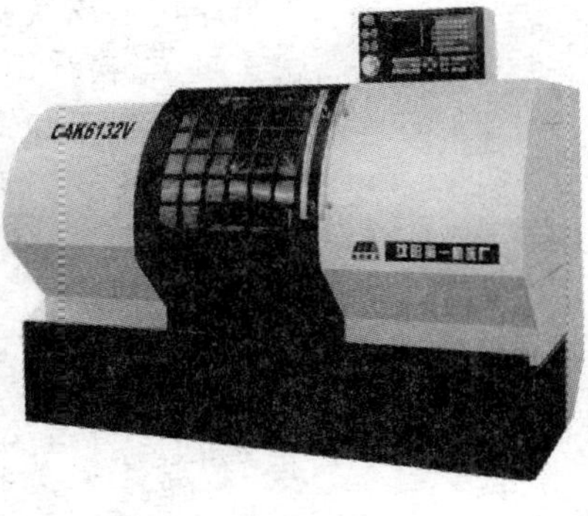

图1-1　数控车床

图1-2　数控铣床

机械产品中80%左右都属于单件或小批量产品。随着科学技术的不断发展，所要求加工的机械产品的形状越来越复杂、加工精度要求越来越高，而且经常面临着改型或更新换代，为了解决上述问题，数控机床应运而生。它有效地解决了上述矛盾，为单件、小批量生产的精密复杂零件提供了高效的自动化加工手段。

数控机床加工出来的工件可以平滑如镜，比人类毛发还要细微数倍，而且数控机床擅长复杂零件的加工，比如水轮机叶片的加工。对于一些多轴联动的数控机床，仅在一台机床上就可以完成一个复杂零件的所有工序，相当于把“车间”集成为一台机床，极大地节省了空间、提高了生产效率。有的数控机床非常智能化，它能在线检测加工状况，独立自主地管理自己，而且能够与企业和客户的生产管理系统通信，实现生产管理的现代化与智能化。

下面我们以加工图 1－3 中的轴零件为例，来了解数控机床的加工过程及指挥数控机床运动的指令。当拿到生产依据的技术图样时，要根据给定的工件尺寸和表面粗糙度，采用相应的加工方法与加工步骤来实现零件的加工。

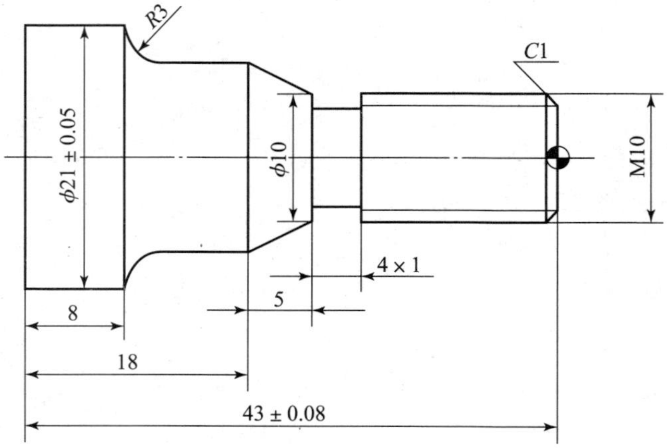

图 1－3　轴的工件图样

下面是关于这个轴的加工程序。

```
%3365
N10  T0101                                    ;调用 1 号粗车刀,设定坐标系
N20  M03  S500                                ;主轴以 500 r/min 正转
N30  G50  X50 Z50                             ;到程序起点或换刀点位置
N40  G00  X22  Z2                             ;快速定位,接近工件
N50  G71  U2  R1  P60  Q140  U0.2 W0.2  F100  ;外形轮廓粗车加工,X、Z 方向余量为 0.2 mm
N55  G00  X50  Z50                            ;返回起刀点
N56  T0202                                    ;调用精车刀
N60  G00  X8          ┐
N70  G01  Z0  F60     │
N80  X9.8  Z -1       │
N90  Z -20            │
N100  X10             ├                       ;外形轮廓精加工轮廓程序
N110  X15  Z -25      │
N120  Z -32           │
N130  G02  X21  Z -35  R3  │
N140  G01  Z -47      ┘
```

```
N190  G00  X50  Z50                          ;返回起刀点
N200  T0303                                  ;换切断刀,刀宽3 mm
N210  G00  X11  Z-19                         ;快速定位,接近工件
N220  G01  X8  F30                           ;切槽
N225X11                                      ;退刀
N230  Z-20                                   ;进刀
N235  X8                                     ;切槽
N240  G00  X50                               ;退刀
N245  Z50                                    ;返回起刀点
N250  T0404                                  ;换螺纹刀
N260  G00  X13  Z2                           ;快速定位,接近工件
N270  G82  X9.3  Z-17  F1.5
N280  X9    Z-17  F1.5     ⎫
N290  X8.8  Z-17  F1.5     ⎪
N300  X8.6  Z-17  F1.5     ⎪
N310  X8.4  Z-17  F1.5     ⎪
N320  X8.3  Z-17  F1.5     ⎬                 ;螺纹加工
N330  X8.2  Z-17  F1.5     ⎪
N340  X8.1  Z-17  F1.5     ⎪
N350  X8.05  Z-17  F1.5    ⎪
N360  X8.05  Z-17  F1.5    ⎪
N370  X8.05  Z-17  F1.5    ⎭
N380  G00  X50  Z50                          ;返回起刀点
N390  T0303                                  ;换回切断刀,刀宽3 mm
N400  G00  X22  Z-47                         ;快速定位,接近工件
N410  G01  X10  F30                          ;切槽
N415  X22
N420  G00  Z-46.5                            ;定位
N430  G01  X-0.1  F30                        ;切断
N440  G00  X50  Z50                          ;返回起刀点
N450 M30                                     ;程序结束
```

数控机床根据上面的程序自动进行切削加工，将毛坯上多余的部分切除，从而加工出合格的工件。在上面的加工过程中，经验和技能起着非常重要的作用。从上面的示例程序中可以看出，控制数控机床运动的指令主要是由英文字母和0~9的阿拉伯数字所组成的。

1.1.2 数控机床的组成、工作原理及运动轨迹控制

一、数控机床的组成

如图1-4所示，数控机床主要由机床本体、数控系统和伺服驱动系统3大部分组成。

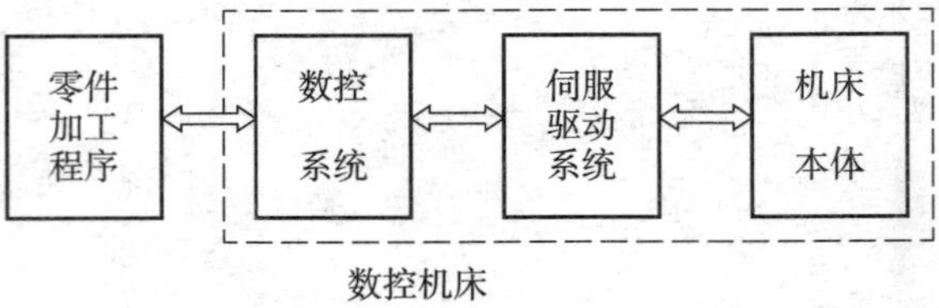

图 1－4　数控机床的组成

1. 数控装置

数控装置是数控机床的“大脑”。数控装置首先接收输入的加工信息，经过“思考”处理后，向伺服系统发出相应的指令脉冲，并通过伺服系统控制机床运动部件按加工程序指令运动。

数控装置通常由一台专用微型计算机或通用计算机构成。基于 PC 的开放式数控系统主要由一台通用微型计算机加装运动控制卡、I/O 接口卡及 CNC 系统软件构成。目前国内应用较多的数控装置有日本的法那克（FANUC）、三菱（MITSUBISHI），德国的西门子（SIEMENS），美国的哈斯（HAAS）和国产华中数控及广州数控等，如图 1－5 所示。

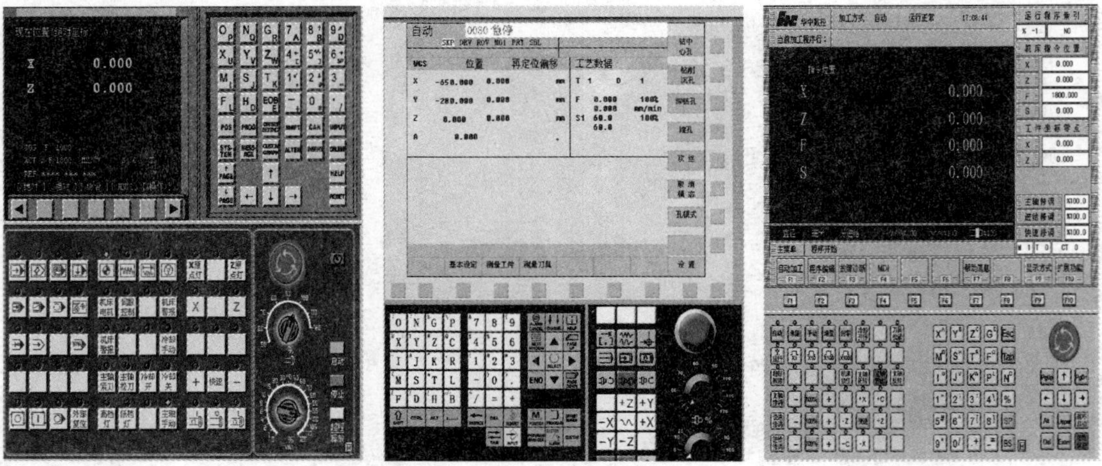

（a）　　（b）　　（c）

图 1－5　典型数控系统

（a）SIEMENS 802D 数控铣床；（b）FANUC 0i 系统数控车床；（c）华中世纪星数控车床

2. 伺服系统

伺服系统是数控机床的“四肢”，执行来自 CNC 装置的运动指令。伺服系统由伺服驱动装置、伺服电动机和位置检测装置组成，如图 1－6 所示。伺服驱动装置的主要功能包括：放大功率，调节速度，将弱电信号转化为强电信号，并保证系统的动态性能。

图 1－6　伺服系统

伺服电动机包括主轴电动机和各方向的进给电动机，分别如图 1－7（a）和图 1－7（b）所示。伺服电动机将电能转化为机械能，拖动机械部件做移动或转动。当前直线电动机（图 1－7（c））、直线驱动技术得到进一步的发展与应用，被认为是未来驱动的方向。直线电动机通过取消机械传动部件，可以达到较高的加速度等级和速度（速度可达120 m/min以上）。

（a）　　（b）　　（c）

图1－7　伺服电动机

（a）主轴电动机；（b）进给电动机；（c）直线电动机

检测装置的作用是把位移和速度测量信号作为反馈信号，并将反馈信号转换成数字信号送回计算机与脉冲指令信号进行比较，以控制驱动元件的正确运转。数控机床常用的检测元件如图1－8所示。检测装置的精度直接影响到数控机床的定位精度和加工精度。通过位置检测装置，可构成闭环或半闭环控制的伺服系统，图1－9所示为闭环伺服系统结构框图。

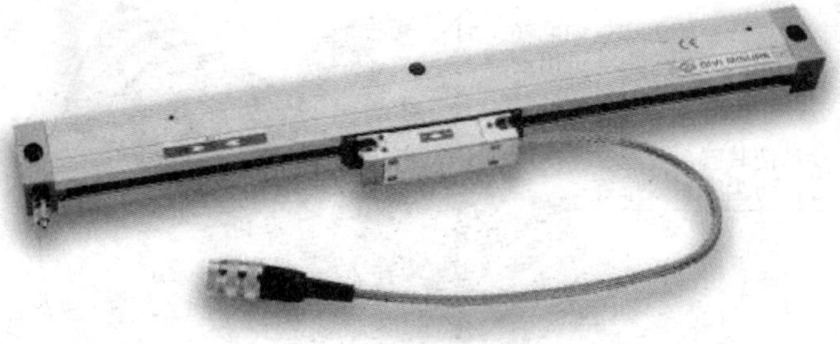

（a）

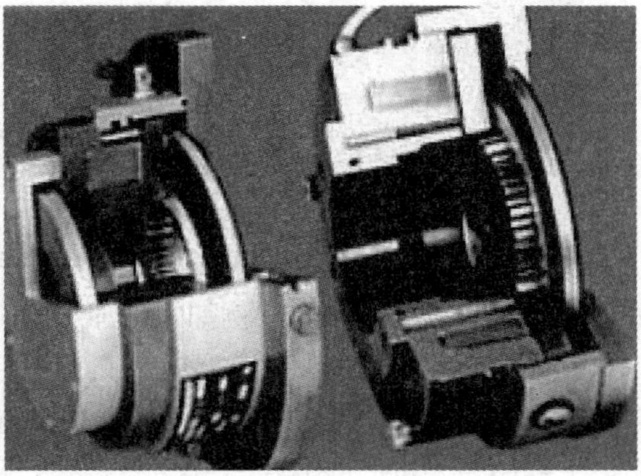

（b）

图1－8　数控机床常用的检测元件

（a）光栅尺；（b）角度检测仪

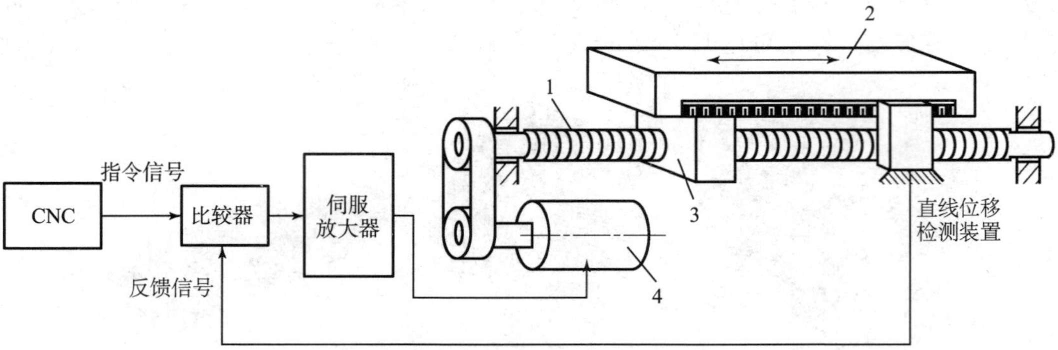

图1－9　闭环伺服系统结构示意图

1—丝杠；2—滑板（工作台）；3—螺母；4—伺服电动机

3. 机床本体

数控机床的本体与普通机床基本类似，不同之处是数控机床结构简单、刚性好，传动系统通常采用滚珠丝杠（见图1－10）代替普通机床的丝杠和齿条传动，主轴变速系统内简化了齿轮箱，普遍采用变频调速和伺服控制，使机床的传动精度更高。此外，有的数控机床床身采用混凝土，减震效果非常好。

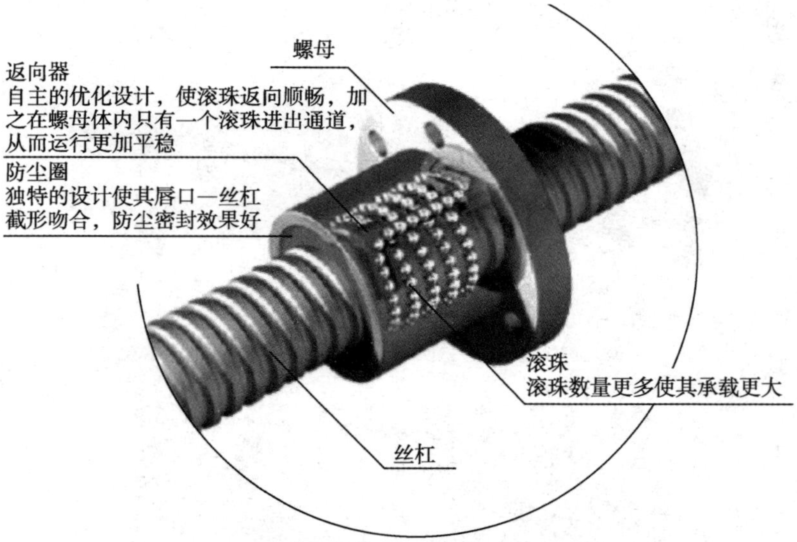

图1－10　滚珠丝杠

为了使数控机床自动工作，还必须输入相应的零件加工程序，它是联系人和数控机床的桥梁。加工程序以指令的形式记载各种加工信息，例如零件加工的工艺过程、工艺参数和刀具运动等。通过将这些信息输入到数控装置，从而实现人对机床的控制，对零件进行切削加工，最终加工出人们所期望的产品形状。程序的输入有多种形式，包括通过手动数据输入方式（MDI）或通信接口将加工程序输入机床的方式等。

二、数控机床的工作原理

在数控加工中，编程人员首先按照零件加工的工艺要求编写零件的加工程序，并将加工程序输入到数控装置中；数控装置对加工程序进行相应译码和运算，并将处理结果送到机床各个坐标的伺服系统；伺服系统接收来自数控装置输出的指令信息，并且经过功率放大后，带动机床移动部件按照规定的轨迹和速度运动，从而使机床自动加工出符合图纸要求的零件。

在这一过程中，主轴运动、进给运动、更换刀具，以及工件的夹紧与松开，冷却泵的开与关，以及其他辅助装置等，严格按照加工程序规定的顺序、轨迹和参数进行工作，最终加工出符合图纸要求的零件。从数控机床的工作原理可以看出：数控机床在加工过程中无须人为干预，当加工零件发生变化时，只需改变加工程序即可，这就是数控加工“柔性”的体现。

三、数控机床运动轨迹的控制

数控机末对运动轨迹的控制主要有3种形式：点位控制运动、直线控制运动和连续控制运动。

1. 点位控制

点位控制只要求控制机床的移动部件从一点移动到另一点，并准确定位，点与点之间的运动轨迹没有严格要求，在移动过程中不进行任何切削加工。因此，为了提高加工效率，保证定位精度，一般移动按照“先快后慢”的原则，即先快速接近目标点，再低速趋近并准确定位。图1－11所示为数控钻床加工示意图。点位控制方式仅用于数控钻床、数控镗床和数控冲床等。

2. 直线控制

直线控制运动指刀具或工作台以给定的速度按直线运动。这类数控机床不仅要控制移动部件从一点准确地移动到另一点，而且要控制移动部件的运动速度和轨迹。刀具相对工件移动的轨迹是平行于机床某一坐标轴的直线，移动部件在移动过程中进行切削加工，加工示例如图1－12所示。直线控制方式仅用于简易数控车床和数控铣床等。

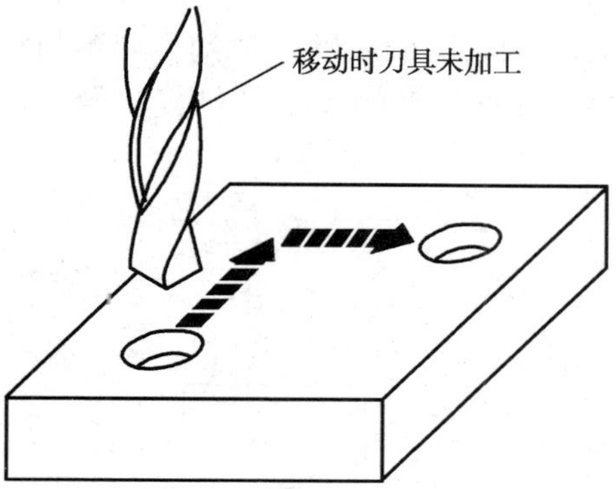

图1－11　点位控制钻孔加工示意图

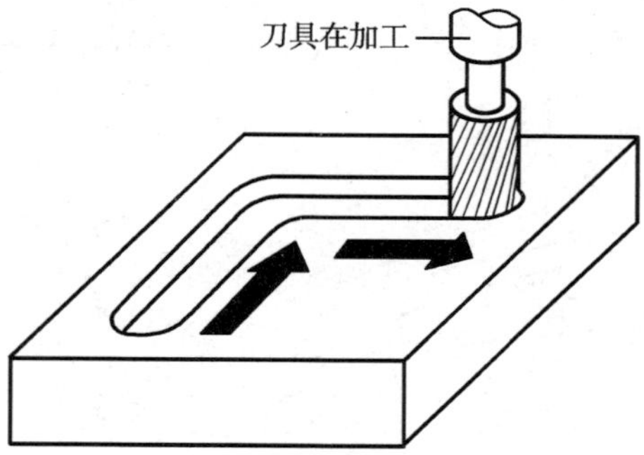

图1－12　直线控制加工示意图

3. 连续控制

连续控制运动也称为轮廓控制运动，指刀具或工作台按工件的轮廓轨迹运动，它不仅能控制移动部件从一个点准确地移动到另一个点，而且还能控制整个加工过程每一点的速度与位移量，这样可以加工出由任意斜线、曲线或曲面组成的复杂零件。图1－13所示为轮廓控制的加工轨迹，刀具在运动过程中对工件表面连续进行切削。

能够进行轮廓控制的机床至少是两轴联动。所谓联动轴数是指按照一定的函数关系能够同时协调运动的轴数。联动轴数越多，其空间曲面加工能力越强。大多数数控机床都具有轮廓切削控制功能，如数控车床、数控铣床、数控磨床、数控齿轮加工机床和数控加工中心等。这些机床根据所控制的联动坐标轴数不同，又可以分为下面几种形式。

1）两轴联动

主要用于数控车床加工回转体曲面或用于数控铣床加工箱板类零件的曲线轮廓，如图 1－13 所示。

2）两轴半联动

主要用于三轴以上机床的控制，其中两轴可以联动，而另外一根轴可以做周期性进给。图 1－14 所示就是采用这种方式进行切削加工的三维空间曲面。

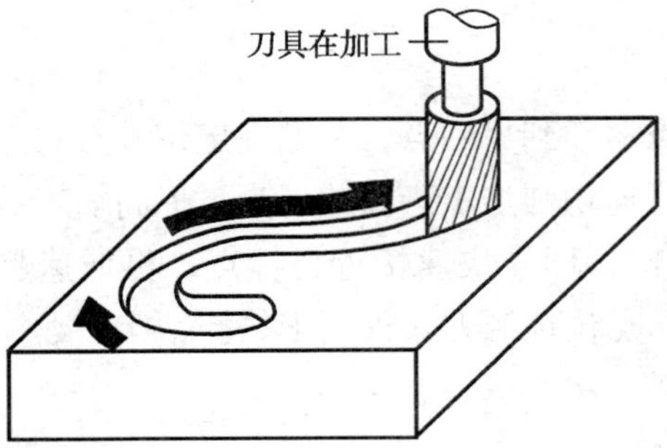

图 1－13　轮廓控制加工示意图

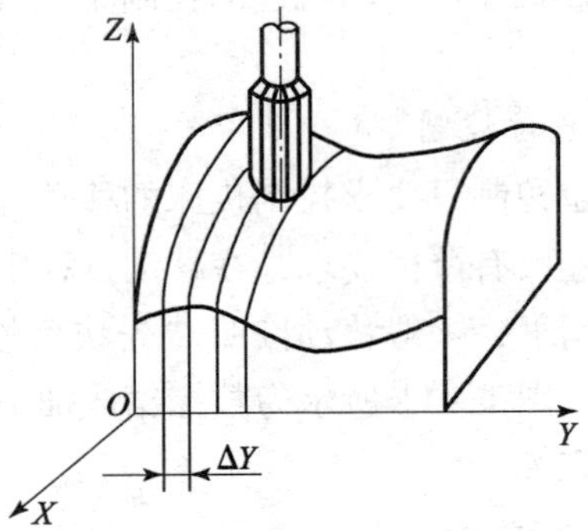

图 1－14　二轴半联动加工曲面

3）三轴联动

一般分为两类，一类就是 *X*、*Y*、*Z* 三个直线坐标轴联动，常用于数控铣床、加工中心等，图 1－15 所示为用球头铣刀铣切三维空间曲面。另一类是除了同时控制 *X*、*Y*、*Z* 其中两个直线坐标外，还同时控制围绕其中某一直线坐标轴旋转的旋转坐标轴。如车削加工中心，它除了控制 *Z* 轴和 *X* 轴两个直线坐标轴联动外，还同时控制围绕 *Z* 轴旋转的主轴 *C* 轴联动，如图 1－16 所示。

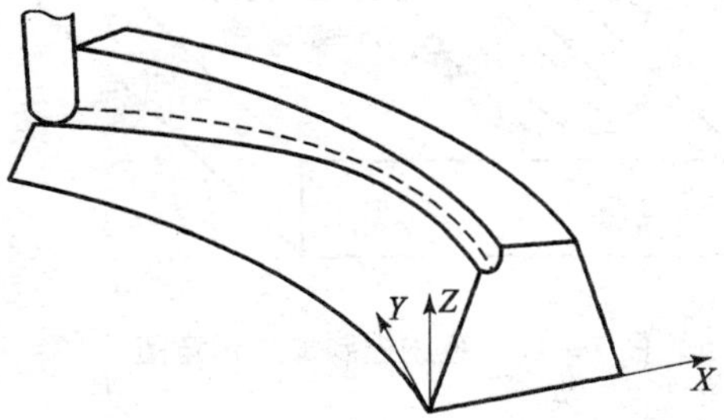

图 1－15　三轴联动加工

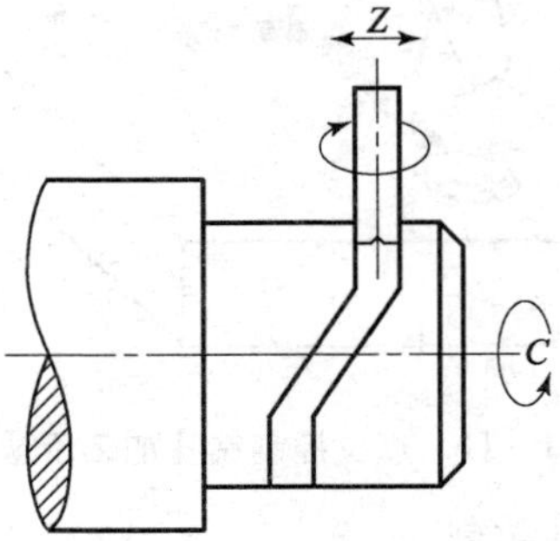

图 1－16　*C* 轴 *Z* 轴进给在圆柱面上铣螺旋槽

4）四轴联动

同时控制 *X*、*Y*、*Z* 三个直线坐标轴与某一旋转坐标轴联动，图 1－17 所示为同时控制 *X*、*Y*、*Z* 三个直线坐标轴与一个刀具摆动联动的数控机床。

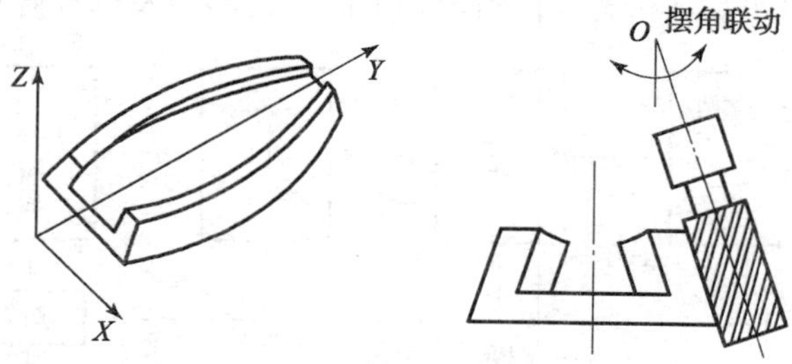

图1－17　四轴联动加工曲面

5）五轴联动

除同时控制 X、Y、Z 三个直线坐标轴联动外，还同时控制围绕这些直线坐标轴旋转的 A、B、C 轴中的两个坐标轴，形成5个轴联动。如图1－18所示数控机床，除了3个直线运动坐标外，工作台还可以做回转运动，另外支撑工作台的托盘还可以摆动。这样3个直线坐标轴加上两个回转坐标轴就形成了五轴联动。这时刀具可以被锁定在空间的任意方向，以加工任意复杂形状的零件。

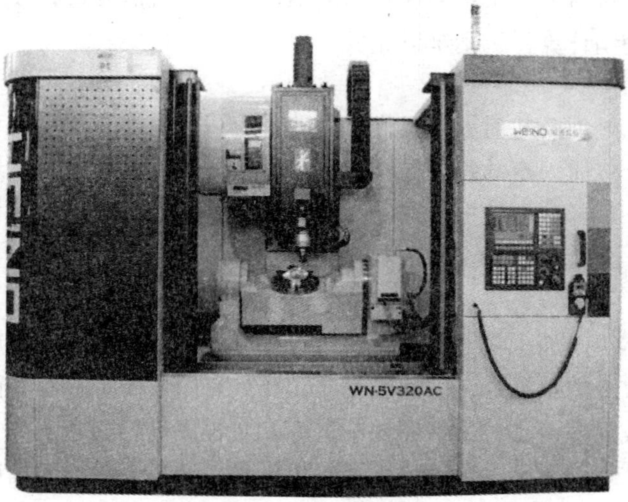

图1－18　五轴联动数控机床

1.1.3　数控加工程序编制的内容和方法

数控加工程序的编制是使用数控机床的一项重要技术工作，理想的数控程序不仅应该保证加工出符合零件图纸要求的合格零件，还应该使数控机床的功能得到合理的应用与充分的发挥，使数控机床能够安全、可靠、高效地工作。

一、编制数控加工程序的内容及步骤

数控编程是指从零件图纸到获得数控加工程序的全部工作过程，如图1－19所示。编程工作主要包括以下几方面。

1. 分析零件图纸和制定工艺方案

这项工作是编程的第一步，内容包括：对零件图纸进行分析，分析零件的材料、形状、尺寸、精度、毛坯形状和热处理要求等，明确加工的内容和要求；确定加工方案；选择适合的数控机床；选择或设计刀具和夹具；确定合理的走刀路线及选择合理的切削用量等。

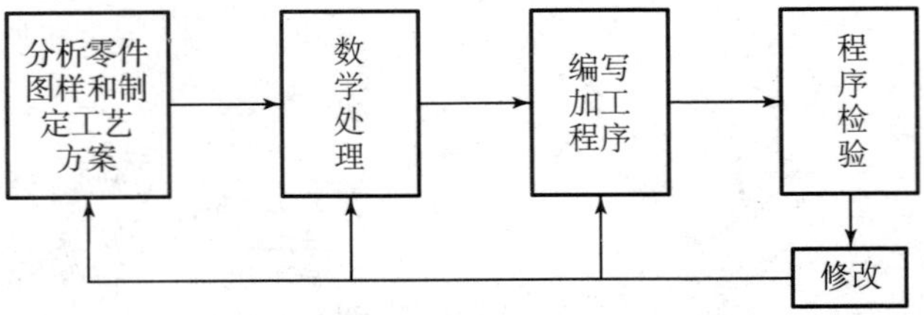

图1-19　数控编程的内容与步骤

要求编程人员通过上面的分析，并结合数控机床使用的基础知识，如数控机床的规格、性能、数控系统的功能等，确定加工方法和加工路线。

2. 数学处理

在确定了工艺方案后，就需要根据零件的几何尺寸和加工路线等，计算刀具中心运动轨迹的坐标，以获得刀位数据。通常需要计算出零件轮廓上相邻几何元素交点或切点的坐标值，得出各几何元素的起点、终点、圆弧的圆心坐标值等，以满足编程要求。

当零件的几何形状与控制系统的插补功能不一致时，就需要进行较复杂的数值计算，一般需要使用计算机辅助计算，否则难以完成。

3. 编写加工程序

在完成上述工艺处理及数值计算工作后，即可编写零件加工程序。程序编制人员使用数控系统的程序指令，按照规定的程序格式，逐段编写加工程序。此外，还应填写有关的工艺文件，如数控加工工序卡片、数控刀具卡片等。程序编制人员应对数控机床的功能、程序指令及代码十分熟悉，才能编写出正确的加工程序。

4. 程序检验

程序编好后，在正式加工之前，一般要对程序进行检验。可采用机床空运转的方式来检查机床动作和运动轨迹的正确性，以检验程序。在具有图形模拟显示功能的数控机床上，可通过显示走刀轨迹或模拟刀具对工件的切削过程，对程序进行检查。

通过检查首件试切件，不仅可确认程序是否正确，还可知道加工精度是否符合要求。若能采用与被加工零件材料相同的材料进行试切，则更能反映实际加工效果。当发现加工的零件不符合加工技术要求时，可修改程序或采取尺寸补偿等措施。

二、数控加工程序编制的方法

数控加工程序的编制方法主要有两种：手工编制程序和自动编制程序。

1. 手工编制程序

手工编程是指编程员根据加工图样和工艺，采用数控程序指令（目前一般都采用ISO数控标准代码）和指定格式进行程序编写，然后通过操作键盘输入数控系统内，再进行调试、修改等。上述编程的过程即属于手工编程的形式，如图1-20所示。对于加工形状简单、计算量小、程序不长的零件，采用手工编程比较容易，而且经济、及时。

2. 自动编制程序

自动编制程序是指在编程过程中，除了分析零件图纸和制定工艺方案由人工进行外，其余工作均由计算机辅助完成。一般适用于自动编程的零件有以下几类。

（1）形状复杂的零件（如空间曲线、曲面）。

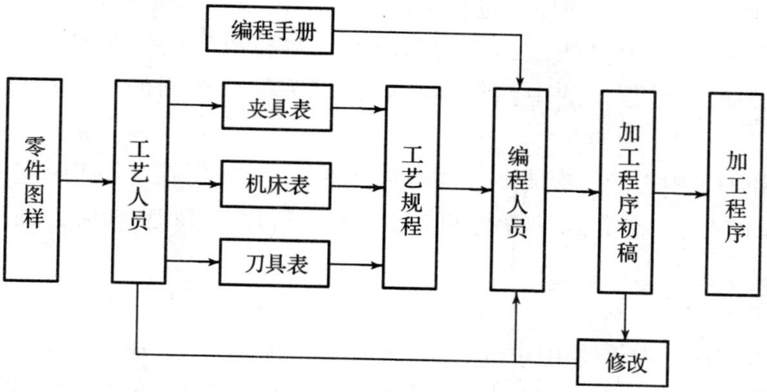

图1-20　手工编程

（2）工序多或形状虽不复杂但编程工作量很大的零件（如有数千个孔的零件）。

（3）形状虽不复杂但计算工作量大的零件（如轮廓加工时，非圆曲线的计算）。

图形交互式自动编程是目前使用最为广泛的自动编程方法，它是指将零件的图形信息直接输入计算机，由 CAD/CAM 软件的 NC 模块自动生成数控程序，或者通过其他应用程序将零件图纸信息直接转换成数控程序。

图形交互自动编程系统处理信息的过程如下：

（1）几何造型，即 CAD（Computer Aided Design），即将零件的几何实体准确绘制在计算机的屏幕上，作为下一步刀具轨迹计算的依据。

（2）刀具路径的产生，即 CAPP（Computer Aided Process Planning）和 CAM（Computer Aided Manufacturing），即根据加工要求，输入各种加工参数和制定工艺路线等，生成刀具位置数据，同时在屏幕上显示出刀具轨迹图形。

（3）后置处理，即形成数控加工文件。在进行后置处理时，编程人员应根据具体的数控机床指令代码和编程格式，编写后置处理文件，或者通过菜单式对话的方式将相应的信息输入系统，形成后置处理文件，然后系统根据该后置处理文件，形成特定机床的指令代码（即数控加工程序）。该指令代码可直接传送到数控机床，进行工件的加工。

1.1.4　数控加工的特点

一、数控机床加工的特点

1. 适应性强

数控机床的一个运动方向定义为一个坐标轴，其能实现多个坐标轴的联动，所以数控机床能完成复杂型面的加工，特别是对于可用数学方程式和坐标点表示的形状复杂的零件，加工非常方便；并且同一台数控机床在加工不同的零件时，只需变换加工程序、调整刀具参数等，不必用凸轮、靠模、样板或其他模具等专用工艺装备，且可采用成组技术的成套夹具。因此，零件生产的准备周期短，有利于机械产品的迅速更新换代，特别适合多品种、中小批量和复杂型面的零件加工。所以，数控机床的适应性非常强。

2. 生产效率高

数控机床跟普通机床相比较，其刚度和功率大，主轴转速和进给速度范围大且为无级变速，所以每道工序都可选择较大而合理的切削用量，减少了机动时间。

数控机床加工可免去零件加工过程中的划线工作。数控机床加工的空行程速度大大高于普通机床，缩短了刀具快进、快退的时间。数控机床的定位精度、加工精度较稳定，一般可省去加工过程中的中间检验，而只作关键工序间的尺寸抽样检验，减少了停机检验时间。

数控车床和加工中心能一次装夹，自动换刀加工，缩短了辅助加工时间。所以，数控机床比普通机床的生产效率高。数控机床的时间利用率高达 90%，而普通机床仅为 30% ~50%。

3. 加工质量稳定

对于同一批零件，由于使用同一类数控机床和刀具及同一个加工程序，刀具的运动轨迹完全相同，且数控机床是根据数控程序自动地进行加工，可以避免人为的误差，这就保证了零件加工的一致性，且质量稳定。

4. 工序集中，一机多用

数控机床特别是带自动换刀的数控加工中心，在一次装夹的情况下，几乎可以完成零件的全部加工工序，一台数控机床可以代替数台普通机床。这样可以减少装夹误差，节约工序之间的运输、测量和装夹等辅助时间，还可以节省机加工车间的占地面积，带来较高的经济效益。

5. 加工精度高

数控系统每输出一个脉冲，机床移动部件的移动量称为脉冲当量。数控机床的脉冲当量一般为 0.001 mm，高精度的数控机床可达 0.000 1 mm，其运动分辨率远高于普通机床。另外，数控机床具有位置检测装置，可将移动部件的实际位移量或滚珠丝杠、伺服电动机的转角反馈到数控系统中，并由数控系统自动进行补偿。因此数控加工可获得比机床本身精度还高的加工精度，零件加工尺寸的精度高。

6. 减轻劳动强度

在输入数控程序并启动机床后，数控机床就自动地连续加工，直至零件加工完毕。操作人员只需观察机床的运行，这样就使工人的劳动强度大大降低。

7. 易于建立与计算机间的通信联络，容易实现群控。

数控机床使用数字信息与标准代码处理、传递信息，易于建立与计算机间的通信联络，一台计算机可以控制多台数控机床，容易实现群控。

1.1.5 数控加工零件的特点

在数控机床上加工的零件可以是普通零件，但更多是普通机床加工起来具有一定的难度或对操作人员的技术水平有相当高要求的零件，一般在数控机床上加工的零件有以下几个特点：

（1）用普通机床加工较困难或无法加工（需昂贵的工艺装备）的零件。

（2）多品种、小批量生产的零件或新产品试制中的零件及短期急需的零件。

（3）轮廓形状复杂，对加工精度要求较高的零件。

（4）价值昂贵，加工中不允许报废的关键零件。

1.1.6　数控机床的合理使用

数控机床是高精度、高效率的加工母机。合理使用数控机床，有利于最大限度地发挥数控机床的功效。

数控机床正常使用的条件为：数控机床所处位置的电源电压波动小，环境温度低于30 ℃，相对湿度小于80%。

1. 机床位置环境要求

机床的位置应远离振源，避免阳光直接照射、热辐射及潮湿和气流的影响。如机床附近有振源，则机床四周应设置防振沟，否则将直接影响机床的加工精度及稳定性，并且将使数控系统中的电子元件因受振动而接触不良，发生故障，降低机床的可靠性。

2. 温度条件

一般来说，数控电控箱内部设有排风扇或冷风机，以保持电子元件，特别是中央处理器工作温度恒定或温差变化很小。过高的温度和湿度将导致控制系统的元件寿命降低，并导致其故障增多。温度和湿度增高时，灰尘增多会在集成电路板上产生黏结，并导致短路，降低数控系统的寿命。

3. 电源要求

一般数控机床安装在机加工车间，不仅环境温度变化大、使用条件差，而且各种机电设备多，致使电网电压波动大。因此，安装数控机床的位置，需要对电源电压有严格控制。电源电压波动必须在数控机床允许的范围内，并且保持相对稳定，否则会影响数控系统的正常工作。

4. 按说明书的规定使用数控机床

用户在使用数控机床时，不允许随意改变控制系统内制造厂设定的参数，这些参数的设定直接关系到数控机床各部件的动态特征。数控系统的参数中只有间隙补偿参数值可根据实际情况予以调整。

液压卡盘、液压刀架、液压尾座和液压缸的压力都应在许用压力范围内，不允许任意提高。

用户不能随意更换机床附件，如使用超出说明书规定的液压卡盘等。数控机床制造厂在设置附件时，充分考虑了各项环节参数的匹配，盲目更换数控机床附件会造成各项环节参数的不匹配，甚至产生估计不到的事故。

1.2　数控加工工艺基础入门

学习目标

了解数控加工工艺的主要内容及特点。

理解数控加工工艺的分析过程及方法。

掌握典型零件的数控加工工艺分析方法。

知识学习

1.2.1 数控加工工艺概述

一、数控加工工艺的主要内容

(1) 分析加工零件的图纸，明确加工内容及技术要求，并根据数控编程的要求对零件图做数学处理。

(2) 制定数控加工路线，确定数控加工方法。

(3) 确定工件的定位与装夹方法，确定刀具和夹具。

(4) 调整数控加工工序，如对刀点、换刀点的选择及刀具的补偿等。

(5) 分配数控加工中的加工余量，确定各工序的切削参数。

(6) 填写数控加工工艺卡片。

(7) 填写数控加工刀具卡片。

(8) 绘制各道工序的数控加工路线图。

二、数控加工工艺的特点

因为数控加工主要是利用程序进行加工的，所以数控加工工艺必须有利于数控程序的编写并体现数控加工的特点，一般数控加工工艺具有以下特点。

(1) 数控加工工艺中工序相对集中。因此，工件各部位的数控加工顺序可能与普通机床上的加工顺序有很大区别。数控工艺规程中的工序内容要求特别详细，如加工部位，加工顺序，刀具配置与使用顺序，刀具加工时的对刀点、换刀点及走刀路线，夹具及工件的定位与安装，切削参数等，都要清晰明确。数控加工工艺中的工序内容比普通机床加工工艺中的工序内容要详细得多。

(2) 数控加工工艺要充分考虑编程的要求。

三、常用的数控加工方法

1. 平面孔系零件

常用点位、直线控制数控机床（如数控钻床）加工，选择加工方法时，主要考虑加工精度和加工效率两个原则，即用什么加工方法能保证零件的加工精度、用什么加工方法能提高零件的加工效率。

2. 旋转体类零件

常用数控车床或数控磨床加工，选择加工方法时，主要考虑加工效率和刀尖强度两个原则。

(1) 考虑加工效率。在车床上加工时，通常加工余量大，必须合理安排粗加工路线，以提高加工效率。实际编程时，一般不宜采用循环指令（否则，以工进速度的空刀行程太大）。比较好的方法是用粗车尽快去除材料，再精车。

(2) 考虑刀尖强度。数控车床上经常用到低强度刀具加工细小凹槽，在确定加工方法时必须考虑选用刀具的刀尖强度。

3. 平面轮廓零件

常用数控铣床加工，选择加工方法时，主要考虑加工精度和加工效率两个原则，在确定加工方法时应注意：

（1）刀具的切入与切出方向的控制。如图1－21所示，铣削棱形，刀具沿切削边 A_1B 的延长线方向切入，沿切削边 DD_1 的延长线方向切出，工件表面轮廓光滑。如果刀具不是沿切削边的延长线方向切入、切出，则会在工件表面轮廓上留下刀具切削的痕迹。

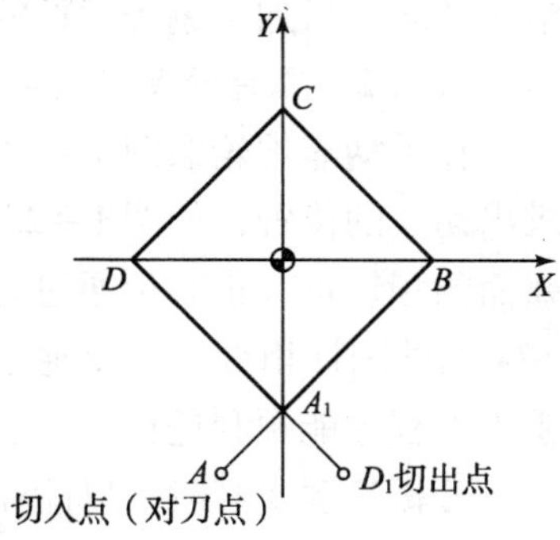

图1－21 刀具切入与切出方向

（2）一次逼近方法的选择。用微小直线段或圆弧段逼近非圆曲线轮廓的方法称为一次逼近。在只具有直线和圆弧插补功能的数控铣床上加工非圆曲线轮廓时，微小直线段或圆弧段与被加工轮廓之间的误差称为一次逼近误差，选择一次逼近方法时，应该使工件的轮廓误差在合格范围内，同时程序段的数量较少为佳。

4. 立体轮廓零件

常用多坐标轴联动数控机床（加工中心）加工，选择加工方法时，主要考虑加工精度和加工效率两个原则。在确定加工方法时应考虑以下两点：

（1）工件强度及表面质量：立体轮廓零件上的强度薄弱部位，常常难以承受粗加工时的切削量，同时对表面质量要求高的部位要采取相应的工艺措施。

（2）机床的插补功能。

1.2.2 数控加工工艺分析

制定数控加工工艺是数控加工的前期工艺准备工作。数控加工工艺贯穿于数控程序中，其制定得合理与否，对程序的编制、机床的加工效率和零件的加工精度都有非常重要的影响。因此，应遵循一般的机械加工工艺原则并结合数控加工的特点认真而详细地分析零件的数控加工工艺。

一、零件图的工艺分析

分析零件图是工艺制定中的首要工作，它主要包括以下内容。

1. 零件结构工艺性分析

零件结构工艺性是指零件对加工方法的适应性，即所分析的零件结构应便于加工成型。在进行零件结构分析时，若发现零件的结构不合理等问题应向设计人员或有关部门提出修改意见。

例1.1 零件结构工艺性分析。

在图1－22中有三个槽，槽宽分别为4 mm、5 mm和3 mm，均不相等，三个槽的槽深也不相等，这给数控编程和加工增加了难度，如果不影响零件的强度和使用，建议把三个槽宽和三个槽深修改成一样的尺寸。

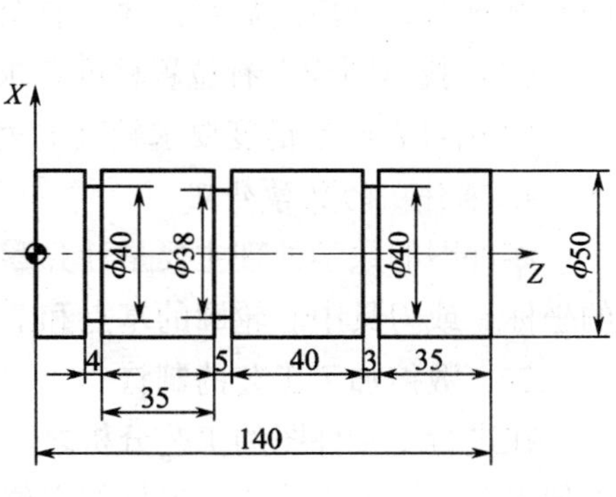

图1－22 零件的结构工艺性

2. 零件轮廓几何要素分析

零件轮廓是数控加工的最终轨迹，也是数控编程的依据。在手工编程时，要计算零件轮廓上每个基点的坐标；在自动编程时，要对构成零件轮廓的所有几何元素进行定义。因此，在分析零件图时，要分析零件轮廓几何元素的给定条件是否充分。由于设计等多方面的原因，可能在图样上出现构成零件加工轮廓的条件不充分、尺寸模糊不清等缺陷，增加了编程工作的难度，有的甚至无法编程。

例 1.2 零件轮廓几何要素分析。

在手柄零件轮廓图 1 – 23 中，*R*8 的球面和 *R*60 弧面相切，要确定切点，必须通过计算求出切点的位置，如图 1 – 23 中的 ϕ14.77 和 4.923，否则不能编程。同理，*R*60 弧面和 *R*40 弧面的相切点，也必须通过计算求出切点的位置，如图中的 ϕ21.2 和 44.8；*R*40 的弧面和 ϕ24 的外圆柱相交，也要通过计算求出交点的位置，如图中的 ϕ24 和 73.436。只有这样，手工编程才能顺利进行。

分析轮廓要素时，以能在 AutoCAD 上准确绘制的轮廓为充分条件。

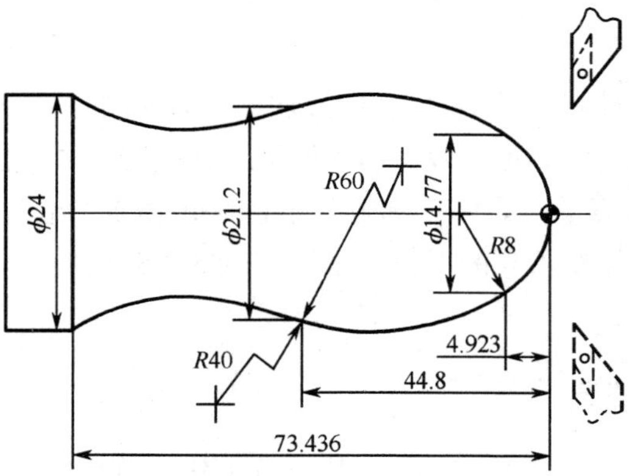

图 1 – 23　轮廓几何要素分析

3. 零件精度及技术要求分析

对被加工零件的精度及技术要求进行分析，是零件工艺性分析的重要内容，只有在分析零件尺寸精度、形状精度、位置精度和表面粗糙度的基础上，才能对加工方法、装夹方式、刀具及切削用量进行正确而合理的选择。

精度及技术要求分析主要包括以下内容：

（1）分析精度及各项技术要求是否齐全、合理；

（2）分析每道工序的加工精度能否达到图样要求，若达不到，需采取其他措施（如磨削）弥补时，则应给后续工序留有余量；

（3）找出图样上有位置精度要求的表面，这些表面应在一次安装下完成加工；

（4）对表面粗糙度要求较高的表面，应确定相应的工艺措施（如磨削）。

4. 零件图的数学处理

零件图的数学处理主要是计算零件加工轨迹的尺寸，即计算零件加工轮廓的基点和节点的坐标，或刀具中心轮廓的基点和节点的坐标，以便编制加工程序。

二、数控加工工艺的制订

在进行了零件图的工艺分析之后，制定数控加工工艺时，要确定工序的划分、各工序间的加工余量、加工路线、工件的定位和安装、夹具的选择、刀具的选择、对刀点与换刀点的确定、切削用量的选择和加工方案的确定等。

1. 数控加工工序的划分

划分数控加工工序时推荐遵循的原则有两个。

1）保证零件精度的原则

数控加工要求工序尽可能集中，常常粗、精加工在一次装夹下完成，为了减小热变形和切削力引起的变形对工件的形状精度、位置精度、尺寸精度和表面粗糙度的影响，应将粗、精加工分开进行。对既有内表面（内型、腔）又有外表面需要加工的零件，安排加工工序时，应先进行内、外表面的粗加工，后进行内、外表面的精加工，切不可将零件上一部分表面（外表面或内表面）加工完毕后，再加工其他表面（内表面或外表面），以保证工件的表面质量要求。同时，对一些箱体零件，为保证孔的加工精度，应先加工表面后加工孔。遵循保证精度的原则，实际上就是以零件的精度为依据来划分数控加工的工序。

2）提高生产效率的原则

数控加工中，为减少换刀次数，节省换刀时间，应将需用同一把刀加工的部位全部加工完成后，再换另一把刀来加工其他部位，同时应尽量减少刀具的空行程。用同一把刀加工工件的多个部位时，应以最短的路线到达各加工部位。遵循提高生产效率的原则，实际上就是以加工效率为依据来划分数控加工的工序。

实际中，数控加工工序要根据具体零件的结构特点、技术要求等情况综合考虑。

2. 加工余量的确定

加工余量是指毛坯实体尺寸与零件（图纸）尺寸之差。加工余量的大小对零件的加工质量和制造经济性有较大的影响。余量过大会浪费原材料，且机械加工工时会增加机床、刀具及能源的消耗；余量过小则不能消除上道工序留下的各种误差、表面缺陷和本工序的装夹误差，容易产生废品。因此，应根据影响余量的因素合理地确定加工余量。一般零件通常要经过粗加工、半精加工、精加工才能达到最终的精度要求。因此，零件总的加工余量应等于各中间工序加工余量之和。

（1）加工余量的确定原则。

① 采用最小加工余量原则，以求缩短加工时间，降低零件的加工费用。

② 应有充分的加工余量，防止产生废品。

（2）确定加工余量时还应考虑的情况。

① 由于零件的大小不同，切削力、内应力引起的变形也会有差异，工件大，加工过程中的变形增加，加工余量相应大一些。零件热处理时也会引起变形，应适当增大加工余量。

② 加工方法、装夹方式和工艺装备的刚性可能引起零件的变形，过大的加工余量会由于切削力增大、切削热增加而引起零件变形，故应控制零件的最大加工余量。

（3）确定零件加工余量的方法。

① 查表法。这种方法是根据各工厂的生产实践和实验研究积累的数据，先制成各种切削条件下的加工余量表格，再汇集成手册。确定加工余量时查阅这些手册，再结合工厂的实际情况进行适当修改。目前我国各工厂普遍采用查表法来确定零件的加工余量。

② 经验估算法。这种方法是根据工艺编制人员的实际经验来确定加工余量的。一般情况下，为了防止因余量过小而产生废品，经验估算法的加工余量数值总是偏大。经验估算法常用于单件小批量生产。

③ 分析计算法。这种方法是根据一定的试验资料数据和加工余量计算公式，分析影响

加工余量的各项因素，通过计算确定零件的加工余量。这种方法比较合理，但必须有比较全面和可靠的试验资料数据，计算工作量较大。

3. 加工路线的确定

（1）零件加工方法的选择。在数控机床上加工零件，一般有两种情况：一是有零件图样和毛坯，要选择适合加工该零件的数控机床；二是已经有了数控机床，要选择适合该机床加工的零件。

无论哪种情况，都应根据零件的种类与加工内容选择合适的数控机床和加工方法。

① 机床的选择。数控车床适合加工形状比较复杂的轴类零件和由复杂曲线回转形成的模具内型腔；立式数控铣床适合加工平面凸轮、样板、形状复杂的平面或立体零件，以及模具的内、外型腔等；卧式数控铣床适合加工箱体、泵体、壳体类零件；多坐标轴联动的加工中心则可以用于加工各种复杂的曲线、曲面、叶轮和模具等。

② 粗、精加工的选择。只经过粗加工的表面，尺寸精度可达 IT14 ~ IT12 级，表面粗糙度 Ra 值可达 12.5 ~ 50 μm。经粗、精加工的表面，尺寸精度可达 IT9 ~ IT7 级，表面粗糙度 Ra 值可达 1.6 ~ 3.2 μm。

③ 孔加工方法的选择。孔加工的方法比较多，有钻孔、扩孔、铰孔和镗孔等。大直径的孔还可采用圆弧插补方式进行铣削加工。

对于直径大于 ϕ30mm 且已铸出或锻出毛坯孔的孔加工，一般采用粗镗→半精镗→孔口倒角→精镗的加工方案。

大直径孔可采用立铣刀粗铣→精铣的加工方案。

对于直径小于 ϕ30 mm 的无毛坯孔的孔加工，通常采用锪平端面→打中心孔→钻→扩→孔口倒角→铰的加工方案。

有同轴度要求的小孔，通常采用锪平端面→打中心孔→钻→半精镗→孔口倒角→精镗（或铰）的加工方案。为提高孔的位置精度，在钻孔工步前推荐安排锪平端面和打中心孔工步。孔口倒角安排在半精加工之后、精加工之前，以防孔内产生毛刺。

④ 螺纹的加工。螺纹的加工根据孔径大小而定，一般情况下，直径在 M5 ~ M20 之间的螺纹，通常采用攻螺纹的方法加工。直径在 M6 以下的螺纹，通常在加工中心上完成底孔加工后，再用其他方法攻螺纹。因为在加工中心上攻螺纹不能随机控制加工状态，故小直径丝锥容易折断。直径在 M25 以上的螺纹，可采用镗刀片镗削加工。

由于获得同一级精度及表面粗糙度的加工方法一般有许多，因而在实际选择加工方法时，要结合零件的形状、尺寸和热处理要求全面考虑。例如，对于 IT7 级精度的孔采用镗孔、铰孔、磨孔等方法加工可达到精度要求，但箱体上的孔一般采用镗孔或铰孔而不采用磨孔。一般小尺寸的箱体孔选择铰削，当孔径较大时则应选择镗削。此外，还应考虑生产率和经济性的要求，以及工厂的生产设备等实际情况。

（2）加工路线的确定。在数控加工中，刀具（严格说是刀位点）相对于工件的运动轨迹称为加工路线，即刀具从对刀点开始运动起，直至加工程序结束所经过的路径，包括切削加工的路径和刀具快退及刀具引入、返回等非切削空行程。

加工路线的确定首先必须保证被加工零件的尺寸精度和表面质量，其次考虑数值计算简单、走刀路线尽量短和效率较高等。

下面举例分析数控机床加工零件时常用的加工路线。

例1.3　如图1－24所示，最短的空行程路线。

图1－24（a）由于起刀点与循环起点重合，空行程比较长，故加工效率低。

图1－24（b）由于起刀点与循环起点不重合，空行程比较短，故加工路线较为合理。

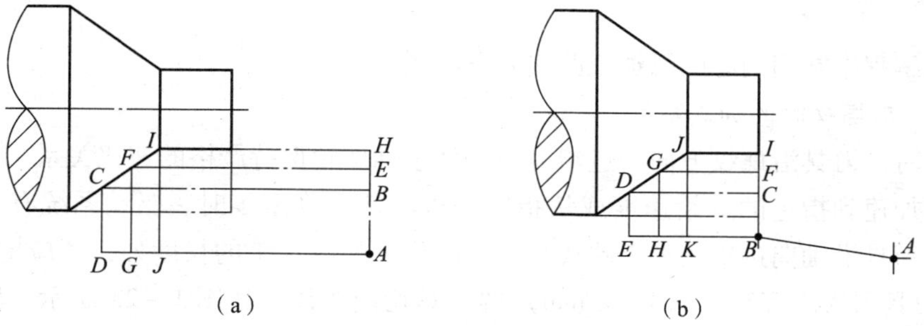

图1－24　车削加工空行程路线

（a）起刀点与循环的起始点重合；（b）起刀点与循环的起始点不重合

例1.4　车圆弧的加工路线。

车圆弧时，若用一刀粗车就把圆弧加工出来，则吃刀量太大，容易打刀。所以，在实际车圆弧时，需要多刀加工，先用粗车将大部分余量切除，最后再精车所需圆弧。

图1－25所示为车圆弧的阶梯切削路线，即先粗车成阶梯形状，最后一刀精车出圆弧。此方法在确定了每次车削的背吃刀量a_p后，需精确计算出粗车的终刀距S，即求圆弧与直线的交点。此方法刀具切削运动距离较短，但数值计算较复杂。

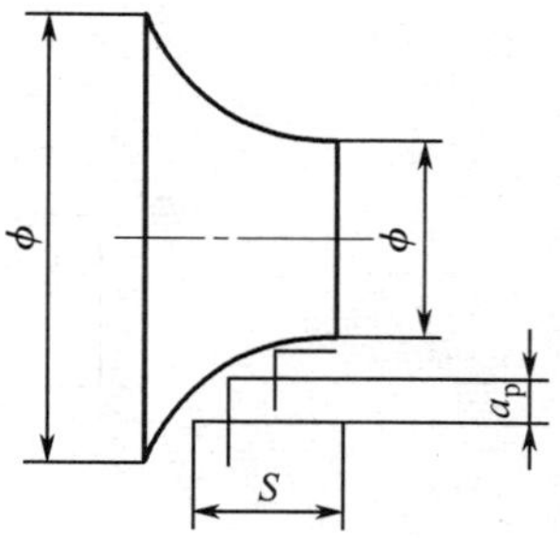

图1－25　车圆弧的阶梯切削路线

图1－26所示为车圆弧的同心圆弧切削路线，即用不同的半径圆来车削，最后将所需圆弧加工出来。此方法在确定了每次车削的背吃刀量a_p后，对90°圆弧的起点、终点坐标较易确定，数值计算简单，编程方便，故经常采用。但按图1－26（b）所示加工时，刀具的空行程时间较长。

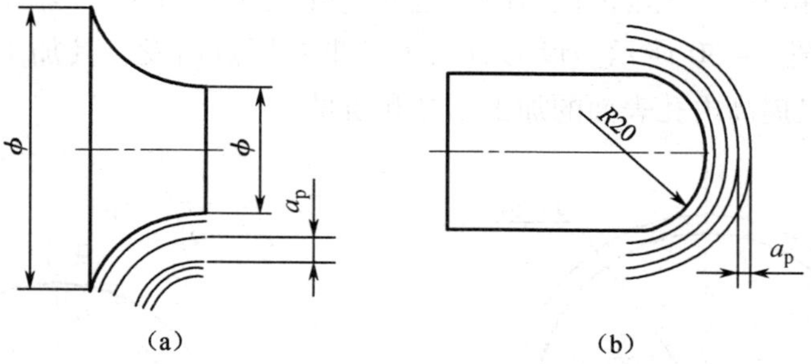

图1－26　车圆弧的同心圆弧切削路线

图1－27所示为车圆弧的车锥法切削路线，即先车一个圆锥，再车圆弧。此时要注意车圆锥时起点和终点的确定，若确定不好，则可能损坏圆弧表面，也可能将余量留得过大。

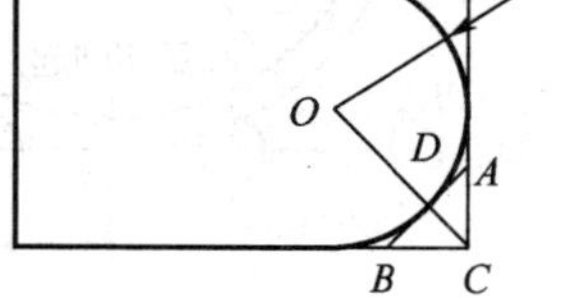

图1－27　车圆弧的车锥法切削路线

确定车圆锥时的起点和终点的方法如图1－27所示，连接OC交圆弧于D，过D点作圆弧的切线AB。由几何

关系 $CD = OC - OD = \sqrt{2}R - R = 0.414R$ 知，CD 为车圆锥时的最大切削余量，即车圆锥时，加工路线不能超过 AB 线。由图示关系可得 $AC = BC = 0.586R$，这样可确定出车圆锥时的起点和终点。当 R 不太大时，可取 $AC = BC = 0.5R$。此方法数值计算较复杂，刀具切削路线短。

在手工编程中常用同心圆弧加工路线来车圆弧。

例 1.5 车螺纹时的加工路线。

车螺纹时，刀具沿螺纹方向的进给应与工件主轴旋转保持严格的速比关系。考虑到刀具从停止状态加速到指定的进给速度或从指定的进给速度降至零时，驱动系统有一个过渡过程。因此，刀具沿轴向进给的加工路线长度，除保证螺纹加工的长度外，还应增加 δ_1（2 ~ 5 mm）的刀具引入距离和 δ_2（1 ~ 2 mm）的刀具切出距离，如图 1 – 28 所示，以便保证螺纹切削时，在升速完成后才使刀具接触工件、在刀具离开工件后再开始降速。

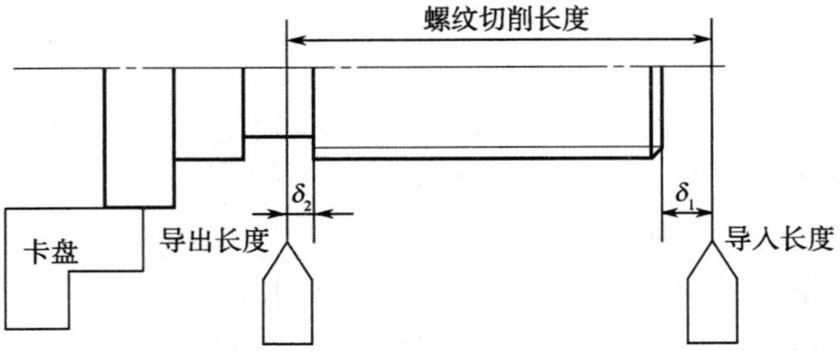

图 1 – 28 车螺纹时的轴向进给距离

例 1.6 轮廓铣削的加工路线。

对于连续铣削轮廓，特别是加工圆弧轮廓时，要注意安排好刀具的切入、切出，尽量避免交接处重复加工，否则会出现明显的界限痕迹。如图 1 – 29 所示，用圆弧插补方式铣削外整圆时，要安排刀具从切向进入圆周铣削加工，当整圆加工完毕后，不要在切点处直接退刀，而应让刀具多运动一段直线距离，最好沿切线方向，以免取消刀具补偿时刀具与工件表面相碰撞，造成工件报废。铣削内圆弧时，也要遵守从切向切入、切出的原则，安排切入、切出过渡圆弧，如图 1 – 30 所示。设刀具从工件坐标原点出发，其加工路线为 1→2→3→4→5，这样安排可以提高内孔表面的加工精度和质量。

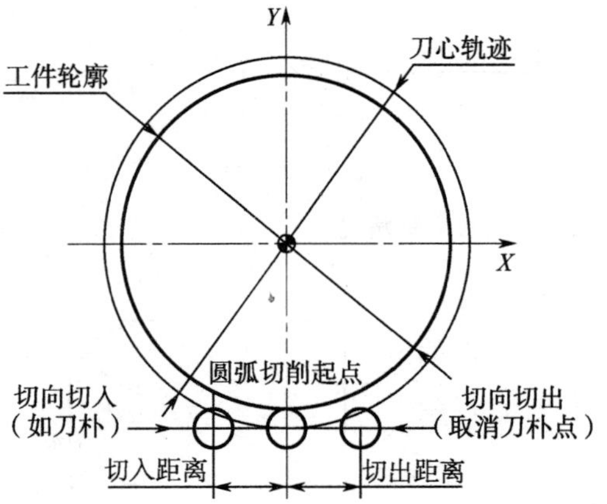

图 1 – 29 铣削外整圆的加工路线

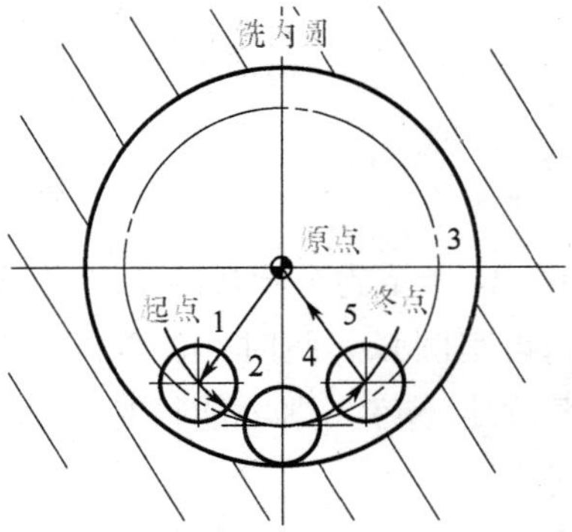

图 1 – 30 铣削内孔的加工路线

例 1.7　铣削曲面的加工路线。

铣削曲面时，常用球头铣刀，采用“行切法”进行加工。所谓行切法，是指刀具与零件轮廓的切点轨迹是一行一行的，而行间的距离是按零件加工精度的要求来确定的。对于边界敞开的曲面加工，可采用两种加工路线。如图 1－32 所示，对于发动机大叶片，当采用图 1－31（a）所示的加工方案时，每次沿直线加工，刀位点计算简单，程序少，加工过程符合直纹面的形成要求，可以准确保证母线的直线度。当采用图 1－32（b）所示的加工方案时，符合这类零件数据给出情况，便于加工后检验，叶形的准确度高，但程序较多。由于曲面零件的边界是敞开的，没有其他表面限制，所以曲面边界可以延伸，球头刀应由边界外开始加工。

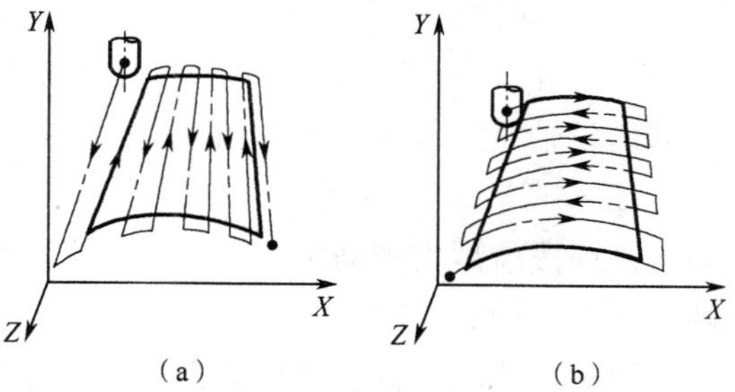

图 1－31　铣削曲面的加工路线

例 1.8　位置精度要求高的孔加工路线。

对于位置精度要求较高的孔系加工，特别要注意孔的加工顺序的安排，加工顺序安排不当时，就有可能沿坐标轴的反向间隙带入，直接影响位置精度。如图 1－32 所示，图 1－32（a）所示为零件图，在该零件上加工六个尺寸相同的孔，有两种加工路线。当按图 1－32（b）所示路线加工时，由于 5、6 孔与 1、2、3、4 孔定位方向相反，在 *Y* 方向运动时，反向间隙会使定位误差增加，而影响 5、6 孔与其他孔的位置精度。按图 1－32（c）所示路线加工完 4 孔后，往上移动一段距离到 *P* 点，然后再折回来加工 5、6 孔，这样 *Y* 方向运动方向一致，可避免反向间隙的引入，以提高 5、6 孔与其他孔的位置精度。

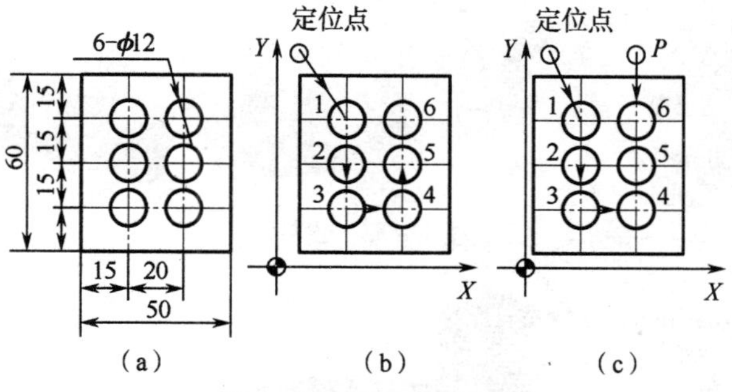

图 1－32　孔加工路线

4. 工件的定位、安装与夹具的选择

为了充分发挥数控机床高速度、高精度和自动化的效能，还应有相应的数控夹具进行配合。

（1）工件定位、安装的基本原则。

① 力求设计基准、工艺基准与编程计算的基准统一。

② 尽量减少工件的装夹次数，尽可能在一次定位装夹后加工出全部待加工表面。

③ 避免采用占机人工调整式加工方案，以充分发挥数控机床的效能。

（2）选择夹具的基本原则。

① 当零件加工批量不大时，应尽量采用组合夹具、可调式夹具及其他通用夹具，以缩短生产准备时间，节省生产费用。

② 零件在夹具上的装卸要快速、方便、可靠，以缩短机床的停机时间。

③ 夹具上各零部件应不妨碍机床对零件各加工表面的加工，即夹具要开敞，其定位夹紧元件不能影响加工中的走刀（如产生碰撞等）。

（3）常用数控夹具。

① 数控车床夹具。数控车床夹具除了使用通用三爪自定心卡盘、四爪卡盘及大批量生产中使用的便于自动控制的液压、电动和气动夹具外，数控车床加工中还有多种相应的夹具，它们主要分为两大类，即用于轴类工件的夹具和用于盘类工件的夹具。

a. 用于轴类工件的夹具。数控车床加工轴类工件时，坯件装卡在主轴顶尖和尾座顶尖之间，工件由主轴上的拨动卡盘或拨齿顶尖带动旋转。这类夹具在粗车时可以传递足够大的转矩，以适应主轴高速旋转车削。

用于轴类工件的夹具有自动夹紧拨动卡盘、拨齿顶尖、三爪拨动卡盘和快速可调万能卡盘等。车削空心轴时常用圆柱心轴、圆锥心轴或各种锥套轴或堵头作为定位装置。

b. 用于盘类工件的夹具。这类夹具适用于无尾座的卡盘式数控车床，主要包括可调卡爪式卡盘和快速可调卡盘等。

② 数控铣床上的夹具。数控铣床上的夹具一般安装在工作台上，其形式根据被加工工件的特点而不同，如通用台虎钳和数控分度转台等。

图 1－33 ~ 图 1－36 所示为一些常见夹具。

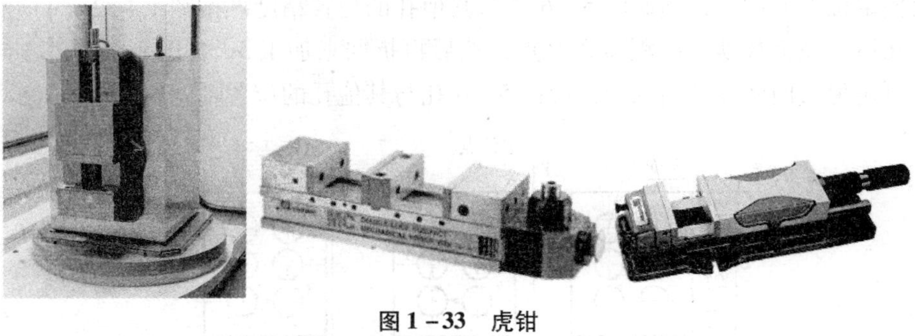

图 1－33　虎钳

图 1－34　回转坐标轴

图1－35　铣削用三爪卡盘

图1－36　铣削用四爪卡盘

5. 刀具的选择

与普通机床加工方法相比，数控加工对刀具提出了更高的要求，不仅要求刀具的刚性好、精度高，而且要求尺寸稳定、耐用度高、断屑和排屑性能好，同时还要求安装调整方便。数控机床上所选用的刀具常采用适应高速切削的刀具材料（如高速钢、超细粒度硬质合金）并使用可转位刀片。

1）车削用刀具及其选择

数控车削常用的车刀一般分尖形车刀、圆弧形车刀以及成型车刀三类。车削刀具形状与被加工表面的关系如图1－37所示。

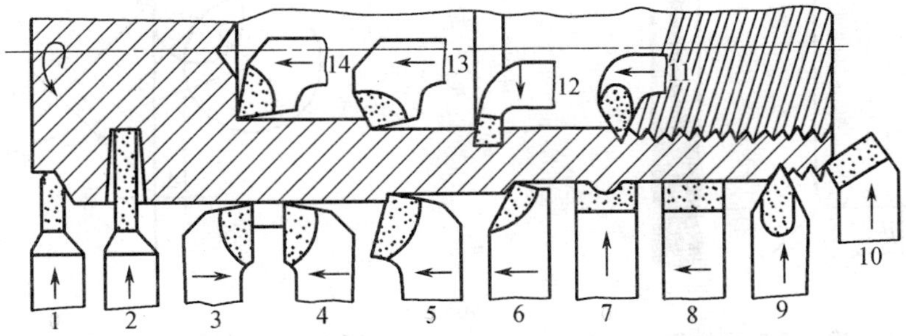

图1－37　车削刀具形状与被加工表面

1—圆弧形车刀；2—切断刀；3—90°左偏刀；4—90°右偏刀；5—弯头车刀；6—直头车刀；7—成型车刀；8—宽刃精车刀；9—外螺纹车刀；10—端面车刀；11—内螺纹车刀；12—内槽车刀；13—通孔车刀；14—盲孔车刀

（1）尖形车刀。以直线形切削刃为特征的车刀一般称为尖形车刀。这类车刀的刀尖由直线形的主、副切削刃构成，如90°内外圆车刀、左右端面车刀、切槽（切断）车刀及刀尖倒棱很小的各种外圆和内孔车刀。

尖形车刀几何参数（主要是几何角度）的选择方法与普通车削时基本相同，但应结合数控加工的特点（如加工路线、加工干涉等）进行全面的考虑，并应兼顾刀尖本身的强度。

用这类车刀加工零件时，其零件的轮廓形状主要由一个独立的刀尖或一条直线形主切削刃位移后得到，它与另两类车刀加工时所得到零件轮廓形状的原理是截然不同的。

（2）圆弧形车刀。圆弧形车刀是较为特殊的数控加工用车刀。其特征是，构成主切削刃的刀刃形状为一圆度误差或轮廓误差很小的圆弧；该圆弧上的每一点都是圆弧形车刀的刀尖，因此，刀位点不在圆弧上，而在该圆弧的圆心上；车刀圆弧半径理论上与被加工零件的形状无关，并可按需要灵活确定或经测定后确认。

圆弧形车刀可以用于车削内外表面，特别适合于车削各种光滑连接（凹形）的成型面。

选择车刀圆弧半径时应考虑两点：一是车刀切削刃的圆弧半径应小于或等于零件凹形轮廓上的最小曲率半径，以免发生加工干涉；二是车刀圆弧半径不宜选择太小，否则不但制造困难，还会因刀尖强度太弱或刀体散热能力差而导致车刀损坏。

当某些尖形车刀或成型车刀（如螺纹车刀）的刀尖具有一定的圆弧形状时，也可作为圆弧车刀使用。

（3）成型车刀。成型车刀俗称样板车刀，其加工零件的轮廓形状完全由车刀刀刃的形状和尺寸决定。数控车削加工中，常见的成型车刀有小半径圆弧车刀、非矩形车槽刀和螺纹车刀等。在数控加工中，应尽量少用或不用成型车刀，当确有必要选用时，则应在工艺文件或加工程序单上进行详细说明。

2）铣削用刀具及其选择

（1）平底立铣刀（见图 1－38）。在数控加工中，铣削平面零件及其内外轮廓时常用平底立铣刀，该刀具有关参数的经验数据如下：

铣刀半径 R_D 应小于零件内轮廓面的最小曲率半径 R_{min}，一般取 $R_D=(0.8\sim0.9)R_{min}$。

零件的加工高度 $H\leqslant(1/4\sim1/6)R_D$，以保证刀具有足够的刚度。

粗加工内轮廓时，铣刀最大直径 D 可按下式计算（见图 1－39）：

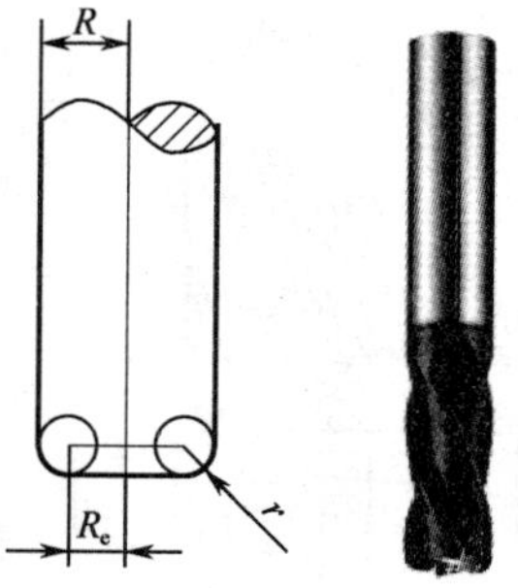

图 1－38　平底立铣刀

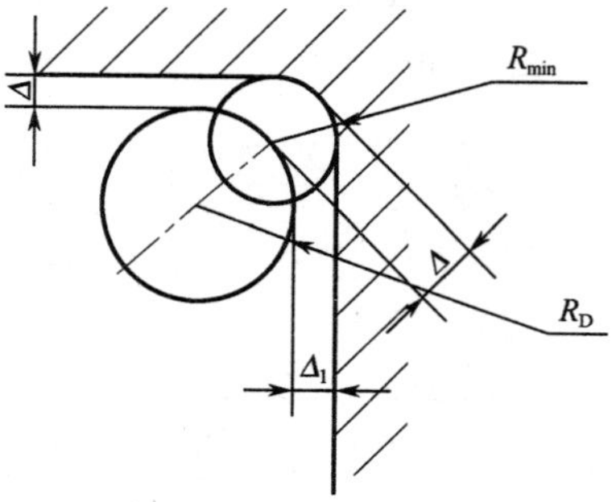

图 1－39　粗加工铣刀直径估算

$$D=2R_D=\frac{\left(\Delta\sin\frac{\varphi}{2}-\Delta_1\right)+2R_{min}}{1-\sin\frac{\varphi}{2}}$$

式中，R_{min}——轮廓的最小凹圆角半径；

Δ——圆角邻边夹角等分线上的精加工余量；

Δ_1——精加工余量；

φ——圆角两邻边的最小夹角。

用平底立铣刀铣削内槽底部时，由于槽底两次走刀需要搭接，而刀具底刃起作用的半径为 $R_e=R-r$，如图 1－38 所示，即每次切槽的直径为 $d=2R_e=2(R-r)$，故编程时应取刀具半径为 $R_e=0.95(R-r)$，以避免两次走刀之间出现过高的刀痕。

（2）常用的其他铣刀。对于一些立体型面和变斜角轮廓外形的加工，常用球形铣刀、环形铣刀、鼓形铣刀、锥形铣刀和盘铣刀，如图 1－40 所示。

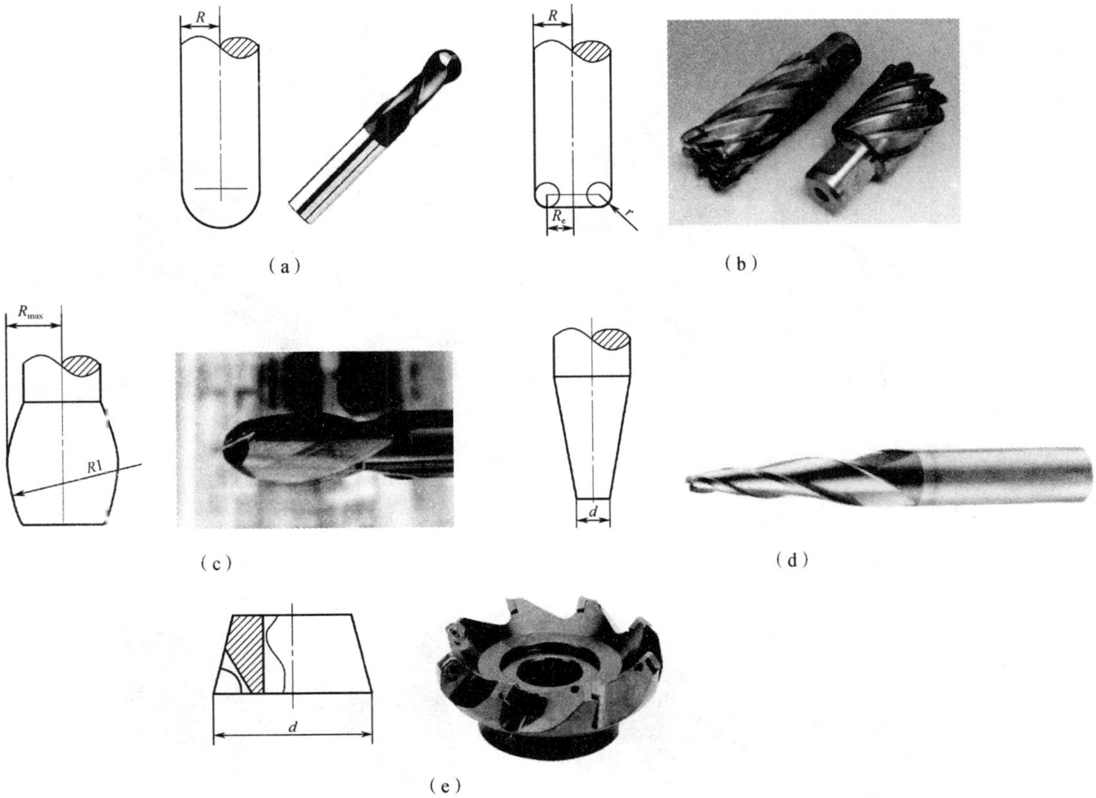

图1－40　常用的其他铣刀

(a) 球头刀；(b) 球形刀；(c) 鼓形刀；(d) 锥形刀；(e) 盘形刀；

3）标准化刀具

目前，数控机床上大多使用系列化、标准化刀具，对可转位机夹外圆车刀、端面车刀等的刀柄和刀头都有国家标准及系列化型号；对于加工中心及有自动换刀装置的机床，刀具的刀柄都已有系列化和标准化的规定，如锥柄刀具系统的标准代号为TSG—JT、直柄刀具系统的标准代号为DSG—JZ。

此外，对所选择的刀具，在使用前都需对刀具尺寸进行严格的测量以获得精确数据，并由操作者将这些数据输入到数控系统中，经程序在加工过程调用，从而加工出合格的工件。

（1）标准化数控加工刀具从结构上可分为整体式和镶嵌式。镶嵌式又可以分为焊接式和机夹式。机夹式根据刀体结构的不同，又分为可转位和不转位两种。减振式，当刀具的工作臂长与直径之比较大时，为了减小刀具的振动、提高加工精度，多采用此类刀具；内冷式，切削液通过刀体内部由喷孔喷射到刀具的切削刃部；特殊形式，如复合刀具和可逆攻螺纹刀具等。

（2）标准化数控加工刀具电制造所采用的材料不同可分为高速钢刀具、硬质合金刀具、陶瓷刀具、立方氮化硼刀具、金刚石刀具和涂层刀具。

图1－41所示为常见的数控机夹车削刀具。

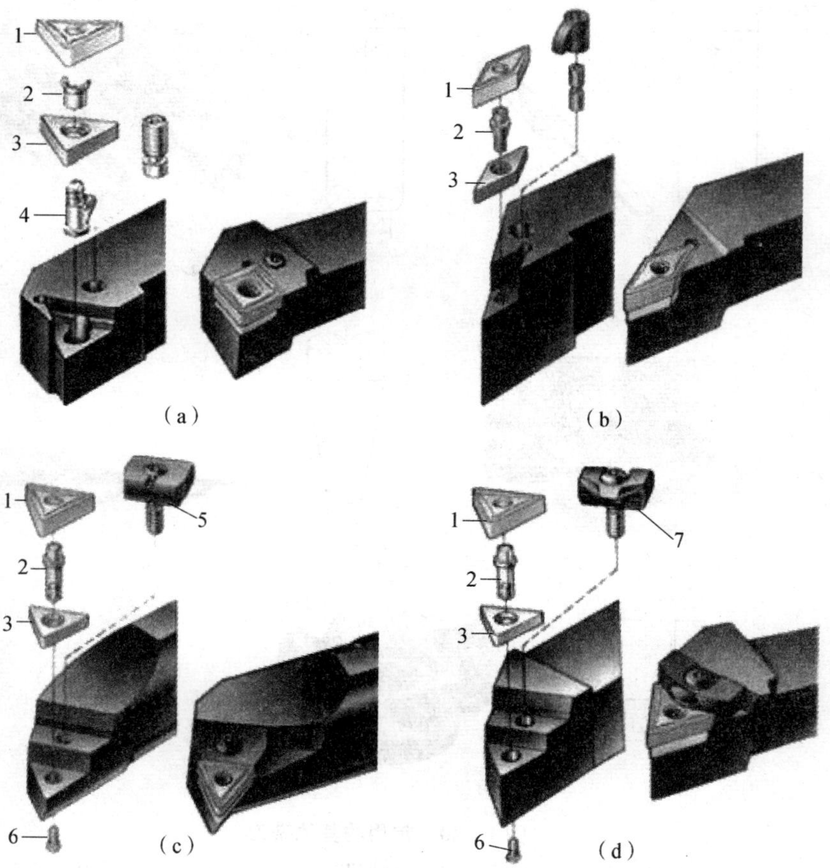

图 1-41　常见的数控机夹车削刀具

(a) 杠杆式夹紧；(b) 螺钉上压式夹紧；(c) 楔块夹紧；(d) 楔形压板夹紧

1—刀片；2—中心销；3—刀垫；4—杠杆；5—楔块；6—螺钉；7—楔形压板

6. 对刀点与换刀点的确定

(1) 刀位点。在进行数控加工编程时，往往是将整个刀具浓缩为一个点，这就是“刀位点”，它是在加工上用于表现刀具位置的参照点。

① 一般来说，立铣刀、端铣刀的刀位点是刀具轴线与刀具底面的交点；

② 球头铣刀的刀位点为球心；

③ 镗刀、车刀的刀位点为刀尖或刀尖圆弧中心；

④ 钻头的刀位点是钻尖或钻头底面中心。

(2) 对刀点。对刀操作就是要测出在程序起点处刀具刀位点相对于机床原点及工件原点的坐标位置，即确定对刀点（也称起刀点）。

正确选择“对刀点”的原则如下：

① 便于用数学处理和简化程序编制；

② 在机床上找正容易，加工中便于检查；

③ 引起的加工误差小。

对刀点可以设置在零件、夹具或机床上，并应尽可能设在零件的设计基准或工艺基准上。

（3）换刀点。换刀点是指加工过程中需要换刀时刀具与工件的相对位置点。换刀点往往设在工件的外部，离工件有一定的换刀安全距离，以便能顺利换刀，不碰撞工件和其他部件。

① 在铣床上，常以机床参考点为换刀点；

② 在加工中心上，常以换刀机械手的固定位置点为换刀点；

③ 在车床上，常以刀架远离工件的行程极限点为换刀点。

7. 切削用量的选择

数控编程时，编程人员必须确定每道工序的切削用量，并以指令的形式写入程序中。切削用量包括切削速度、背吃刀量及进给速度等。对于不同的加工方法，需要选用不同的切削用量。

（1）切削用量的选择原则。粗加工时，一般以提高生产率为主，但也应考虑经济性和加工成本；半精加工和精加工时，应在保证加工质量的前提下，兼顾切削效率、经济性和加工成本。具体数值应根据机床说明书、切削用量手册，并结合经验而定。

从刀具的耐用度出发，切削用量的选择顺序是：先确定背吃刀量，其次确定进给量，最后确定切削速度。

（2）背吃刀量的确定。背吃刀量由机床、工件和刀具的刚度来决定，在刚度允许的条件下，应尽可能使背吃刀量等于工件的加工余量，这样可以减少走刀次数，提高生产效率。

确定背吃刀量的原则：

① 在工件表面粗糙度值要求为 *Ra*12.5～25 μm 时，如果数控加工的加工余量小于 6 mm，粗加工一次进给就可以达到要求。但在余量较大、工艺系统刚性较差或机床动力不足时，可分多次进给完成。

② 在工件表面粗糙度值要求为 *Ra*3.2～12.5 μm 时，可分粗加工和半精加工两步进行。粗加工时的背吃刀量选取同前。粗加工后留 0.5～1.0 mm 余量，在半精加工时切除。

③ 在工件表面粗糙度值要求为 *Ra*0.8～3.2 μm 时，可分粗加工、半精加工和精加工三步进行。半精加工时的背吃刀量取 1.5～2 mm，精加工时背吃刀量取 0.3～0.5 mm。

（3）进给量的确定。进给量主要根据零件的加工精度和表面粗糙度要求以及刀具、工件的材料选取。最大进给速度受机床刚度和进给系统的性能限制。

确定进给速度的原则：

① 当工件的质量要求能够得到保证时，为提高生产效率，可选择较高的进给速度，一般在 100～200 mm/min 内选取。

② 在切断、加工深孔或用高速钢刀具加工时，宜选择较低的进给速度，一般在 20～50 mm/min 内选取。

③ 当加工精度、表面粗糙度要求高时，进给速度应选小些，一般在 20～50 mm/min 内选取。

④ 刀具空行程时，特别是远距离"回零"时，可以选择该机床数控系统设定的最高进给速度。

（4）主轴转速的确定

主轴转速应根据允许的切削速度和工件（或刀具）直径来选择，其计算公式为

$$n = 1\,000v/\pi D$$

式中，v——切削速度，单位为 m/min，由刀具的耐用度决定；

n——主轴转速，单位为 r/min；

D——工件直径或刀具直径，单位为 mm。

计算的主轴转速 n 最后要根据机床说明书选取机床有的或较接近的转速。

（5）数控车削的切削条件。

数控车削切削条件参考表 1－1。

表 1－1　数控车削切削条件参考　　$m \cdot min^{-1}$

被切削材料名称		轻切削	一般切削	重切削
		背吃刀量 0.5～1.0 mm；进给量 0.05～0.3 mm/r	背吃刀量 1～4 mm；进给量 0.2～0.5 mm/r	背吃刀量 5～15 mm；进给量 0.4～0.8 mm/r
优质碳素结构钢	10#	100～250	150～250	80～220
	45#	60～230	70～220	80～180
合金钢		100～220	100～230	70～220
		70～220	80～220	80～200

（6）数控铣削的切削条件。

① 数控铣削铣刀刀具材料与许用最高切削速度参考表 1－2。

表 1－2　铣刀刀具材料与许用最高切削速度

序号	刀具材料	类别	主要化学成分	最高切削速度/（$m \cdot min^{-1}$）
1	碳素工具钢		Fe	
2	高速钢	钨系 铝系	18W＋4Cr＋1V＋（CO） 7W＋5Mo＋4Cr＋1V	50
3	超硬工具	P 种（钢用） M 种（铸钢用） K 种（铸铁用）	WC＋Co＋TiC＋（TaC） WC＋Co＋TiC＋（TaC） WC＋Co	150
4	涂镀刀具（COATING）		超硬母材料镀 Ti TiNi103　A203	250
5	瓷金（CERMET）	TicN＋Nbc 系 Nbc 系 TiN 系	TicN＋Nbc＋CO Nbc＋CO TiN＋CO	300

② 铣刀每齿进给量参考表1－3。

表1－3 铣刀每齿进给量

mm·z^{-1}

工件材料	每齿进给量			
	粗铣		精铣	
	高速钢铣刀	硬质合金铣刀	高速钢铣刀	硬质合金铣刀
钢	0.10～0.15	0.10～0.25	0.02～0.05	0.10～0.15
铸铁	0.12～0.20	0.15～0.30		

③ 铣削时的切削速度参考表1－4。

表1－4 铣削时的切削速度

工件材料	硬度/HBS	切削速度/（m·min^{-1}）	
		高速钢铣刀	硬质合金铣刀
钢	<225	18～42	66～150
	225～325	12～36	54～120
	325～425	6～12	36～75
铸铁	<190	21～36	66～150
	190～260	9～18	45～90
	260～320	4.5～10	21～30

切削用量的具体数值应根据机床性能、相关的手册并结合实际经验用类比方法确定。同时，使主轴转速、切削深度及进给速度三者能相互适应，以形成最佳切削用量。

8. *加工方案的确定*

在进行了零件加工的工艺分析之后，就可以确定加工方案了。在确定加工方案时，首先应根据主要表面的尺寸精度和表面粗糙度的要求，初步确定为达到这些要求所需要的加工方法，即精加工的方法，再确定从毛坯到最终成形的加工方案。

通常对一个零件进行加工有多种加工方案，在确定时要进行分析比较，从中选出比较好的加工方案。

9. *根据数控加工工艺，填写数控加工工艺卡片*

为了在加工过程中能及时对加工零件进行检验，也为了使零件的加工有序地进行，对于每个加工零件，在确定了数控加工方案之后，要制定详细的数控加工工艺，并填写数控加工工艺卡片，作为零件在加工过程中的工艺文件。

1.2.3 典型零件的数控加工工艺

一、车削零件的数控加工工艺

1. 适合数控车削加工的零件

1）精度要求高的回转体零件

由于数控车床刚性好，制造和对刀精度高，以及能方便和精确地进行人工补偿和自动补偿，所以能加工尺寸精度要求较高的零件，在有些场合甚至可以以车代磨。此外，数控车削的刀具运动是通过高精度插补运算和伺服驱动来实现的，再加上机床的刚性好、制造精度高，所以它能加工对母线直线度、圆度、圆柱度等形状精度要求较高的零件。对于圆弧以及其他曲线轮廓，数控车削加工出的形状与图纸上所要求的几何形状的接近程度比用仿形车床要高得多。数控车削对提高位置精度特别有效，且加工质量稳定。

2）表面粗糙度要求高的回转体零件

数控车床具有恒线速切削功能，能加工出表面粗糙度值小而均匀的零件。在材质、精车余量和刀具已定的情况下，表面粗糙度取决于进给量和切削速度。在普通车床上车削锥面和端面时，由于转速恒定不变，致使车削后的表面粗糙度不一致，只有某一直径处的表面粗糙度值最小。使用数控车床的恒线速切削功能，就可选用最佳线速度来切削锥面和端面，使车削后的表面粗糙度值既小又一致。数控车削还适合车削各部位表面粗糙度要求不同的零件。表面粗糙度值要求大的部位选用大的进给量，表面粗糙度值要求小的部位选用小的进给量。

3）表面形状复杂的回转体零件

由于数控车床具有直线和圆弧插补功能，所以可以车削由任意直线和曲线组成的形状复杂的回转体零件。

组成零件轮廓的曲线可以是数学方程式描述的曲线，也可以是列表曲线。对于由直线或圆弧组成的轮廓，直接利用机床的直线或圆弧插补功能；对于由非圆曲线组成的轮廓应先用直线或圆弧去逼近，然后再用直线或圆弧插补功能进行插补切削。

4）带特殊螺纹的回转体零件

普通车床所能车削的螺纹相当有限，它只能车削等导程的直、锥面公、英制螺纹，而且一台车床只能限定加工若干种导程。数控车床不但能车削任何等导程的直、锥和端面螺纹，而且能车削增导程、减导程，以及要求等导程与变导程之间平滑过渡的螺纹。数控车床车削螺纹时主轴转向不必像普通车床那样交替变换，它可以一刀又一刀不停顿地循环，直到完成加工为止，所以其车螺纹的效率很高。数控车床可以配备精密螺纹切削功能，再加上一般采用硬质合金成型刀片，以及可以使用较高的转速，所以车削出来的螺纹精度高、表面粗糙度小。

图 1－42 所示为典型的较复杂的车削零件。

2. 数控车削零件加工工艺

例 1.9 非圆曲面的加工工艺分析。

数控车床一般只能做直线插补和圆弧插补，遇到回转轮廓是非圆曲线的零件时，数学处理的方法是用直线段或圆弧段去逼近非圆轮廓。

图1－42　适合车削加工的典型零件

如图1－43所示工件，毛坯直径为$\phi40$ mm，选用刀具为90°正偏刀。

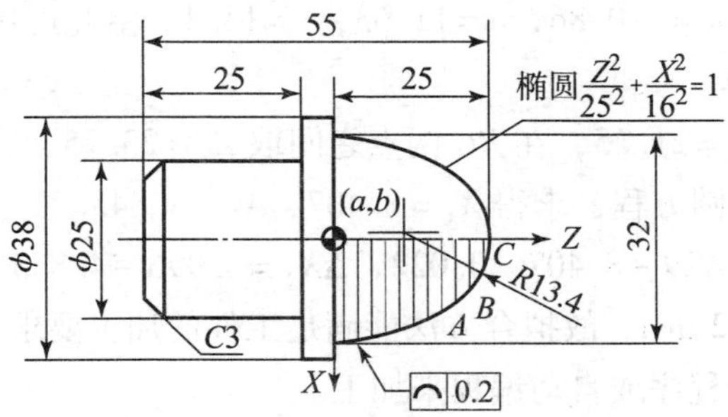

图1－43　非圆零件的加工

1. 工艺路线

（1）夹工件右端，车工件左端。

（2）粗精车工件左端圆柱$\phi38$ mm、$\phi25$mm。

（3）调头，用三爪自定心卡盘夹住左端$\phi25$ mm处，工件伸出卡盘外30 mm。

（4）车右端面。

（5）粗车外圆至$\phi33$ mm×25 mm。

（6）用车锥法粗车椭圆。

（7）分别用直线、圆弧逼近法精车椭圆。

2. 相关计算

（1）椭圆方程。

$$Z^2/25^2+X^2/16^2=1$$

（2）直线插补点。

在 Z 轴坐标上，以 2.5 mm 为单位，正向等间距取点，通过椭圆方程算出相应的 X 坐标值，见表 1－5。

表 1－5　直线插补点

Z	2.5	5	7.5	10	12.5	15	17.5	20	22.5	25
X	15.92	15.68	16.26	14.66	13.86	12.8	11.43	9.6	6.97	0

（3）圆弧插补点。

从表 1－6 中可以看出，最后三点 X 轴数值差距较大，拟合误差也较大，所以一般在对椭圆进行拟合逼近时，通常对曲率半径较大的部分采用直线拟合计算，对曲率半径较小的部分采用圆弧拟合计算。

先用“不在一条直线上的三个点确定一个圆”的定理，求出该圆的圆心坐标和直径。

设圆心坐标为（a，b），半径为 r，则由圆的方程有：

$$(X-a)^2+(Z-b)^2=r^2$$
$$(9.6-a)^2+(20-b)^2=r^2$$
$$(6.97-a)^2+(22.5-b)^2=r^2$$
$$(0-a)^2+(25-b)^2=r^2$$

用待定系数法解得：$a=-0.86$，$b=11.63$，$r=13.4$。由此可用圆弧插补编程。

（4）拟合误差的计算。

在 AB 两点之间取 $Z_1=21.25$，在 BC 两点之间取 $Z_2=23.75$，代入椭圆方程，求得 $X_1=8.429$，$X_2=4.996$；代入圆方程，求得 $X_1=8.407$，$X_2=4.845$。

$$\Delta X_1=8.429-8.407=0.022，\Delta X_2=4.996-4.845=0.151$$

ΔX_2 小于轮廓精度 0.2 mm，故拟合方法能满足工件的加工要求。

非圆曲面也可以用宏程序或自动编程来加工。

例 1.10　轴类零件数控车削加工工艺分析。

下面以图 1－44 所示轴为例，介绍其数控车削加工工艺。所用机床为 CJK6032－3 数控车床。

（1）零件图工艺分析。该零件表面由圆柱、圆锥、顺圆弧、逆圆弧及双线螺纹等组成。其中多个直径尺寸有较严的尺寸精度和表面粗糙度要求；球面 $S\phi50$ mm 的尺寸公差还兼有控制该球面形状（线轮廓）误差的作用。尺寸标注完整，轮廓描述清楚。零件材料为 45# 钢，无热处理和硬度要求。

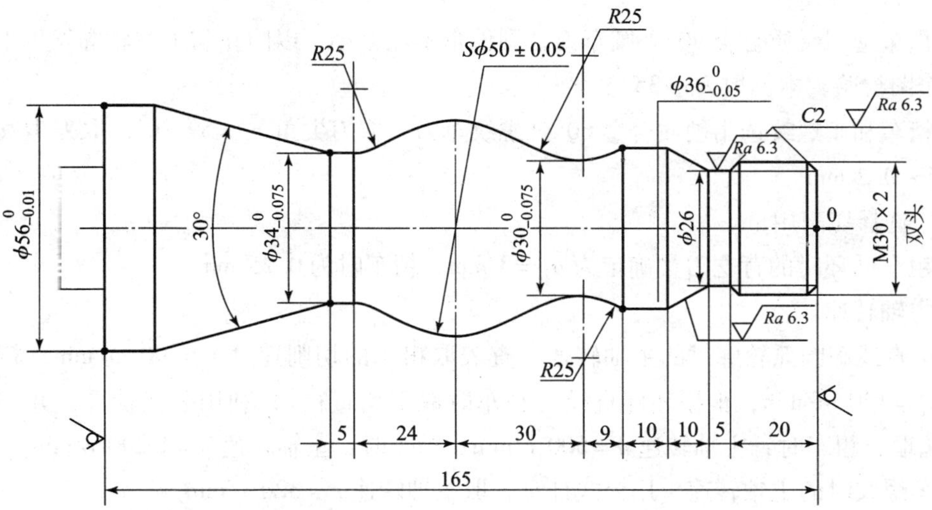

图 1 - 44　轴

通过上述分析，采取以下几点工艺措施。

① 对图样上给定的几个精度（IT8 ~ IT7）要求较高的尺寸，因其公差数值较小，故编程时不必取平均值，而全部取其基本尺寸即可。

② 在轮廓曲线上有三处为过象限圆弧，其中两处为既过象限又改变进给方向的轮廓曲线，因此在加工时应进行机械间隙补偿，以保证轮廓曲线的准确性。

③ 为便于装夹，坯件左端应预先车出夹持部分（双点画线部分），右端也应先车出并钻好中心孔，毛坯选 ϕ60 mm 棒料。

（2）确定装夹方案。确定坯件轴线和左端大端面（设计基准）为定位基准，左端采用三爪自定心卡盘定心夹紧，右端采用活动顶尖支撑的装夹方式。

（3）确定加工顺序及进给路线。加工顺序按由粗到精、由近到远（由右到左）的原则确定，即先从右到左进行粗车（留 0. 25 mm 精车余量），然后从右到左进行精车，最后车削螺纹。

CJK6032 - 3 数控车床具有粗车循环和车螺纹循环功能，只要正确使用编程指令，机床数控系统就会自行确定其进给路线。因此，该零件的粗车循环和车螺纹循环不需要人为确定其进给路线。但精车的进给路线需要人为确定，该零件是从右到左沿零件表面轮廓进给，如图 1 - 45 所示。

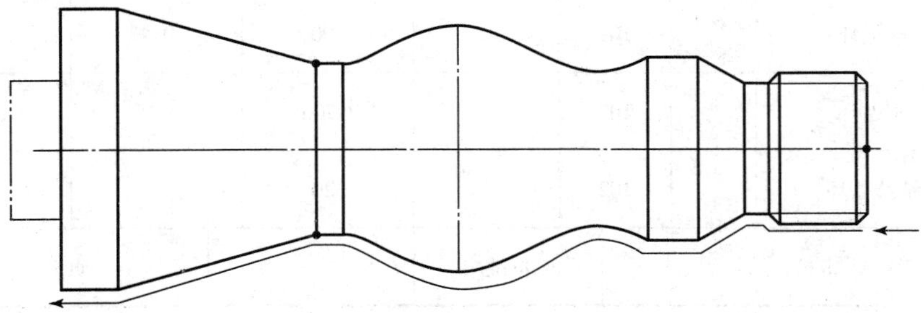

图 1 - 45　轴的加工路线

（4）选择刀具。

① 粗车选用硬质合金 90°外圆车刀，副偏角不能太小，以防止与工件轮廓发生干涉，必要时应作图检验，本例取 $K_r = 35°$。

② 精车和车螺纹选用硬质合金 60°外螺纹车刀，取刀尖角 $\varepsilon_r = 59°30'$，取刀尖圆弧半径 $r_\varepsilon = 0.15 \sim 0.2$ mm。

（5）选择切削用量。

① 粗车循环时的背吃刀量确定为 $a_p = 3$ mm，精车时为 0.25 mm。

② 主轴转速。

a. 车直线和圆弧轮廓时的主轴转速。查表取粗车的切削速度 $v_c = 90$ m/min，精车的切削速度 $v_c = 120$ m/min，根据坯件直径（精车时取平均直径），利用公式计算，并结合机床说明书选取：粗车时，主轴转速 $n = 500$ r/min；精车时，主轴转速 $n = 1\ 200$ r/min。

b. 车螺纹时的主轴转速。用公式计算，取主轴转速 $n = 320$ r/min。

③ 进给速度。先选取进给量，然后用公式 $v_f = nf$ 计算。粗车时，选取进给量 $f = 0.4$ mm/r；精车时，选取 $f = 0.15$ mm/r。计算得：粗车进给速度 $v_f = 200$ mm/min；精车进给速度 $v_f = 180$ mm/min。车螺纹的进给量等于螺纹导程，即 $f = 3$ mm/r。短距离空行程的进给速度取 $v_f = 300$ mm/min。

（6）编制工艺文件。

① 数控加工工序卡片见表 1-6。

表 1-6　数控加工工序卡片

（工厂）	数控加工工序卡片			产品名称或代号		零件名称	材料	零件图号
工序号	程序编号		夹具名称	夹具编号		使用设备	车间	
工步号	工步内容	加工面	刀具号	刀具规格	主轴转速 /（r·min⁻¹）	进给量 /（mm·r⁻¹）	背吃刀量 /mm	备注
1	粗车循环		T01		500	0.4	3	
2	精车循环		T02		1 200	0.15	0.25	
3	车螺纹循环		T02		320			
编制		审核		批准		共　页		第　页

② 数控加工刀具卡片见表 1-7。

表1-7　数控加工刀具卡片

产品名称或代号			零件名称		零件图号		程序编号	
工步号	刀具号	刀具名称	刀具型号	刀片		刀尖半径/mm	备注	
				型号	牌号			
1	T01	硬质合金90°外圆车刀						
2	T02	硬质合金60°外螺纹车刀						
3	T02	硬质合金60°外螺纹车刀						
编制		审核		批准		共　页	第　页	

二、铣削零件的数控加工工艺

例1.11　平面轮廓零件的加工工艺分析。

对如图1-46所示纸垫落料模凸模轮廓进行加工。刀具直径为 ϕ10 mm，对刀号为01，切削深度为5 mm，工件表面 Z 坐标为0。给定毛坯尺寸为160 mm×100 mm×20 mm，所有表面的表面粗糙度 Ra 为3.2 μm。

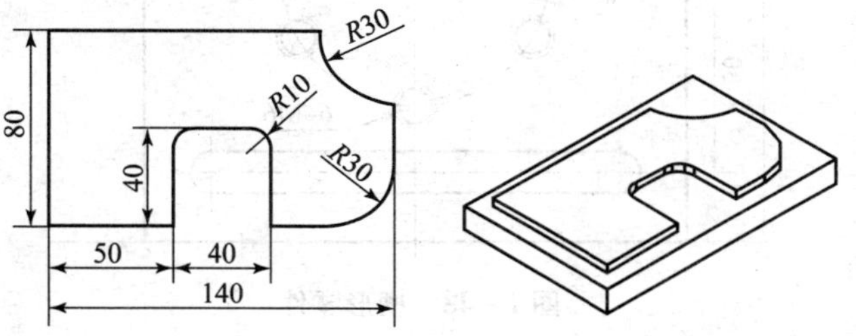

图1-46　平面轮廓零件

(a) 平面轮廓图；(b) 加工后的立体图

工艺分析如下：

(1) 几何尺寸分析。

从如图1-46所示平面轮廓图中知，所有尺寸的公差没有标注，即为一般公差，选用中等级（GB 1804—m），其极限偏差为±0.3 mm。数控机床在正常维护和操作的情况下是完全可以达到的。

(2) 规划刀具路径。

根据零件表面粗糙度的要求，应有粗、精加工。

根据毛坯、刀具的直径，分两次进刀进行粗加工，留加工余量0.2 mm。

加工的起刀点设置在工件轮廓外面，距工件边约10 mm，并设置刀补。

为保证加工平稳不振动，起刀点与切入点应在一条直线上，如图1-47所示。

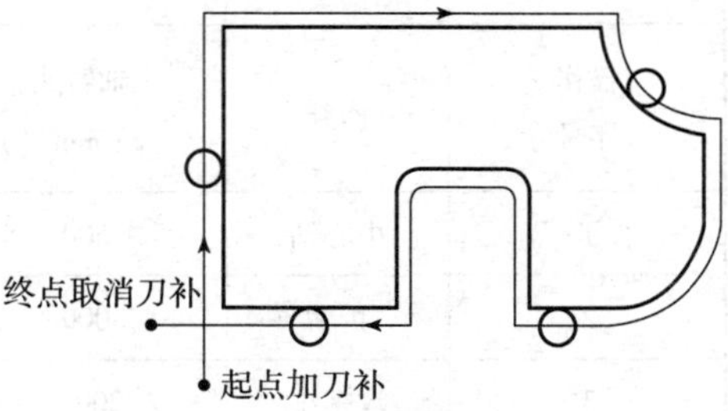

图1-47　刀具路径的规划

（3）将典型零件的尺寸作以下变化（达到IT7）。

$80 \rightarrow 80^{+0.03}_{0}$　　$40 \rightarrow 40^{0}_{-0.039}$　　$140 \rightarrow 140^{+0.040}_{0}$

当尺寸带有公差时，必须对尺寸公差进行处理。

（4）对尺寸公差处理的方法。

一是直接换算，将公差换算成几何尺寸，供编程和绘图使用；二是用刀补值来完成对公差的处理。

平面轮廓零件的数控工艺特点是：保证轮廓的加工精度和位置要求，合理设置刀补，安排好刀具的切入与切出路线。

例 1.12　钻孔、挖槽的加工工艺分析。

如图 1－48 所示的槽形零件，其毛坯四周已加工（厚为 20 mm），槽宽 6 mm，槽深 2 mm。

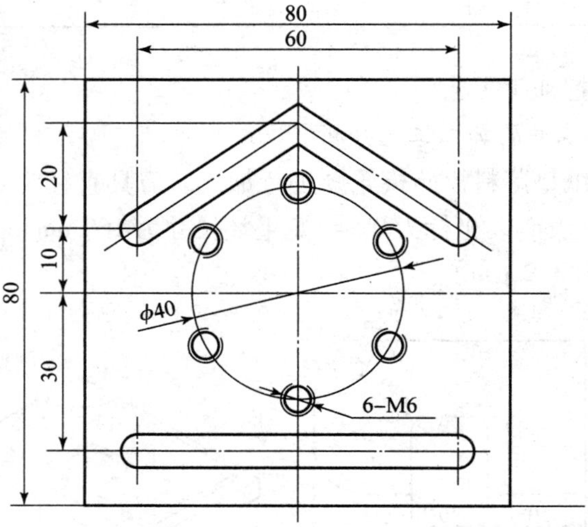

图 1－48　槽形零件

槽的表面粗糙度为 *Ra*3.2 μm，其余为 *Ra*12.5 μm。

该槽形零件的工艺分析如下：

（1）工艺和操作清单。

该槽形零件除了槽的加工外，还有螺纹孔的加工，其工艺安排为“钻孔→扩孔→攻螺纹→铣槽”。其工艺和操作清单见表 1－8。

表 1－8　槽形零件的工艺清单

材料	铝	零件号		程序号	
操作序号	内容	主轴转速 /（r·min⁻¹）	进给速度 /（m·min⁻¹）	刀具		
				号数	类型	直径/mm
1	中心钻	1 500	80	T01	ϕ4 mm 钻头	4
2	扩钻	2 000	100	T02	ϕ5 mm 钻头	5
3	攻螺纹	200	200	T03	M6 mm 攻螺纹	6
4	铣斜槽	2 300	100，180	T04	ϕ6 mm 铣刀	6

（2）钻孔。

在数控机床和加工中心上钻孔都是无钻模直接钻孔的，故钻孔前最好用中心钻钻一个中心孔，或用一刚性较好的短钻头划一个窝，以解决铸件毛坯表面的引正问题。

当工件毛坯非常硬，钻头无法划窝时，可先用硬质合金立铣刀在欲钻孔的部位先铣一个小平面，然后用中心钻钻孔，以解决硬表面钻孔的引正问题。

（3）刀具轴向进给的切入与切出距离的确定。

钻头钻孔如图1－49所示。钻头定位于R点，从R点以进给速度做Z向进给，钻到孔底后，快速退到R点，图中A为切入距离，λ为切出距离。刀具的轴向引入距离的经验数据为：

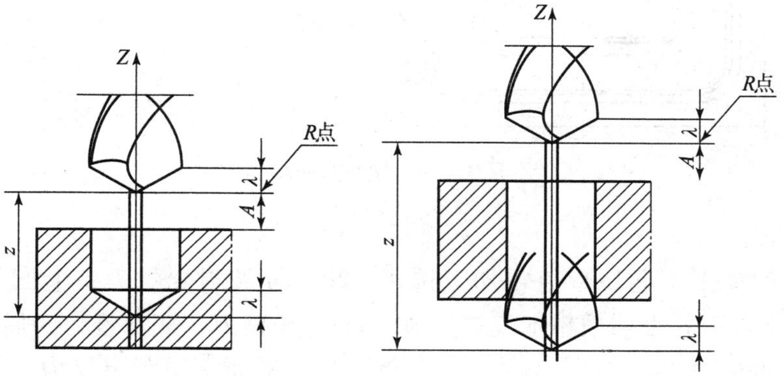

图1－49 钻孔的切入与切出

在已加工面上钻、镗、铰孔，$A=1\sim3$ mm；

在毛坯表面上钻、镗、铰孔，$A=5\sim8$ mm；

钻孔时刀具的轴向切出距离为1～3 mm，当顶角$\theta=118°$时，切入、切出长度$\lambda=D\cos\theta/2\approx0\ 3D$。

钻孔零件的工艺特点是：准确定位，确定孔的加工方案及孔的轴向切入与切出距离。

例1.13 曲面零件的加工工艺分析。

图1－50所示为某快餐盒凹模的零件图。快餐盒的主要结构是由多个曲面组成的凹型型腔，型腔四周的斜平面之间采用半径为20 mm的圆弧过渡，斜平面与底平面之间采用半径为5 mm的圆弧过渡，在凹模的底平面上有一个四周为斜平面的锥台。凹模上部型腔为锥面，用于压边，模具的外形结构较为简单，为标准的长方体。

零件工艺分析如下：

（1）数控加工工艺。

粗加工整个型腔，去除大部分加工余量；精加工上凹槽；精加工下凹槽；精加工底部锥台四周表面；精加工底部上表面；精加工上、下凹槽过渡平面。

（2）工件的定位与夹紧。

工件直接安装在机床工作台面上，用两块压板压紧。凹模中心为工件坐标系X、Y的原点，上表面为工件坐标系Z的零点。

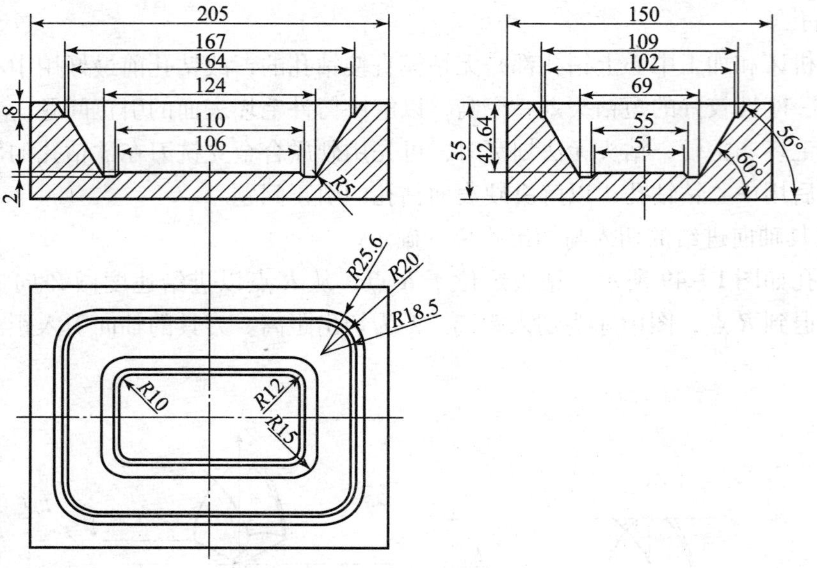

图 1-50 快餐盒凹模

（3）刀具选择。

根据工件的加工工艺，型腔粗加工选用 $\phi20$ mm 波刃立铣刀；上凹槽精加工选用 $\phi20$ mm 平底立铣刀；下凹槽精加工选用 $\phi6$ mm 球头铣刀。底部锥台四周表面的精加工选用直径为4 mm的平底立铣刀（因锥台直角边与底平面交线距离仅为 4.113 mm）；用 $\phi20$ mm 的平底立铣刀精加工底部锥台上表面和上、下凹槽过渡平面。上、下凹槽粗加工一起进行，精加工选用 $\phi6$ mm 的球头铣刀。

（4）切削用量加工工序卡见表 1-9。

表 1-9 快餐盒凹模的加工工序卡

工步序号	工步内容	刀具号	刀具规格/mm	主轴转速 /（$r\cdot min^{-1}$）	进给速度 /（$mm\cdot min^{-1}$）	切削深度 /mm
1	型腔挖槽粗加工	T01	$\phi20$ mm 波刃立铣刀	500	200	2
2	上凹槽表面精加工	T04	$\phi20$ mm 平底立铣刀	600	300	
3	下凹槽表面精加工	T02	$\phi6$ mm 球头铣刀	1 500	300	
4	底部锥台四周表面精加工	T03	$\phi4$ mm 平底立铣刀	1 600	200	
5	底部锥台上表面精加工	T04	$\phi20$ mm 平底立铣刀	600	300	
6	上、下凹槽过渡平面	T04	$\phi20$ mm 平底立铣刀	600	300	

曲面零件的工艺特点在于合理利用各种铣削刀具，确定合理的加工路线，以方便程序的编制。

1.3　华中世纪星数控系统的基本操作

学习目标

掌握华中世纪星数控系统面板的功能。
掌握手动操作机床的方法。
掌握自动运行程序的操作方法。
掌握程序编辑和管理的方法。
掌握华中世纪星21T与21M数控系统数据的设置方法。

1.3.1　华中世纪星数控系统的面板按键功能

华中世纪星数控系统的面板如图1－51所示。

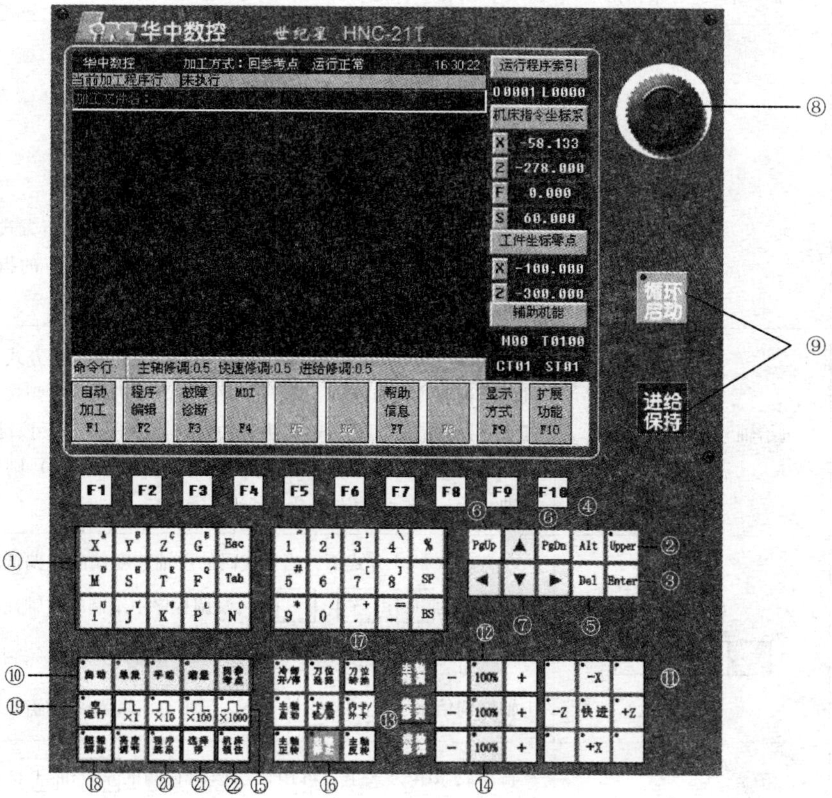

图1－51　华中世纪星数控系统的面板

一、图1－51 华中世纪星数控系统机床操作按键名称和功能（见表1－10）

表1－10　MDI键盘各键的名称和功能说明

序号	名称	功能说明
①	指令输入键	输入字母、数字或者其他字符
②	切换键	切换同一按键上的不同内容的输入
③	回车键	转换到下一行
④	替换键	替换
⑤	删除键	删除
⑥	翻页键	翻页
⑦	光标移动键	用于将光标向右（向前）/向左（往回）/向下（向前）/向上（往回）移动
⑧	急停键	用于锁住机床。按下急停键时，机床立即停止运动
⑨	循环启动/进给保持	在自动和MDI运行方式下，用来启动和暂停程序
⑩	方式选择键	用来选择系统的运行方式。 "自动"：按下该键，进入自动运行方式； "单段"：按下该键，进入单段运行方式； "手动"：按下该键，进入手动连续进给运行方式； "增量"：按下该键，进入增量运行方式； "回参考点"：按下该键，进入返回机床参考点运行方式。 方式选择键互锁，当按下其中一个时（该键左上方的指示灯亮），其余各键失效（指示灯灭）
⑪	进给轴和方向选择开关	在手动连续进给、增量进给和返回机床参考点运行方式下，用来选择机床欲移动的轴和方向。其中"快进"为快进开关，当按下该键后，该键左上方的指示灯亮，表明快进功能开启。再按一下该键，指示灯灭，表明快进功能关闭。对于华中世纪星21M（铣床系统）则增加了一个坐标轴
⑫	主轴修调 [主轴修调] [-] [100%] [+]	在自动或MDI方式下，当S代码的主轴速度偏高或偏低时，可用主轴修调右侧的[100%]和[+]、[-]键，修调程序中编制的主轴速度。 按[100%]（指示灯亮）键，主轴修调倍率被置为100%，按一下[+]键，主轴修调倍率递增10%；按一下[-]，主轴修调倍率递减10%
⑬	快速修调 [快速修调] [-] [100%] [+]	自动或MDI方式下，可用快速修调右侧的[100%]和[+]、[-]键，修调G00快速移动时系统参数"最高快速度"设置的速度。 按[100%]（指示灯亮）键，快速修调倍率被置为100%，按一下[+]键，快速修调倍率递增10%；按一下[-]键，快速修调倍率递减10%

续表

序号	名称	功 能 说 明
⑭	进给修调 [进给修调] [-] [100%] [+]	自动或 MDI 方式下，当 F 代码的进给速度偏高或偏低时，可用进给修调右侧的[100%]和[+]、[-]键，修调程序中编制的进给速度。 按[100%]（指示灯亮）键，进给修调倍率被置为 100%，按一下[+]键，主轴修调倍率递增 10%；按一下[-]键，主轴修调倍率递减 10%
⑮	增量值选择键 [×1] [×10] [×100] [×1000]	在增量运行方式下，用来选择增量进给的增量值： [×1]为 0.001 mm；[×10]为 0.01 mm；[×100]为 0.1 mm；[×1000]为 1 mm 各键互锁，当按下其中一个时（该键左上方的指示灯亮），其余各键失效（指示灯灭）
⑯	主轴旋转键 [主轴正转] [主轴停止] [主轴反转]	用来开启和关闭主轴。 [主轴正转]：按下该键，主轴正转。 [主轴停止]：按下该键，主轴停转。 [主轴反转]：按下该键，主轴反转
⑰	刀位转换键 [刀位转换]	在手动方式下，按一下该键，刀架转动一个刀位
⑱	超程解除 [超程解除]	当机床运动到达行程极限时，会出现超程，系统会发出警告音，同时紧急停止。要退出超程状态，可按下[超程解除]键（指示灯亮），再按与刚才相反方向的坐标轴键
⑲	空运行	在自动方式下，按下该键（指示灯亮），程序中编制的进给速率被忽略，坐标轴以最大快移速度移动
⑳	程序跳段	自动加工时，系统可跳过某些指定的程序段。如在某程序段首加上"/"，且在面板上按下该开关，则在自动加工时，该程序段被跳过不执行；而当释放此开关时，"/"不起作用，该段程序被执行
㉑	选择停	选择停
㉒	机床锁住	用来禁止机床坐标轴移动。显示屏上的坐标轴仍会发生变化，但机床停止不动

二、菜单命令条

数控系统屏幕的下方就是菜单命令条，如图 1－52 所示。

图 1－52　菜单命令条

由于每个功能包括不同的操作，故在主菜单条上选择一个功能项后，菜单条会显示该功能下的子菜单。例如，选择主菜单条中的“自动加工 F1”后，就进入自动加工的子菜单条，如图 1－53 所示。

图 1－53　自动加工的子菜单条

每个子菜单条的最后一项都是“返回”项，按该键能返回上一级菜单。

三、快捷键说明

华中世纪星数控系统的快捷键如图 1－54 所示。

图 1－54　快捷键

快捷键的作用和菜单命令条是一样的。

在菜单命令条及弹出菜单中，每一个功能项的按键上都标注了“F1”“F2”等字样，表明要执行该项操作也可以通过按下相应的快捷键来执行。

1.3.2　数控机床的手动操作

一、返回机床参考点

进入系统后首先应将机床各轴返回参考点，具体的操作步骤如下：

（1）按下“回参考点”按键（指示灯亮）。

（2）按下“＋X”按键，X 轴立即回到参考点。

（3）按下“＋Z”按键，Z 轴立即返回参考点。

二、手动移动机床坐标轴

1. 点动进给。

（1）按下“手动”按键（指示灯亮），系统处于点动运行方式。

（2）选择进给速度。

（3）按住“＋X”或“－X”按键（指示灯亮），X 轴产生正向或负向连续移动；松开“＋X”或“－X”按键（指示灯灭），X 轴减速停止。

（4）依同样方法，按下“＋Y”或“－Y”（数控铣床系统华中世纪星 21M 有此功能）及“＋Z”或“－Z”按键，使 Z 轴产生正向或负向连续移动。

2. 点动快速移动

在点动进给时，先按下“快进”按键，然后再按坐标轴按键，则该轴将产生快速运动。

3. 点动进给速度选择

进给速度为系统参数“最高快移速度”的 1/3 乘以进给修调选择的进给倍率。快速移动的进给速度为系统参数“最高快移速度”乘以快速修调选择的快移倍率。进给速度选择的方法如下：

（1）按下进给修调或快速修调右侧的“100%”按键（指示灯亮），进给修调或快速修调倍率被置为 100%。

（2）按下“+”键，修调倍率增加10%；按下“-”按键，修调倍率减少10%。

4. 增量进给。

（1）按下“增量”按键（指示灯亮），系统处于增量进给运行方式。

（2）按下增量倍率按键（指示灯亮）。

（3）按一下“+X”或“-X”按键，*X*轴将向正向或负向移动一个增量值。

（4）按一下“+Y”或“-Y”按键，*Y*轴将向正向或负向移动一个增量值（铣床系统有此功能）。

（5）按一下“+Z”或“-Z”按键，*Z*轴将向正向或负向移动一个增量值。

5. 增量值选择。

增量值的大小由选择的增量倍率按键来决定。增量倍率按键有四个挡位：×1、×10、×100、×1 000。增量倍率按键和增量值的对应关系如表1-11所示。

表1-11 增量倍率按键和增量值的对应关系

增量倍率按键	×1	×10	×100	×1 000
增量值/mm	0.001	0.01	0.1	1

当系统在增量进给运行方式下增量倍率按键选择的是“×1”按键时，则每按一下坐标轴，该轴移动0.001 mm。

三、手动控制主轴

1. 主轴正反转及停止。

（1）确保系统处于手动方式下。

（2）设定主轴转速。

（3）按下“主轴正转”按键（指示灯亮），主轴以机床参数设定的转速正转。

（4）按下“主轴反转”按键（指示灯亮），主轴以机床参数设定的转速反转。

（5）按下“主轴停止”按键（指示灯亮），主轴停止运转。

2. 主轴速度修调。

主轴正转及反转的速度可通过主轴修调调节，具体步骤为：

（1）按下主轴修调右侧的“100%”按键（指示灯亮），主轴修调倍率被置为100%。

（2）按下“+”按键，修调倍率递增10%；按下“-”按键，修调倍率递减10%。

四、刀位选择和刀位转换

当系统处于手动方式下：

（1）按下“刀位选择”按键，选择所使用的刀，这时显示窗口右下方的“辅助机能”里会显示当前所选中的刀号。如图1-55所示选择的刀号为ST01。

（2）按下“刀位转换”按键，转塔刀架转到所选的刀位。

五、机床锁住

在手动运行方式下，按下“机床锁住”键，再进行手动操作，系统执行命令，显示屏上的坐标轴位置信息变化，但机床不动。

图1-55 刀位选择示例

六、MDI 运行

1. 进入 MDI 运行方式

在系统控制面板上，按下菜单键中左数第 4 个按键——“MDI F4”按键，进入 MDI 功能子菜单；在 MDI 功能子菜单下，按下左数第 6 个按键——“MDI 运行 F6”按键，进入 MDI 运行方式，如图 1 - 56 所示。这时就可以在“MDI”一栏后的命令行内输入 G 代码指令段，如图 1 - 57 所示。

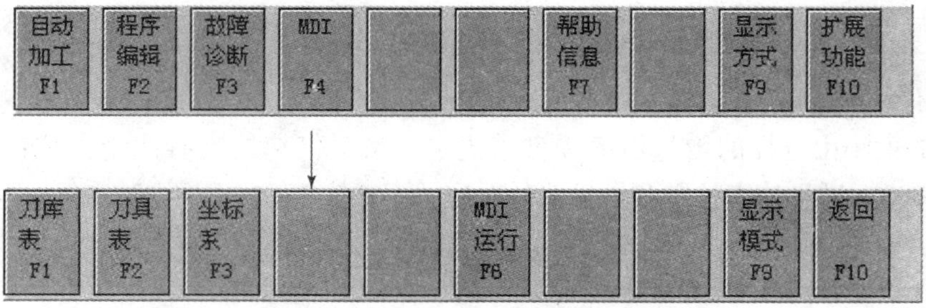

图 1 - 56　进入 MDI 运行方式

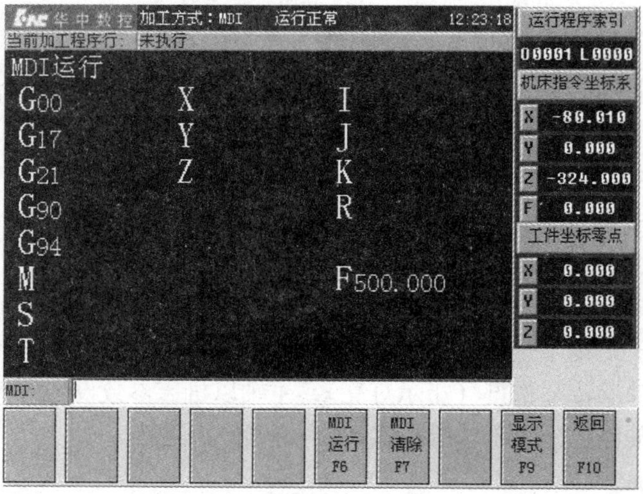

图 1 - 57　“MDI”栏内输入 G 代码

2. 输入 MDI 指令段

MDI 指令段有两种输入方式，分别是一次输入多个指令字，以及多次输入，每次输入一个指令字。

例如，输入“G00 X100 Z800”：

（1）直接在命令行输入“G00 X100 Z800”，然后按“Enter”键，这时显示窗口内“X”“Z”值分别变为“100.000”和“800.000”。

（2）在命令行先输入“G00”，按“Enter”键，显示窗口内显示“G00”；再输入“X100”按“Enter”键，显示窗口内“X”值变为“100.000”；最后输入“Z800”，然后按“Enter”键，显示窗口内“Z”值变为“800.000”。

在输入指令时，可以在命令行看见当前输入的内容，在按“Enter”键之前发现输入错误，可用“BS”按键将其删除：在按“Enter”键后发现输入错误或需要修改时，只需重新输入一次指令，新输入的指令就会自动覆盖旧的指令。

(3) 运行 MDI 指令段。输入完成一个 MDI 指令段后，按下操作面板上的“循环启动”按键，系统就开始运行所输入的指令。

1.3.3 自动运行操作

一、进入程序运行菜单

在系统控制面板下，按下“自动加工 F1”按键，进入程序运行子菜单，如图 1－58 所示。在程序运行子菜单下，可以自动运行零件程序。

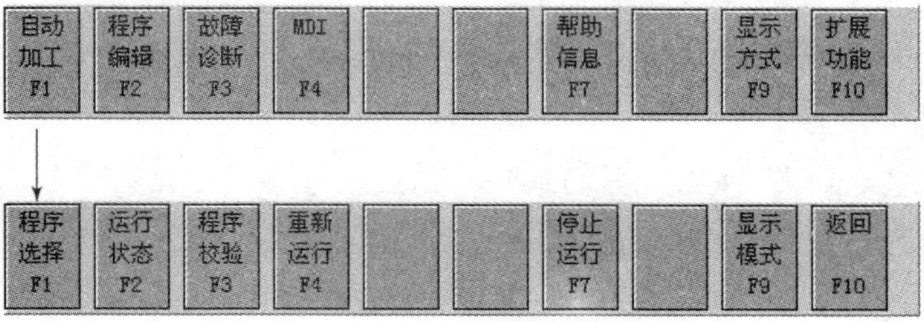

图 1－58 进入程序运行子菜单

二、选择运行程序

按下“程序选择 F1”按键，会弹出一个含有两个选项的菜单，即“磁盘程序（Y）F1”和“正在编辑的程序（Z）F2”，如图 1－59 所示。

图 1－59 选择运行程序

当选择了“磁盘程序”时，会出现“Windows 打开文件”窗口，用户在电脑中选择事先做好的程序文件，选中并单击窗口中的“打开”按钮将其打开，这时显示窗口会显示该程序的内容。

当选择了“正在编辑的程序（Z）F2”时，如果当前没有选择编辑程序，系统会弹出提示框，说明当前没有正在编辑的程序，否则显示窗口会显示正在编辑的程序的内容。

三、程序校验

(1) 打开要加工的程序；

(2) 按下机床控制面板上的“自动”键，进入程序运行方式；

(3) 在程序运行子菜单下，按“程序校验 F3”按键，程序校验开始；

(4) 如果程序正确，校验完成后，光标将返回到程序头，并显示窗口下方提示栏的显示提示信息，说明没有发现错误。

四、启动自动运行

(1) 选择并打开零件加工程序；

(2) 按下机床控制面板上的“自动”按键（指示灯亮），进入程序运行方式；

(3) 按下机床控制面板上的“循环启动”按键（指示灯亮），机床开始自动运行当前的加工程序。

五、单段运行

(1) 按下机床控制面板上的“单段”按键（指示灯亮），进入单段自动运行方式；

(2) 按下“循环启动”按键，运行一个程序段，机床就会减速停止，刀具、主轴均停止运行；

(3) 按下“循环启动”按键，系统执行下一个程序段，执行完成后再次停止。

1.3.4 程序编辑和管理

一、进入程序编辑菜单

在系统控制面板下，按下“程序编辑 F2”按键，进入编辑功能子菜单，如图 1－60 所示。在编辑功能子菜单下，可对零件程序进行编辑等操作。

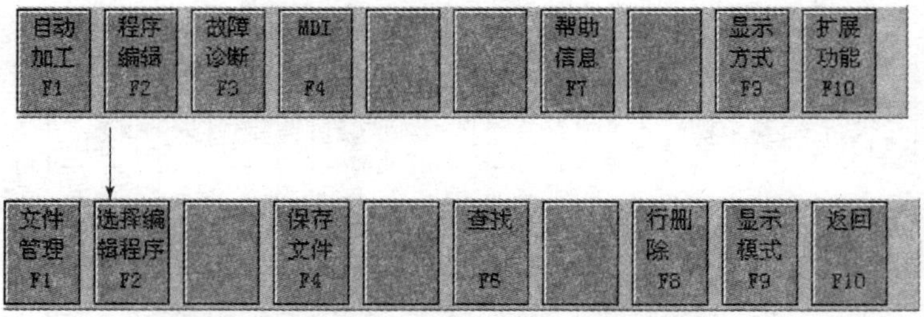

图 1－60 进入程序编辑菜单

二、选择编辑程序

按下“选择编辑程序 F2”按键，会弹出一个含有三个选项的菜单，即“磁盘程序（X）F1”“正在加工的程序（Y）F2”和“新建程序（Z）F3”，如图 1－61 所示。

当选择了“磁盘程序（X）F1”时，会出现“Windows 打开文件”窗口，用户在计算机中选择事先做好的程序文件，选中并单击窗口中的“打开”按钮将其打开，这时显示窗口会显示该程序的内容。

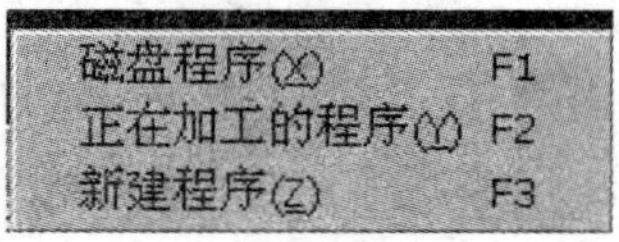

图 1－61 选择编辑程序

当选择了“正在加工的程序（Y）F2”时，如果当前没有选择加工程序，系统会弹出提示框，说明当前没有正在加工的程序，否则显示窗口会显示正在加工的程序内容。如果该程序正处于加工状态，系统会弹出提示，提醒用户先停止加工再进行编辑。

当选择了“新建程序（Z）F3”时，显示窗口的最上方出现闪烁的光标，这时就可以开始建立新程序了。

三、编辑当前程序

在进入编辑状态、程序被打开后，可以将控制面板上的按键结合计算机键盘上的数字和功能键来进行编辑操作。

删除：将光标落在需要删除的字符上，按电脑键盘上的“Delete”键删除错误的内容。

插入：将光标落在需要插入的位置，输入数据。

查找：按下菜单键中的“查找 F6”按键，弹出对话框，在“查找”栏内输入要查找的字符串，然后按“查找下一个”按键，当找到字符串后，光标会定位在找到的字符串处。

删除一行：按“行删除 F8”键，将删除光标所在的程序行。

将光标移到下一行：按下控制面板上的上、下箭头键▲▼。每按一下箭头键，窗口中的光标就会向上或向下移动一行。

四、保存程序

（1）按下“选择编辑程序 F2”按键；

（2）在弹出的菜单中选择“新建程序”命令；

（3）弹出提示框，询问是否保存当前程序，按“是”确认并关闭对话框。

1.3.5　数控车床系统华中世纪星 21T 数据设置

一、进入数据设置菜单

在系统控制面板上，按下菜单键中左数第 4 个按键——“MDI F4”按键，进入 MDI 功能子菜单；在 MDI 功能子菜单下，可以通过菜单键中的“刀库表 F1”“刀偏表 F2”“刀补表 F3”和“坐标系 F4”来设置刀具和坐标系数据，如图 1－62 所示。

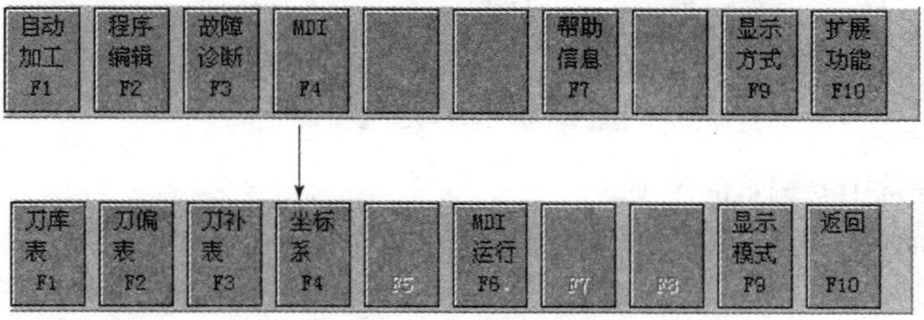

图 1－62　进入数据设置菜单（车床）

二、设置刀库数据

（1）按下“刀库表 F1”按键，进入刀库设置窗口，如图 1－63 所示；

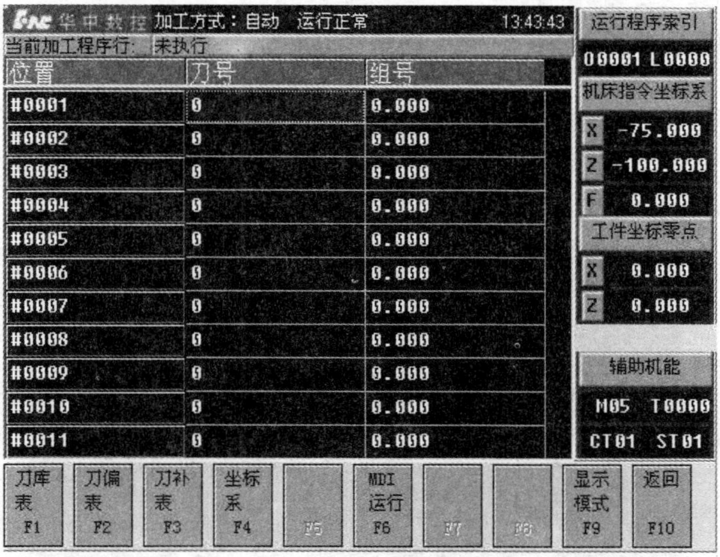

图 1－63　刀库设置窗口

（2）用鼠标选中要编辑的选项；

（3）输入新数据，然后按“Enter”键确认。

按“返回 F10”键返回到上级菜单。

三、设置刀偏数据

（1）按下“刀偏表 F2”按键，进入刀偏设置窗口，如图 1－64 所示；

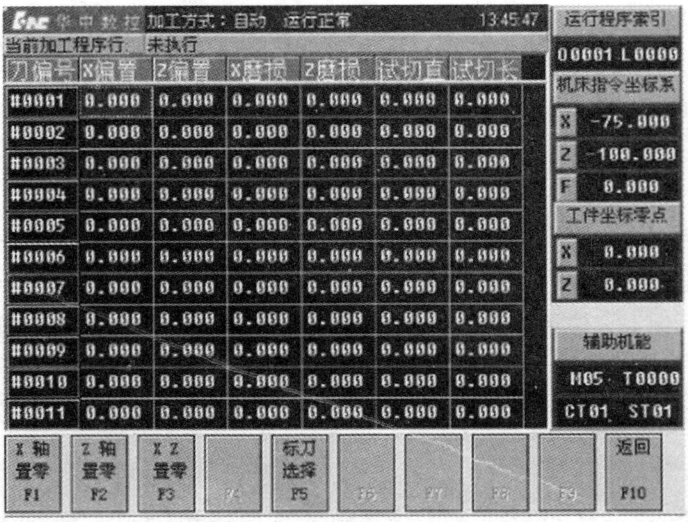

图 1－64　刀偏设置窗口

（2）用鼠标选中要编辑的选项；

（3）输入新数据，然后按“Enter”键确认；

（4）完成设置后，按菜单键中的“返回 F10”按键，返回 MDI 功能子菜单，以便进行其他数据的设置。

四、设置刀补数据

（1）按下“刀补表 F3”按键，进入刀补设置窗口；

（2）用鼠标选中要编辑的选项；

（3）输入新数据，然后按“Enter”键确认。

五、设置坐标系

按下“坐标系 F4”按键，进入手动输入坐标系方式，显示窗口首先显示 G54 坐标系数据，如图 1－65 所示。除了设置 G54 外，还可以通过屏幕下方的菜单条设置 G55、G56、G57 、G58 、G59 和当前工件坐标系。

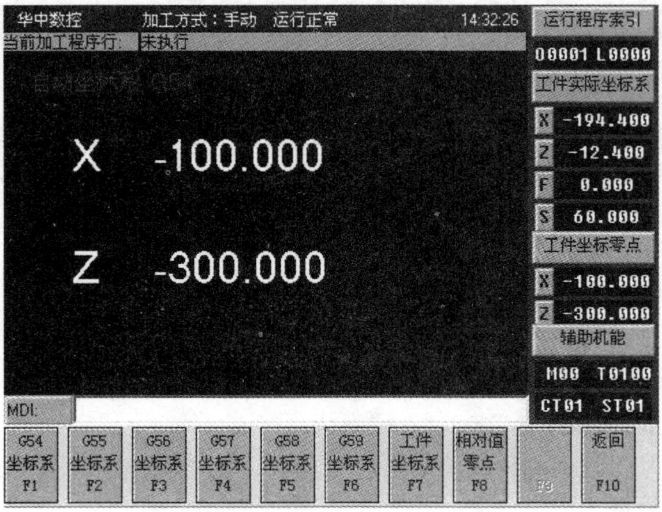

图 1－65　坐标系显示窗口（车床）

如果要重新设置坐标系，可以在命令行输入所需数据。例如，要输入“X－100 Z－300”，可以在命令行输入“X－100 Z－300”，然后按“Enter”键，这时显示窗口中G54坐标系的“X”“Z”偏置分别为“－100.000”和“－300.000”。

1.3.6　数控铣床系统华中世纪星21M数据设置

一、进入数据设置菜单

在系统控制面板上，按下菜单键中左数第4个按键——“MDI F4”按键，进入MDI功能子菜单；在MDI功能子菜单下，可以使用菜单键中的“刀具表F2”和“坐标系F3”来设置刀具和坐标系数据，如图1－66所示。

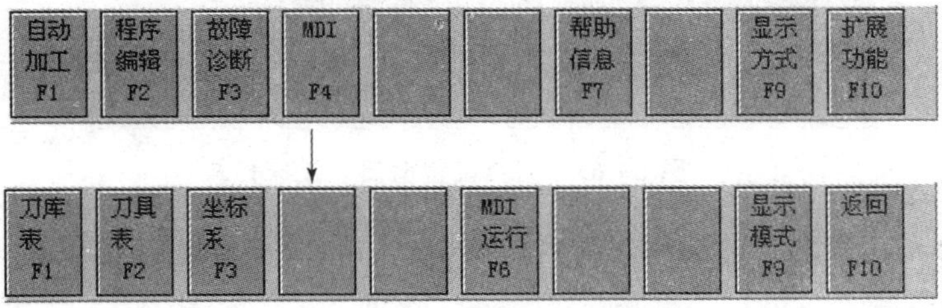

图1－66　进入数据设置菜单（铣床）

二、设置坐标系

按下“坐标系F3”按键，进入手动输入坐标系方式，显示窗口首先显示G54坐标系数据，如图1－67所示。除了设置G54外，还可以设置G55、G56、G57、G58、G59和当前工件坐标系。按“Pgdn”或“Pgup”按键，就可以在上述数据类型中进行选择。

如果要重新设置坐标系，可以在命令行输入所需数据，输入方法同于前面介绍的“输入MDI指令段”的方法。例如，要输入“X200 Y300 Z0”，可以在命令行输入“X200 Y300 Z0”，然后按“Enter”键，这时显示窗口中G54坐标系的“X”“Y”“Z”偏置分别为“200.000”“300.000”和“0.000”，如图1－68所示。

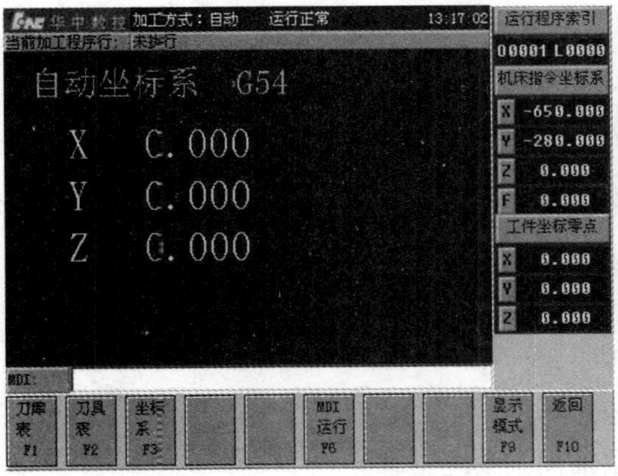

图1－67　坐标系显示窗口（铣床）

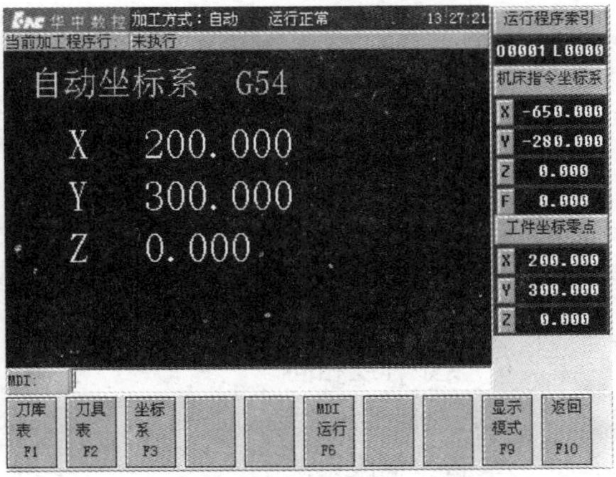

图1－68　重设坐标系后的显示窗口

三、设置刀具数据

（1）按下“刀具表F2”按键，进入刀具设置窗口，如图1－69所示，进行刀具设置；

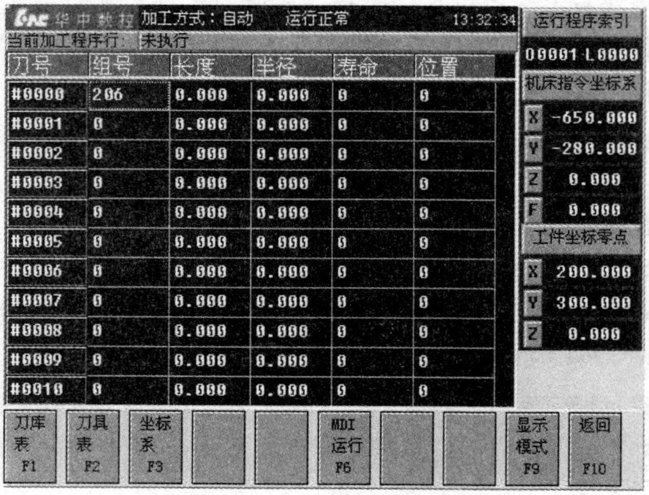

图 1－69　刀具设置窗口（铣床）

（2）用鼠标单击要编辑的选项，输入新数据，然后按“Enter”键确认。

项目一　小结

本章主要介绍了数控机床的加工编程概述，数控机床的组成、工作原理及运动轨迹控制，数控加工程序编制的内容和方法及数控加工的特点，介绍了数控加工工艺的内容及特点，重点讲解了数控加工工艺分析、走刀路线安排中的注意事项，着重介绍了数控车削与数控铣削中几种典型零件的工艺分析与数控加工工艺编程过程，并介绍了华中世纪星 21T（数控车床系统）与 21M 系统（数控铣床系统）的面板功能、手动操作方法、自动运行操作方法、程序编辑和管理方法、数据设置方法。本章内容是正确操作华中世纪星数控系统的基础性内容，要求学习者准确掌握，为后续正确设立坐标系，输入、编辑和运行加工程序，输入刀具补偿参数等加工前的准备奠定基础。

项目一　练习题

一、选择题

1. 数控机床的传动系统比通用机床的传动系统（　　）。

A. 复杂　　B. 简单

C. 复杂程度相同　　D. 不一定

2. 数控机床的进给运动是由（　　）完成的。

A. 进给伺服系统　　B. 主轴伺服系统

C. 液压伺服系统　　D. 数字伺服系统

3. 数控折弯机床按用途分是一种（　　）数控机床。

A. 金属切削类　　B. 金属成型类

C. 电加工类　　D. 特殊加工类

4. 只有装备了（　　）的数控机床才能完成曲面的加工。

A. 点位控制　　B. 直线控制

C. 轮廓控制　　D. B－SURFACE 控制

5. 闭环与半闭环控制系统的区别主要在于（　　）的位置不同。

A. 控制器　　B. 比较器

C. 反馈元件　　D. 检测元件

6. 在程序编制时，总是把工件看作（　　）。

A. 静止的　　B. 运动的

7. 车刀的刀位点是指（　　）。

A. 主切削刃上的选定点　　B. 刀尖

8. 精加工时，切削速度选择的主要依据是（　　）。

A. 刀具耐用度　　B. 加工表面质量

9. 在安排工步时，应安排（　　）工步。

A. 简单的　　B. 对工件刚性破坏较小的

10. 在确定定位方案时，应尽量将（　　）。

A. 工序分散　　B. 工序集中

11. [Upper]键是（　　）。

A. 切换键　　B. 输入键　　C. 删除键　　D. 替换键

12. [Alt]键是（　　）。

A. 切换键　　B. 输入键　　C. 删除键　　D. 替换键

13. [Del]键是（　　）。

A. 切换键　　B. 输入键　　C. 删除键　　D. 替换键

14. [Enter]键是（　　）。

A. 切换键　　B. 输入键　　C. 删除键　　D. 替换键

15. [PaUp]键是（　　）。

A. 切换键　　B. 翻页键　　C. 删除键　　D. 替换键

16. [×10]的增量进给增量值是（　　）。

A. 0.001 mm　　B. 0.01 mm　　C. 0.1 mm　　D. 1 mm

17. [×100]的增量进给增量值是（　　）。

A. 0.001 mm　　B. 0.01 mm　　C. 0.1 mm　　D. 1 mm

18. 进入 MDI 运行方式应按下（　　）键。

A. [扩展功能 F10]　　B. [自动加工 F1]　　C. [MDI F4]　　D. [显示方式 F9]

19. 手动输入坐标系方式需按（　　）键。

A. F1　　B. F2　　C. F3　　D. F4

20. 手动进入设置 G54 坐标系状态，如要改为设置 G56 坐标系，需按（　　）键。

A. [Alt]　　B. [PgUp]　　C. [Enter]　　D. [Upper]

二、操作题

1. 手动操作返回参考点。
2. 手动操作点动进给。
3. 手动操作速度修调。
4. 手动操作刀位转换。
5. 手动操作输入并运行“G01 X50 Y100”。
6. 调入程序并完成程序校验过程。
7. 完成一个程序的调出、编辑和保存操作。

项目2　数控车床编程与操作

2.1　数控车床编程基础

学习目标

掌握数控车床、立式与卧式数控铣床各坐标轴方向的判定方法。

掌握机床参考点、机床零点、机床坐标系、工件坐标系和程序原点之间的关系与作用。

掌握华中世纪星数控系统的程序结构、指令字格式和程序段格式。

熟练掌握华中世纪星数控系统M代码的格式与作用。

熟练掌握华中世纪星数控系统主轴功能S、进给功能F和刀具功能T等指令的格式、作用与要点。

会建立工件坐标系。

知识学习

2.1.1　数控车床的坐标系

一、坐标轴和运动方向的命名原则

为简化编程和保证程序的通用性，对数控机床的坐标轴和方向命名制定了统一的标准，规定直线进给坐标轴用 X、Y、Z 表示，称为基本坐标轴；围绕 X、Y、Z 轴旋转的圆周进给坐标轴分别用 A、B、C 表示，称为旋转坐标轴。

坐标系采用右手笛卡尔坐标系，机床坐标轴的方向取决于机床的类型和各组成部分的布局。X、Y、Z 坐标轴的相互关系用右手定则决定，如图2－1所示，图中大拇指的指向为 X 轴的正方向，食指指向为 Y 轴的正方向，中指指向为 Z 轴的正方向。

围绕 X、Y、Z 轴旋转的圆周进给坐标轴分别用 A、B、C 表示，根据右手螺旋定则，如图2－1所示，以大拇指指向 $+X$、$+Y$、$+Z$ 方向，则食指、中指等的指向是圆周进给运动的 $+A$、$+B$、$+C$ 方向。

数控机床的进给运动，有的由主轴带动刀具运动来实现，有的由工作台带动工件运动来实现。上述坐标轴正方向是假定工件不动，刀具相对于工件做进给运动的方向。如果是工件移动则用加“′”的字母表示，按相对运动的关系，工件运动的正方向恰好与刀具运动的正方向相反，即有：

$$+X = -X',\ +Y = -Y',\ +Z = -Z',$$
$$+A = -A',\ +B = -B',\ +C = -C'$$

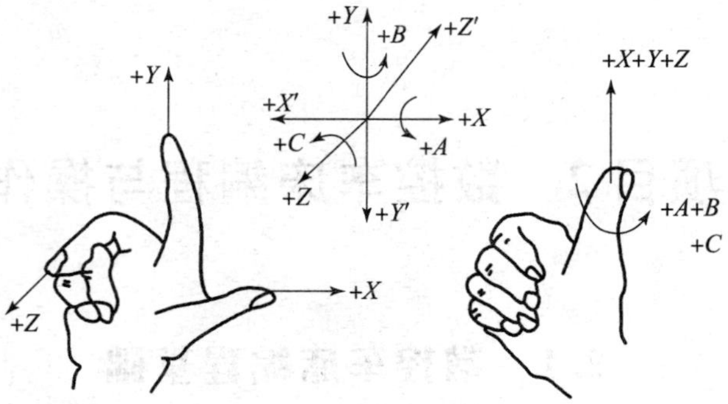

图 2 – 1　机床坐标轴

同样两者运动的负方向也彼此相反。

二、数控车床的坐标轴及其方向

对于数控车床，由于其为有旋转主轴的机床，先确定 *Z* 轴方向：主轴轴线方向为 *Z* 轴方向，刀具离开工件的方向为 *Z* 轴正方向。然后确定 *X* 轴方向。*Z* 轴与主轴轴线重合，沿着 *Z* 轴正方向移动将增大零件和刀具间的距离；*X* 轴垂直于 *Z* 轴、平行于横向拖板，以轴心线为界，刀架沿着 *X* 轴正方向移动将增大零件和刀具间的距离；*Y* 轴（通常是虚设的）与 *X* 轴和 *Z* 轴一起构成遵循右手定则的坐标系统。数控车床的坐标轴及其方向如图 2 – 2 所示。

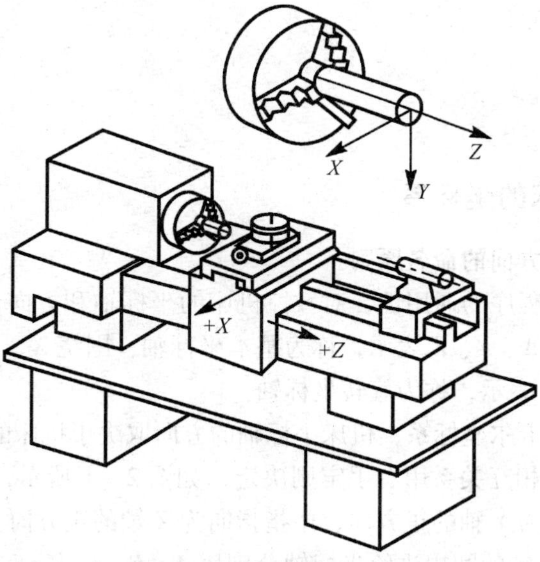

图 2 – 2　数控车床坐标系

注意：

（1）数控车床为 *X*、*Z* 两轴联动。

（2）所有的加工实例图形中，坐标系情况如下：

实线刀具代表上位刀架机床，其坐标系为：*X* 轴向上为正，*Z* 轴向右为正；

虚线刀具代表下位刀架机床，其坐标系为：*X* 轴向下为正，*Z* 轴向右为正。

上、下位刀架机床的程序及相应设置相同。

2.1.2　机床参考点、机床零点和机床坐标系

一、机床参考点

机床参考点是机床上一个固定的机械点（有的机床通过行程开关和挡块确定，有的机床直接由光栅零点确定）。通常在机床每个坐标轴的移动范围内设置一个机械点，由它们构成一个多轴坐标系的参考点。参考点的主要作用是给数控装置提供一个固定不变的参照，保证每一次上电后进行的位置控制不受系统失步、漂移和热胀冷缩等的影响。参考点的位置可根据不同的机床结构设定在不同的位置，但一经设计、制造和调整后，该点便被固定下来。机床启动时，通常要进行机动或手动回参考点操作，以确定机床零点。

机床参考点可以与机床零点重合，也可以不重合，通过参数指定机床参考点到机床零点的距离。机床回到了参考点位置，也就知道了该坐标轴的零点位置，找到所有坐标轴的参考点，CNC 就建立起了机床坐标系。

二、机床零点

机床零点是机床中一个固定的点，数控装置以其为参照进行位置控制。数控装置上电时并不知道机床零点的位置，当进行回参考点操作后，机床到达参考点位置，并调出系统参数中“参考点在机床坐标系中的坐标值”，从而使数控装置确定机床零点的位置（即通过当前位置的坐标值确定坐标零点），实现将人为设置的机械参照点转换为数控装置可知的控制参照点。参考点位置和系统参数值不变，则机床零点位置不变，当系统参数设定参考点在机床坐标系中的坐标值为0时，回参考点后显示的机床位置各坐标值均为“0”，以后机床无论通过何方式移动，均可通过计算脉冲数来确定机床相对于机床零点的位置关系。

三、机床坐标系

机床坐标系是机床固有的坐标系，其以机床零点为原点，各坐标轴平行于各机床轴的坐标系称为机床坐标系。机床坐标系的原点也称为机床原点或机床零点。

机床坐标轴的机械行程是由最大和最小限位开关来限定的。机床坐标轴的有效行程范围是由软件限位来界定的，其值由制造商定义。机床零点（O_M）、机床参考点（O_m）、机床坐标轴的机械行程及有效行程的关系如图2-3所示。

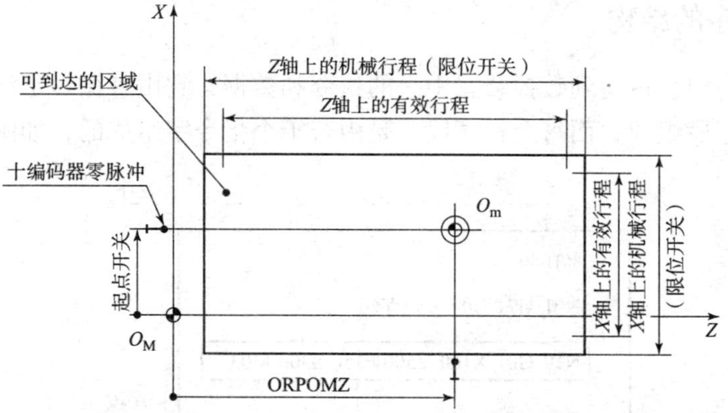

图2-3　机床零点（O_M）、参考点（O_m）及机床坐标轴的机械和有效行程

2.1.3　工件坐标系和程序原点

工件坐标系是编程人员在编程时使用的，编程人员选择工件上的某一已知点为原点

（也称程序原点），建立一个平行于机床各轴方向的坐标系，称为工件坐标系。工件坐标系一旦建立便一直有效，直到被新的工件坐标系所取代。

工件坐标系的引入是为了简化编程、减少计算，使编辑的程序不因工件安装的位置不同而不同。虽然数控系统进行位置控制的参照是机床坐标系，但一般都是在工件坐标系下操作或编程的。

工件坐标系的原点选择要尽量满足编程简单、尺寸换算少、引起的加工误差小等条件。

一般情况下，对铣床（加工中心）编程而言，以坐标式尺寸标注的零件，程序原点应选在尺寸标注的基准点；对称零件或以同心圆为主的零件，程序原点应选在对称中心线或圆心上。*Z* 轴的程序原点通常选在工件的上表面；对车床编程而言，程序原点应选在尺寸标注的基准或定位基准上。工件坐标系原点一般选在工件轴线与工件的前端面、后端面和卡爪前端面的交点上。

加工开始时要设置工件坐标系，用 G92 指令、T 指令可建立工件坐标系；用 G54 ~ G59 指令可选择工件坐标系。

如图 2－4 所示，可以看出工件坐标系及机床坐标系、工件原点和机床原点及机床参考点之间的相互关系。

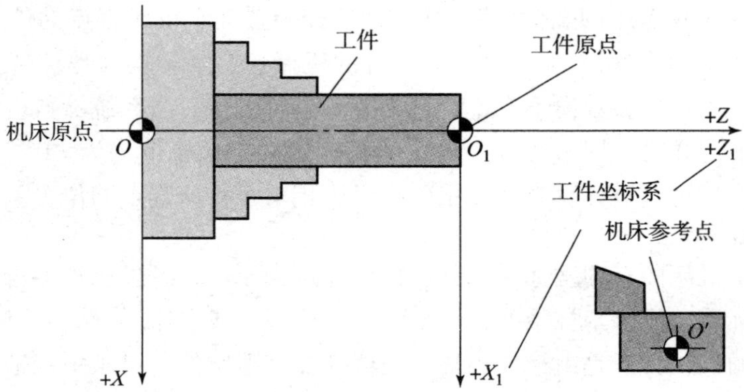

图 2－4　车床工件坐标系

2.1.4　程序的结构

一个程序是一组被传送到数控装置中去的指令和数据，它由遵循一定结构、句法和格式规则的若干个程序段组成，而每个程序段又是由若干个指令字组成的，如图 2－5 所示。

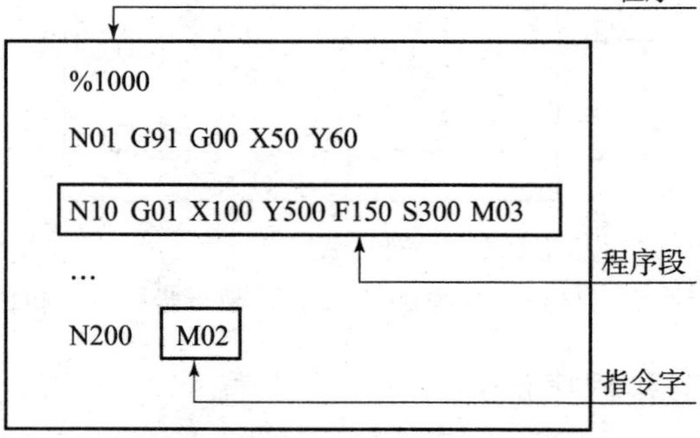

图 2－5　程序的结构

一、指令字的格式

一个指令字是由地址符（指令字符）和带符号（如定义尺寸的字）或不带符号（如准备功能字G代码）的数字数据组成的。

程序段中不同的指令字符及其后续数值确定了每个指令字的含义。在数控程序段中包含的主要指令字符如表2－1所示。

表2－1　指令字符一览表

名　　称	地　　址	意　　义
零件程序号	%	程序编号：%0001～%9999
程序段号	N	程序段编号：N0001～N9999
准备功能	G	指令动作方式（直线、圆弧等）G00～G104
尺寸字	X，Y，Z A，B，C U，V，W	坐标轴的移动命令±99999.999
	R	圆弧的半径
	I，J，K	圆心相对于圆弧起点的坐标
进给速度	F	进给速度的指定F0～F36000
主轴功能	S	主轴旋转速度的指定S0～S9999
刀具功能	T	刀具编号的指定T0～T99
辅助功能	M	机床侧开
补偿号	H，D	刀具补偿号的指定00～99
暂停	P，X	暂停时间的指定
程序号的指定	P	子程序号的指定P0001～P9999
重复次数	L	子程序的重复次数
参数	R、P、F、Q、I、J、K	固定循环的参数

二、程序段的格式

一个程序段定义一个由数控装置执行的指令行。程序段的格式定义了每个程序段中功能字的句法，如图2－6所示。

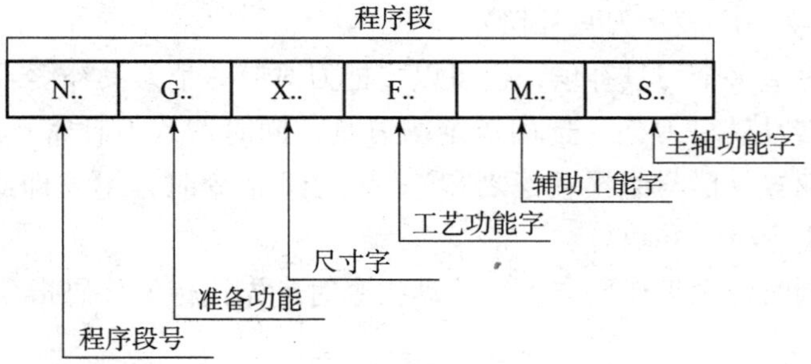

图2－6　程序段的格式

三、程序的一般结构

一个零件程序必须包括起始符和结束符。

一个零件程序是按程序段的输入顺序执行，而不是按程序段号的顺序执行的，但书写程序时，建议按升序书写程序段号。

华中世纪星数控装置 HNC-21M 的程序结构为：

程序起始符:%（或 O）后跟数字，如:%××××。程序起始符应单独一行，并从程序的第一行、第一格开始。

程序结束：M02 或 M30。

注释：括号“（）”内或分号“;”后的内容为注释文字。

四、程序的文件名

CNC 装置可以装入许多程序文件，以磁盘文件的方式读写。文件名格式为（有别于 DOS 的其他文件名）：O××××（地址 O 后面必须有四位数字或字母）。主程序、子程序必须写在同一个文件名下。本系统通过调用文件名来调用程序，进行加工或编辑。

2.1.5 数控车床的对刀方法与建立工件坐标系

一、数控车床的对刀方法

对刀是数控加工中的主要操作和重要技能。在一定条件下，对刀的精度可以决定零件的加工精度，同时，对刀效率还直接影响着数控加工效率。仅仅知道对刀方法是不够的，还要知道数控系统的各种对刀设置方式，以及这些方式在加工程序中的调用方法，同时要知道各种对刀方式的优缺点和使用条件等。

对刀的目的：确定工件原点在机床坐标系中的位置（坐标）。

对刀的方法：按对刀的精度可分为粗略对刀和精确对刀；按是否采用对刀仪可分为手动对刀和自动对刀；按是否采用基准刀，又可分为绝对对刀和相对对刀等。但无论采用哪种对刀方式，都离不开试切对刀，试切对刀是最根本的对刀方法。

数控车床有三种基本试切对刀方法：T 指令试切对刀、G54～G59 指令试切对刀和 G92 指令试切对刀。

1. T 指令试切对刀

指令格式：T××××

T 指令用于选刀和换刀，其后的 4 位数字分别表示选择的刀具号和刀具补偿号。4 位数字中前两位数字表示刀具号，后两位数字表示刀具补偿号。

例如：T0102

其中：01 表示刀具号；02 表示刀具补偿号。

同一把刀可以对应多个刀具补偿，也可以多把刀对应一个刀具补偿。

执行 T 指令，转动转塔刀架，选用指定的刀具，同时调入刀补寄存器中的补偿值（刀具的几何补偿值即偏置补偿与磨损补偿之和）。执行 T 指令时并不立即产生刀具移动动作，而是当后面有移动指令时一并执行。

当一个程序段同时包含 T 代码与刀具移动指令时，先执行 T 代码指令，然后再执行刀具移动指令。

图 2-7 和图 2-8 所示为 T 指令对刀过程。

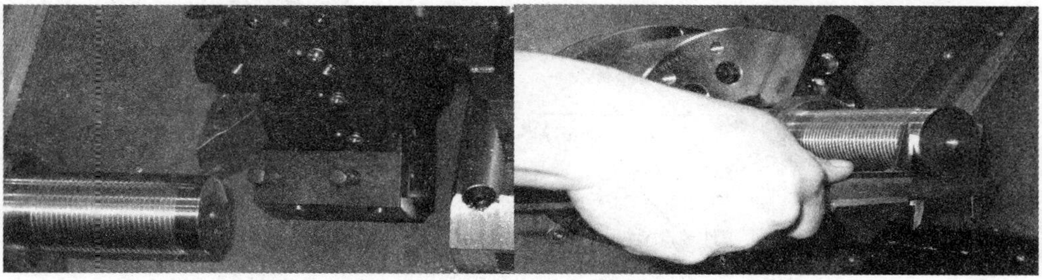

图 2－7　试切外圆

图 2－8　试切端面

对刀步骤：

（1）回参考点；

（2）进入刀具偏置界面；

（3）试切外圆（沿 Z 向退刀）→停车→测量外径→输入试切直径→确认；

（4）试切端面（沿 X 向退刀）→停车→输入试切长度→确认。

将试切直径和试切长度输入到刀偏表中，如图 2－9 所示。

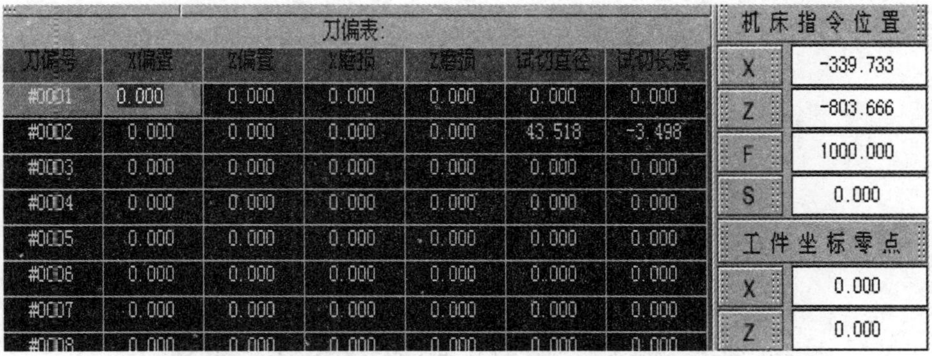

刀偏表：

刀偏号	X偏置	Z偏置	X磨损	Z磨损	试切直径	试切长度
#0001	0.000	0.000	0.000	0.000	0.000	0.000
#0002	0.000	0.000	0.000	0.000	43.518	-3.498
#0003	0.000	0.000	0.000	0.000	0.000	0.000
#0004	0.000	0.000	0.000	0.000	0.000	0.000
#0005	0.000	0.000	0.000	0.000	0.000	0.000
#0006	0.000	0.000	0.000	0.000	0.000	0.000
#0007	0.000	0.000	0.000	0.000	0.000	0.000
#0008	0.000	0.000	0.000	0.000	0.000	0.000

机床指令位置	
X	-339.733
Z	-803.666
F	1000.000
S	0.000

工件坐标零点	
X	0.000
Z	0.000

图 2－9　刀偏表

特点：操作简单，可靠性高。只要不断电、不改变刀偏值，工件坐标系就会存在且不会变，即使断电，重启后回参考点，工件坐标系还在原来的位置。

2. G54 ~ G59 指令试切对刀

G54 ~ G59 是系统预定的 6 个工件坐标系，如图 2－10 所示，可根据需要任意选用。

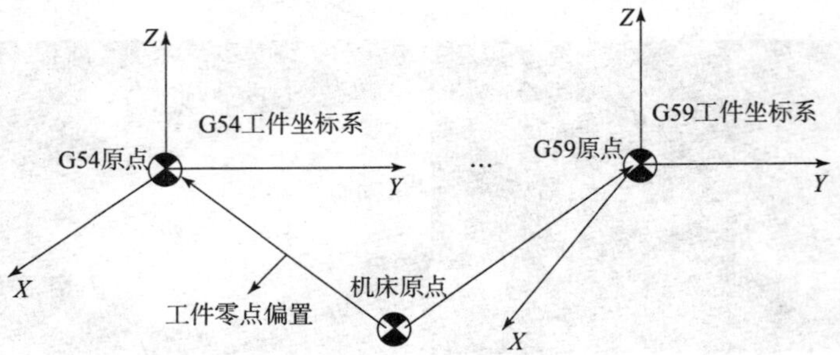

图 2－10　工件坐标系

这 6 个预定工件坐标系的原点在机床坐标系中的值（工件零点偏置值）可用 MDI 方式输入，系统自动记忆。原点坐标值必须准确无误，否则加工出的产品就会有误差或报废，甚至出现危险。

工件坐标系一旦选定，后续程序段中绝对值编程时的指令值均为相对此工件坐标系原点的值。

指令格式：

G54

G55

G56

G57

G58

G59

对刀步骤：

（1）回参考点；

（2）进入坐标设定界面；

（3）试切外圆（沿 *Z* 向退刀）→停车→测量外径→输入 *X* 坐标→确认；

（4）试切端面（沿 *X* 向退刀）→停车→输入 *Z* 坐标→确认。

将 *X* 坐标、*Z* 坐标输入到坐标系设定界面中，如图 2－11 所示。

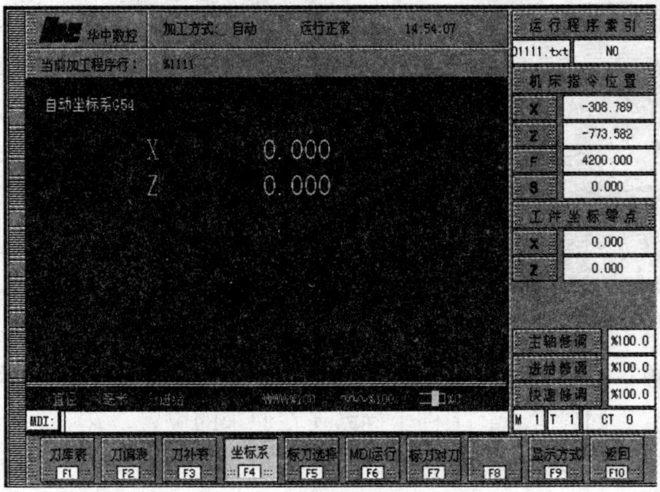

图 2－11　坐标系设定界面

特点：工件坐标系的原点在机床坐标系下的位置不变，且与刀具的当前位置无关（不必将刀放到一个指定的位置上）。刀偏值输入后，一直有效（也就是建立的工件坐标系一直有效），且一次只能同时对6把刀。

3. G92指令试切对刀

指令格式：

G92　X_　Z_

说明：

X、Z：对刀点在工件坐标系中的坐标值。

当执行“G92　Xα　Zβ”指令后，系统内部即对（α，β）进行记忆，并建立一个使刀具当前点坐标值为（α，β）的工件坐标系。执行该指令时只建立工件坐标系，刀具并不产生运动。G92执行该指令时，若刀具当前点恰好在工件坐标系的α和β坐标值上，即刀具当前点在对刀点位置上，则此时建立的坐标系即为工件坐标系，加工原点与程序原点重合；若刀具当前点不在工件坐标系的α和β坐标值上，则加工原点与程序原点不一致，加工出的产品就会有误差或报废，甚至出现危险。因此执行该指令时，刀具当前点必须在对刀点即工件坐标系的α和β坐标值上。

由以上可知，要正确加工工件，加工原点与程序原点必须一致，故编程时加工原点与程序原点考虑为同一点。实际操作时怎样使两点一致，由对刀完成，如图2－12所示。

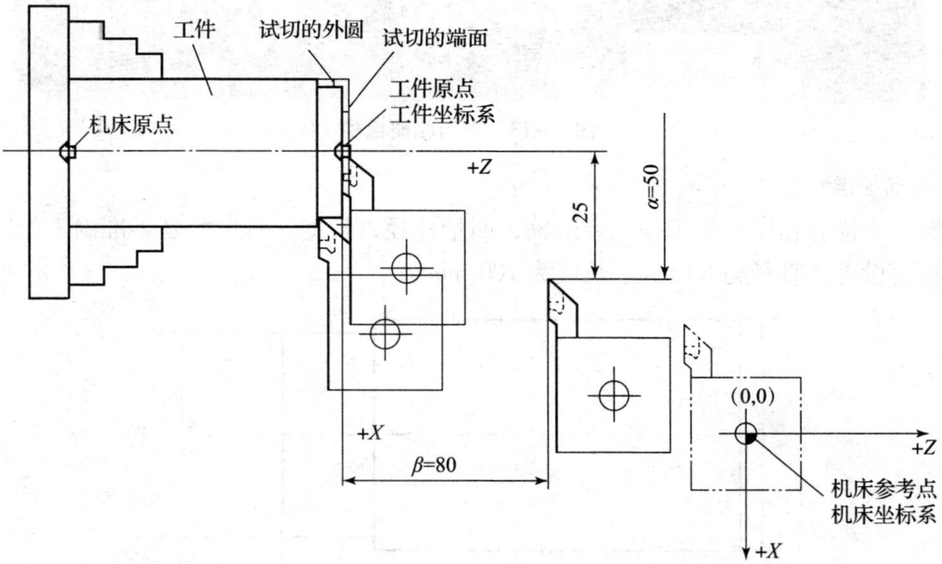

图2－12　G92建立工件坐标系

对刀步骤：

（1）回参考点；

（2）试切外圆（沿Z向退刀）→停车→记录机床指令坐标→测量外径；

（3）试切端面（沿X向退刀）→停车→记录机床指令坐标；

（4）计算将刀尖移到起刀点位置的机床坐标；

（5）用手摇进给或MDI形式将刀尖准确移动到起刀点上。

特点：起刀点要在程序中设置，且操作复杂。用G92建立坐标系时，不具有记忆功能，断电后坐标系消失。

二、对刀的检验

对刀的检验方法主要有以下两种：

1. 粗略检验

用 T 指令试切对刀法对刀后，通过手动方式将刀尖移到工件原点附近，此时的机床 *X*、*Z* 坐标值应近似等于 *X* 偏置和 *Z* 偏置，如图 2－13 所示。

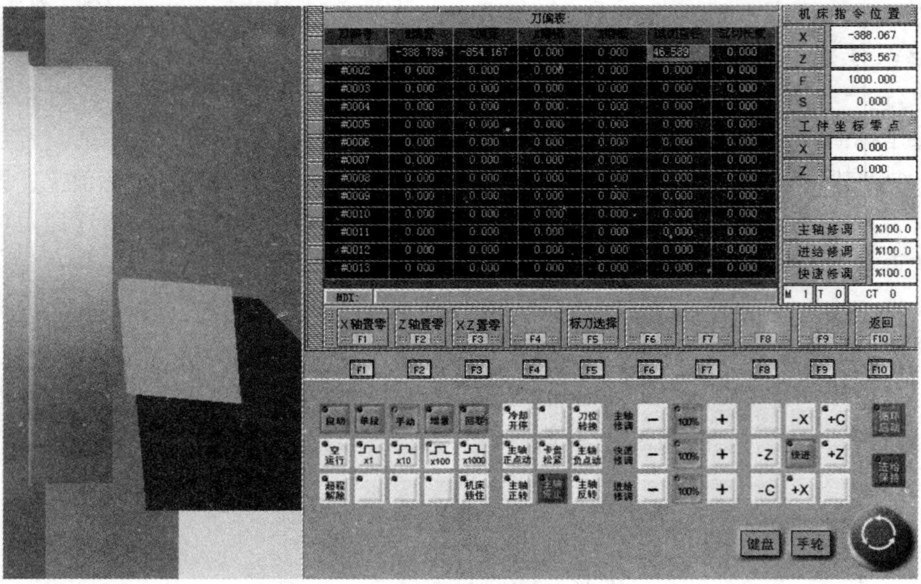

图 2－13　对刀粗略检验

2. 精确检验

编辑一个检验程序，加工一个台阶轴，测量外径、长度，看尺寸是否准确。如图 2－14 所示的轴，设毛坯直径为 60 mm、长度为 100 mm。

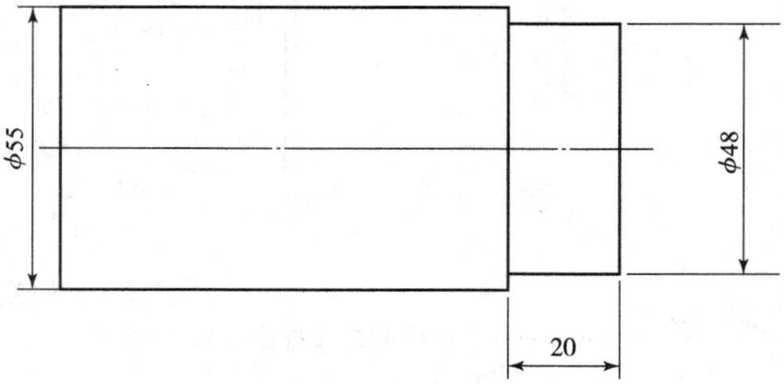

图 2－14　对刀精确检验零件图

对刀程序：

```
%0006
N10
N20 M03 S400
N30 G00 X55 Z5
```

```
N40 G80 X48 Z -20 F120
N50 G00 X100 Z100
N60 M30
```

2.1.6　项目任务

熟练掌握T指令试切对刀操作及检验方法。

操作步骤：

（1）上电：机床电源 → 系统电源→ 伺服电源。

（2）回参考点。

（3）毛坯装夹。

（4）刀具装夹。

（5）进入刀具偏置界面。

（6）试切：

试切外圆（沿 *Z* 向退刀）→停车→测量外径→输入试切直径→确认；

试切端面（沿 *X* 向退刀）→停车→输入试切长度→确认。

（7）检验：粗略检验和精确检验。

注意事项：

（1）工件、刀具装夹要紧、正。

（2）对刀过程中要保持清晰的思路。

（3）注意观察显示屏上的各种信息。

（4）做到安全、文明操作。

（5）实习结束前要收拾好工、量具，刀架移动到位，关闭电源。

（6）清扫机床及场地卫生。

2.2　简单车削类零件程序编制与机床操作

学习目标

熟练掌握数控车削基本指令的使用方法。

能正确选择设备、刀具、夹具与切削用量。

能正确安装刀具、熟练对刀。

会使用相关量具准确检测零件。

能正确运用数控机床校验编写的零件数控程序，并正确加工零件。

培养独立工作的能力和安全文明生产的习惯。

2.2.1　带直线轮廓简单轴类零件的编程与加工

【任务一】

如图2－15所示的零件，毛坯规格为 $\phi 28$ mm 的棒料，材料为45#钢，完成此零件的编程与加工。

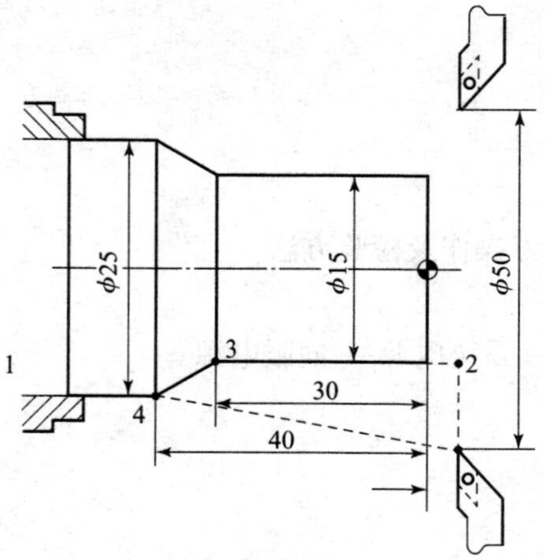

图 2-15　任务一用图

相关知识学习：

一、准备功能 G 代码

准备功能 G 指令由 G 后一或二位数值组成，它用来规定刀具和工件的相对运动轨迹、机床坐标系、坐标平面、刀具补偿和坐标偏置等多种加工操作。

G 功能根据功能的不同分成若干组，其中 00 组的 G 功能称为非模态 G 功能，其余组的 G 功能称为模态 G 功能。

（1）非模态 G 功能：只在所规定的程序段中有效，程序段结束时被注销。

（2）模态 G 功能：一组可相互注销的 G 功能，这些功能一旦被执行，则一直有效，直到被同一组的 G 功能注销为止。

模态 G 功能组中包含一个默认的 G 功能，上电时将被初始化为该功能。

不同组 G 代码可以放在同一程序段中，而且与顺序无关，例如，G90、G17 可与 G01 放在同一程序段。

华中数控车床数控系统装置 G 功能指令如表 2-2 所示。

表 2-2　华中数控车床数控系统装置 G 功能指令

G 代码	组	功能	参数（后续地址字）
G00 ▲G01 G02 G03	01	快速定位 直线插补 顺圆插补 逆圆插补	X、Z X、Z X、Z、I、K、R X、Z、I、K、R
G04	00	暂停	P
G20 ▲G21	08	英寸输入 毫米输入	X、Z X、Z

续表

G代码	组	功能	参数（后续地址字）
G28 G29	00	返回刀参考点 由参考点返回	
G32 G34	01	螺纹切削 攻丝切削	X、Z、R、E、P、F、I
▲G36 G37	17	直径编程 半径编程	
▲G40 G41 G42	09	刀尖半径补偿取消 左刀补 右刀补	T T
▲G50 G51	04	取消工件坐标系零点平移 工件坐标系零点平移	U、W
G53	00	直接机床坐标系编程	X、Z
G54 G55 G56 G57 G58 G59	11	坐标系选择	
G71 G72 G73 G74 G75 G76 G80 G81 G82	06	外径/内径车削复合循环 端面车削复合循环 闭环车削复合循环 端面深孔钻加工循环 外径切槽循环 螺纹切削复合循环 外径/内径车削固定循环 端面车削固定循环 螺纹切削固定循环	X、Z、U、W、C、P、Q、R、E X、Z、I、K、C、P、R、E
▲G90 G91	13	绝对编程 相对编程	
G92	00	工件坐标系设定	X、Z
▲G94 G95	14	每分钟进给 每转进给	
G96 ▲G97	16	恒线速切削 取消恒线速切削	S

注：

[1] 00组中的G功能是非模态的，其他组的G功能是模态的；

[2] 标记▲者为系统默认值。

二、辅助功能 M 代码

辅助功能 M 指令由地址字 M 和其后的一或两位数字组成，主要用于控制零件程序的走向，以及机床各种辅助功能的开关动作。

M 功能有非模态 M 功能和模态 M 功能两种形式。

（1）非模态 M 功能（当段有效代码）：只在书写了该代码的程序段中有效。

（2）模态 M 功能（续效代码）：一组可相互注销的 M 功能，这些功能在被同一组的另一个功能注销前一直有效。

模态 M 功能组中包含一个默认功能，系统上电时将被初始化为该功能。

另外，M 功能还可分为前作用 M 功能和后作用 M 功能两类。

前作用 M 功能在程序段编制的轴运动之前执行；而后作用 M 功能在程序段编制的轴运动之后执行。

华中世纪星 HNC－21M 数控装置的 M 代码及功能如表 2－3 所示（标记▲者为系统默认值）。

表 2－3　M 代码及功能

代码	模态	功能	代码	模态	功能
M00	非模态	程序停止	M03	模态	主轴正转启动
M01	非模态	选择停止	M04	模态	主轴反转启动
M02	非模态	程序结束	M05	模态	▲主轴停止转动
M30	非模态	程序结束并返回程序起点	M07	模态	切削液打开
			M08	模态	切削液打开
M98	非模态	调用子程序	M09	模态	▲切削液停止
M99	非模态	子程序结束			

注：标记▲者为系统默认值。

M00、M01、M02、M30、M98、M99 用于控制零件程序的走向，是 CNC 内定的辅助功能，不由机床制造商设计决定，也就是说与 PLC 程序无关。

其余 M 代码用于机床各种辅助功能的开关动作，其功能不由 CNC 内定，而是由 PLC 程序指定，所以有可能因机床制造厂不同而有差异（表内为标准 PLC 指定的功能），请使用者参考机床说明书。

三、绝对值编程 G90 与相对值编程 G91 指令

格式：

G90

G91

说明：

G90：绝对值编程，每个编程坐标轴上的编程值是相对于工件坐标系原点而言的。

G91：相对值编程，每个编程坐标轴上的编程值是相对于前一位置而言的，该值等于沿轴移动的距离。

绝对编程时，用 G90 指令后面的“X、Z”表示 X 轴、Z 轴的坐标值；相对编程时，用“U、W”或 G91 指令后面的“X、Z”表示 X 轴、Z 轴的增量值。

G90、G91 为模态功能，可相互注销；G90 为默认值。

四、G00、G01 指令

1. 快速定位 G00

格式：

G00　X(U)_　Z(W)_

说明：

X、Z：绝对编程时，快速定位终点在工件坐标系中的坐标；

U、W：增量编程时，快速定位终点相对于起点的位移量。

G00 指令是线性插补定位，它的刀具轨迹与直线插补（G01）相同，刀具以不大于每一个轴的快速移动速度在最短的时间内定位。

G00 指令中的快移速度由机床参数“快移进给速度”对各轴分别设定，不能用 F 规定。G00 一般用于加工前快速定位或加工后快速退刀，快移速度可由面板上的快速修调按钮修正。

G00 为模态功能，可由 G01、G02、G03 或 G32 功能注销。

图 2－16 所示为使用 G00 编程使刀具从 A 点快速定位到 B 点。

从 A 点到 B 点的快速定位路线为直线方式 A→C→B。

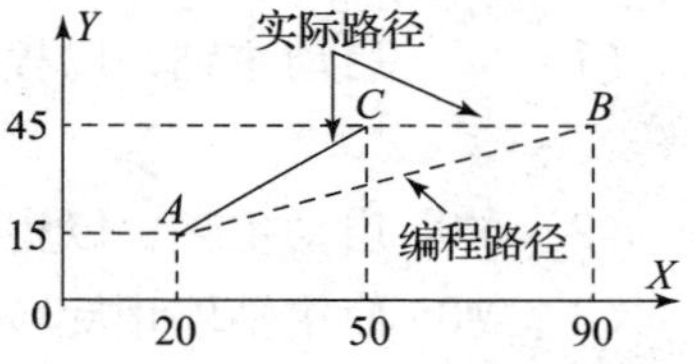

图 2－16　使用快速定位 G00 编程

2. 线性进给 G01

格式：

G01　X(U)_　Z(W)_　F_

说明：

X、Z：绝对编程时终点在工件坐标系中的坐标；

U、W：增量编程时终点相对于起点的位移量；

F：合成进给速度。

G01 指令刀具以联动的方式，按 F 规定的合成进给速度，从当前位置按线性路线（联动直线轴的合成轨迹为直线）移动到程序段指令的终点。

G01 是模态代码，可由 G00、G02、G03 或 G32 功能注销。

例 2.1　用直线插补指令编程加工如图 2－17 所示的零件。

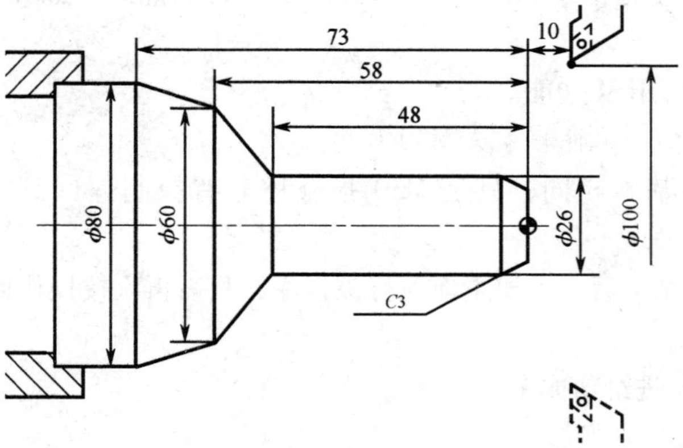

图 2－17　例 2.1 用图

程序如下：

```
%2305
N1 T0101                          ;设立坐标系,选1号刀
N2 M06 S460
N3 G00 X100 Z10                   ;定义起点的位置
N4 G00 X16 Z2 M03 S460            ;移到倒角延长线 Z 轴 2 mm 处
N5 G01 U10 W-5 F300               ;倒 C2 角
N6 Z-48                           ;加工φ26 mm 外圆
N7 U34 W-10                       ;切第一段锥
N8 U20 Z-73                       ;切第二段锥
N9 X90                            ;退刀
N10 G00 X100 Z10                  ;回对刀点
N11 M05                           ;主轴停
N12 M30                           ;主程序结束并复位
```

五、M03、M04、M05 指令

主轴控制指令 M03、M04、M05：

（1）M03 启动主轴，以程序中编制的主轴速度顺时针方向（从 *Z* 轴正向朝 *Z* 轴负向看）旋转。

（2）M04 启动主轴，以程序中编制的主轴速度逆时针方向旋转。

（3）M05 使主轴停止旋转。

M03、M04 为模态前作用 M 功能；M05 为模态后作用 M 功能；M05 为默认功能。

M03、M04、M05 可相互注销。

六、M02、M30 指令

1. 程序结束 M02

M02 编在主程序的最后一个程序段中。

当 CNC 执行到 M02 指令时，机床的主轴、进给、冷却液全部停止，加工结束。

使用 M02 的程序结束后，若要重新执行该程序，则需重新调用该程序，或在自动加工子菜单下按“F4”键（请参考 HNC－21M 操作说明书），然后再按操作面板上的“循环启动”键。

M02 为非模态后作用 M 功能。

2. 程序结束并返回到零件程序头 M30

M30 和 M02 功能基本相同，只是 M30 指令还兼有控制返回到零件程序头（%）的作用。

使用 M30 的程序结束后，若要重新执行该程序，只需再次按操作面板上的“循环启动”键即可。

七、主轴功能 S、进给功能 F

1. 主轴功能 S

主轴功能 S 控制主轴转速，其后的数值表示主轴速度，单位为转/每分钟（r/min）。

S 是模态指令，S 功能只有在主轴速度可调节时有效。

S 所编程的主轴转速可以借助机床控制面板上的主轴倍率开关进行修调。

对于数控车床编程，使用恒线速度功能时，S 指定切削线速度，其后的数值单位为米/每分钟（m/min）（G96 恒线速度有效，G97 取消恒线速度，G46 极限转速限定）。

2. 进给速度 F

F 指令表示工件被加工时刀具相对于工件的合成进给速度，F 的单位取决于 G94（每分钟进给量 mm/min）或 G95（每转进给量 mm/r）。

使用下式可以实现每转进给量与每分钟进给量的转化：

$$f_m = f_r \times S$$

式中，f_m——每分钟的进给量，mm/min；

f_r——每转进给量，mm/r；

S——主轴转速，r/min。

当在 G01、G02 或 G03 方式下工作时，编程的 F 一直有效，直到被新的 F 值所取代，而在 G00、G60 方式下工作时，快速定位的速度是各轴的最高速度，与所编 F 无关。

借助操作面板上的倍率按键，F 可在一定范围内进行倍率修调。当执行攻丝循环 G74、G84 及螺纹切削 G34 时，倍率开关失效，进给倍率固定在 100%。

注意：

（1）当使用每转进给量方式时，必须在主轴上安装一个位置编码器。

（2）数控车床直径编程时，X 轴方向的进给速度为：半径的变化量/分、半径的变化量/转。

八、直径方式和半径方式编程

格式：

G36

G37

说明：

G36：直径编程；

G37：半径编程。

数控车床的工件外形通常是旋转体，其 X 轴尺寸可以用两种方式加以指定：直径方式和半径方式。G36 为默认值，机床出厂一般设为直径编程。

本书例题，未经说明均为直径编程。另外注意：

（1）当系统参数设置为直径时，则直径编程为默认状态，但程序中可用 G36、G37 指令改变编程状态，同时系统界面的显示值为直径值。

（2）当系统参数设置为半径时，则半径编程为默认状态，但程序中可用 G37、G36 指令改变编程状态，同时系统界面的显示值为半径值。

例 2.2 按同样的轨迹分别用直径、半径编程，精加工如图 2-18 所示的工件。

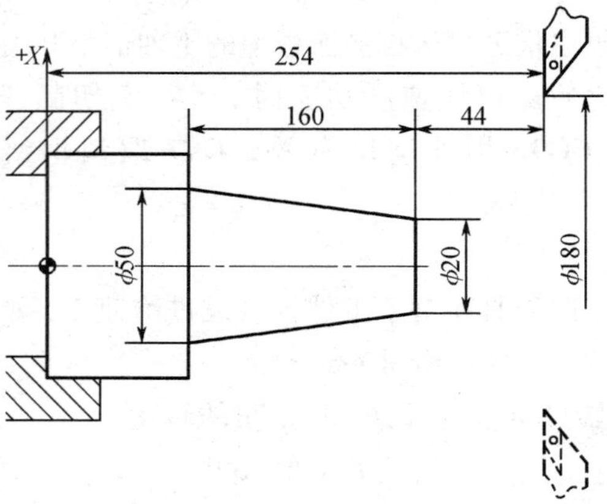

图 2－18　使用直径方式和半径方式编程

程序如下：

直径编程	半径编程	混合编程
%3304 N1 G92 X180 Z254 N2 M03 S460 N3 G01 X20 W－44 N4 U30 Z50 N5 G00 X180 Z254 N6 M30	%3314 N1 G37 M03 S460 N2 G54 G00 X90 Z254 N3 G01 X10 W－44 N4 U15 Z50 N5 G00 X90 Z254 N6 M30	%3314 N1 T0101 N2 M03 S460 N3 G37G00 X90 Z254 N4 G01 X10 W－44 N5 G36 U30 Z50 N6 G00 X180 Z254 N7 M30

例 2.3　如图 2－19 所示，用 G01 指令，粗、精加工简单圆锥零件。

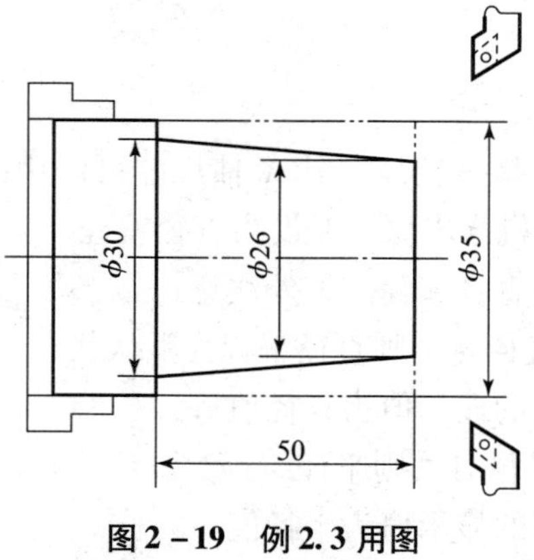

图 2－19　例 2.3 用图

加工程序：

```
%2307
N1 T0101
N2 M03 S460
N3 G00 X100 Z40
N4 G00 X26.6 Z5
N5 G01 X31 Z -50 F100
N6 G00 X36
N7 X100 Z40
N8 T0202
N9 G00 X25.6 Z5
N10 G01 X30 Z -50 F80
N11 G00 X36
N12 X100 Z40
N13 M05
N14 M30
```

任务一图 2－15 加工程序编制：

绝对编程	相对编程	混合编程
%0001 N1 T0101 N2 M03 S460 N3 G00 X50 Z2 G01 X20 F120 (X20) Z -30 X25 Z -40 G00 Z2 X16 G01 Z -30 X25 Z -40 G00 Z2 N4 G01 X15 (Z2) N5 (X15) Z -30 N6 X25 Z -40 N7 X50 Z2 N8 M30	%0001 N1 T0101 N2 M03 S460 G00 X50 Z2 G91 G01 X -30 F120 Z -32 X5 Z -10 G00 Z42 X -9 N3 G01 Z -32 N4 X9 Z -10 N5 G00 Z42 X -10 G01 Z -32 N6 X10 Z -10 G00 X25 Z42 N7 M30	%0001 N1 T0101 N2 M03 S460 N3 G00 X50 Z2 G01 X20 F120 (X20) W -32 U5 W -10 G00 Z2 X16 G01 Z -30 U9 W -40 G00 W42 N4 G01 U -10 (Z2) N5 (X15) Z -30 N6 X25 Z -40 N7 X50 Z2 N8 M30

选择合适的编程方式可使编程简化。当图纸尺寸由一个固定基准给定时，采用绝对方式编程较为方便；而当图纸尺寸是以轮廓顶点之间的间距给出时，采用相对方式编程较为方便。一般不推荐采用完全的相对编程方式。

G90、G91 可用于同一程序段中，但要注意其顺序所造成的差异。

项目训练 1

如图 2－20 所示的零件，毛坯规格为 ϕ35 mm 的棒料，材料为 45#钢，在掌握任务一的基础上完成此零件的编程与加工。

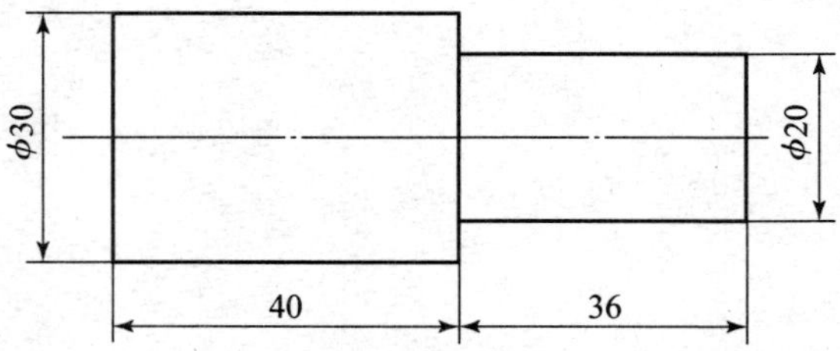

图 2－20　项目训练 1 用图

项目训练 2

如图 2－21 所示的零件，毛坯规格为 ϕ35 mm 的棒料，材料为 45#钢，在掌握任务一的基础上完成此零件的编程与加工。

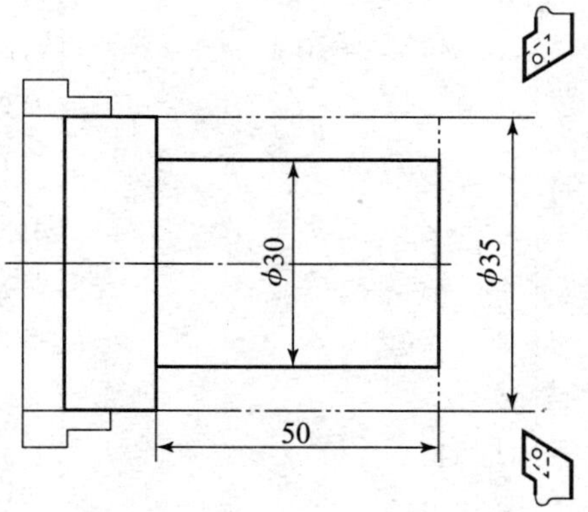

图 2－21　项目训练 2 用图

项目训练 3

如图 2－22 所示的零件，毛坯规格为 ϕ40 mm 的棒料，材料为 45#钢，在掌握任务一的基础上完成此零件的编程与加工。

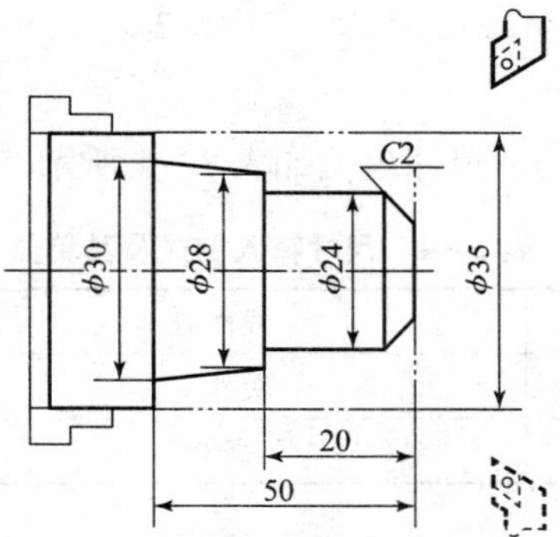

图2－22　项目训练3用图

拓展知识

一、M00、M01 指令

1. 程序暂停 M00

当 CNC 执行到 M00 指令时，将暂停执行当前程序，以方便操作者进行刀具和工件的尺寸测量、工件调头和手动变速等操作。

暂停时，机床的主轴、进给及冷却液停止，而全部现存的模态信息保持不变，欲继续执行后续程序，则需重按操作面板上的“循环启动”键。

M00 为非模态后作用 M 功能。

2. 程序暂停 M01

如果用户按亮操作面板上的“选择停”键，当 CNC 执行到 M01 指令时，将暂停执行当前程序，以方便操作者进行刀具和工件的尺寸测量、工件调头和手动变速等操作。暂停时，机床的进给停止，而全部现存的模态信息保持不变，欲继续执行后续程序，则需重按操作面板上的“循环启动”键。

如果用户没有按亮或按灭操作面板上的“选择停”键，当 CNC 执行到 M01 指令时，程序就不会暂停而继续往下执行。

M01 为非模态后作用 M 功能。

二、M07、M08、M09 指令

M07、M08 指令将打开冷却液管道。

M09 指令将关闭冷却液管道。

M07、M08 为模态前作用 M 功能；M09 为模态后作用 M 功能，M09 为默认功能。

三、M64 指令

M64 指令将使系统加工统计中的工件完成数目累加。

四、G20，G21、G94、G95

1. 尺寸单位选择 G20，G21

格式：

G20

G21

说明：

G20：英制输入制式；

G21：公制输入制式。

两种制式下线性轴、旋转轴的尺寸单位如表 2－4 所示。

表 2－4　尺寸输入制式及其单位

单位	线性轴	旋转轴
英制（G20）	英寸①	度
公制（G21）	毫米	度

G20、G21 为模态功能，可相互注销；G21 为默认值。

2. 进给速度单位的设定 G94、G95

格式：

G94［F_］

G95［F_］

说明：

G94：每分钟进给；

G95：每转进给。

G94 为每分钟进给。对于线性轴，F 的单位依 G20/G21 的设定为 mm/min 或 in/min；对于旋转轴，F 的单位为（°）/min。

G95 为每转进给，即主轴转一周时刀具的进给量。F 的单位依 G20/G21 的设定为 mm/r 或 in/r。这个功能只在主轴装有编码器时才能使用。

G94、G95 为模态功能，可相互注销；G94 为默认值。

五、直接机床坐标系编程 G53 指令

格式：

G53

说明：G53 是机床坐标系编程，在含有 G53 的程序段中，绝对值编程时的指令值是在机床坐标系中的坐标值，其为非模态指令。

【任务二】

利用简单循环指令完成图 2－23 所示零件的粗、精加工程序。已知毛坯为 $\phi30$ mm 的棒料，材料为 45#钢。

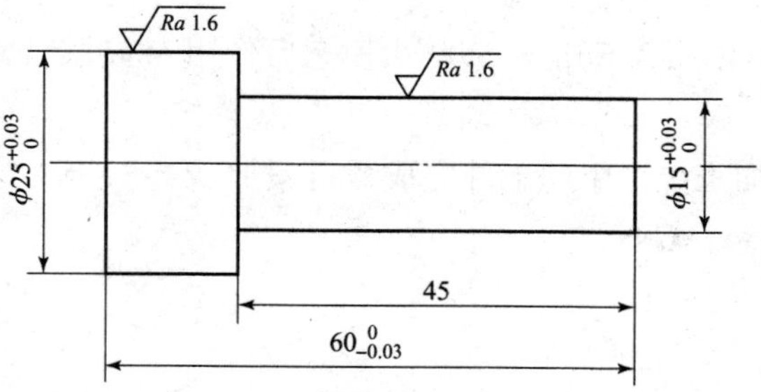

图 2－23　任务二用图

① 1 英寸 =2.54 厘米。

相关知识学习：

一、G80 指令

内（外）径切削循环 G80。

1. 圆柱面内（外）径切削循环。

格式：

G80　X(U)_　Z(W)_　F_

说明：

X、Z：绝对值编程时，为切削终点 C 在工件坐标系下的坐标；增量值编程时，为切削终点 C 相对于循环起点 A 的有向距离，图形中用 U、W 表示，其符号由轨迹 1R 和 2F 的方向确定。

该指令执行如图 2－24 所示 A→B→C→D→A 的轨迹动作。

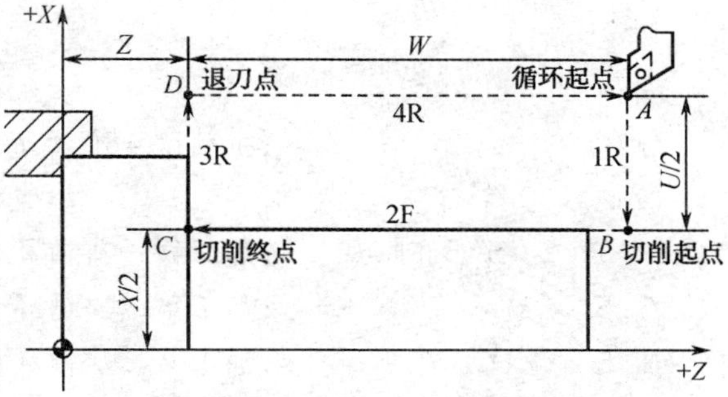

图 2－24　圆柱面内（外）径切削循环

2. 圆锥面内（外）径切削循环。

格式：

G80　X(U)_　Z(W)_　I_　F_

说明：

X、Z：绝对值编程时，为切削终点 C 在工件坐标系下的坐标；增量值编程时，为切削终点 C 相对于循环起点 A 的有向距离，图形中用 U、W 表示。

I：切削起点 B 与切削终点 C 的半径差，其符号为差的符号（无论是绝对值编程还是增量值编程）。

该指令执行如图 2－25 所示 A→B→C→D→A 的轨迹动作。

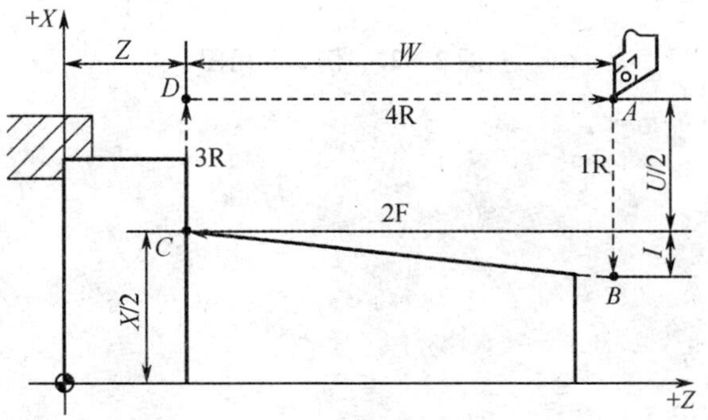

图 2－25　圆锥面内（外）径切削循环

例 2.4 如图 2－26 所示，用 G80 指令编程，双点画线代表毛坯。

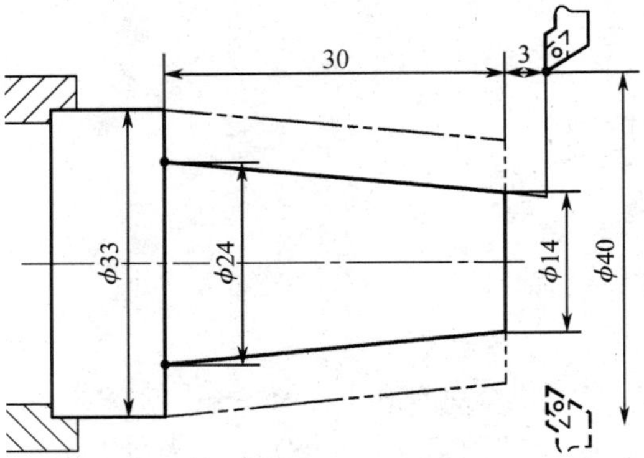

图 2－26 例 2.4 用图

```
%2319
T0101
N1 M03 S460                         ;主轴以 460 r/min 旋转
G00 X40 Z3
N2 G91 G80 X -10 Z -33 I -5.5 F100  ;加工第一次循环,吃刀深 3 mm
N3 X -13 Z -33 I -5.5               ;加工第二次循环,吃刀深 3 mm
N4 X -16 Z -33 I -5.5               ;加工第三次循环,吃刀深 3 mm
N5 M30                              ;主轴停,主程序结束并复位
```

例 2.5 如图 2－27 所示，用 G80 指令，分粗、精加工简单圆柱面零件。

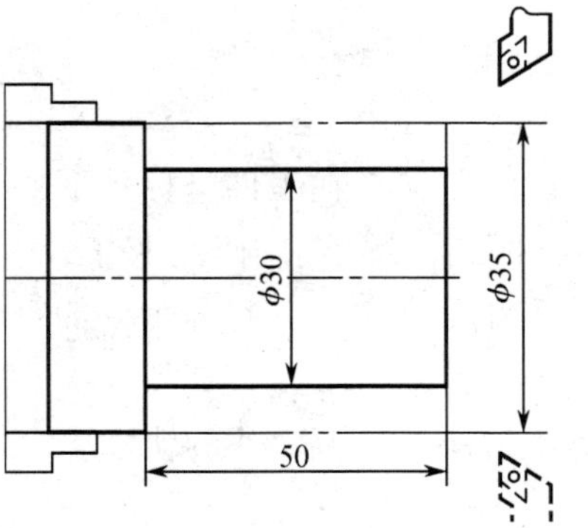

图 2－27 例 2.5 用图

```
%2320
N1 T0101
N2 M03 S460
N3 G00 X90 Z20
N4 X40 Z3
N5 G80 X31 Z -50 F100
```

```
N6 G80 X30 Z -50 F80
N7 G00X90 Z20
N8 M30
```

例 2.6 如图 2－28 所示，用 G80 指令，分粗、精加工简单圆锥零件。

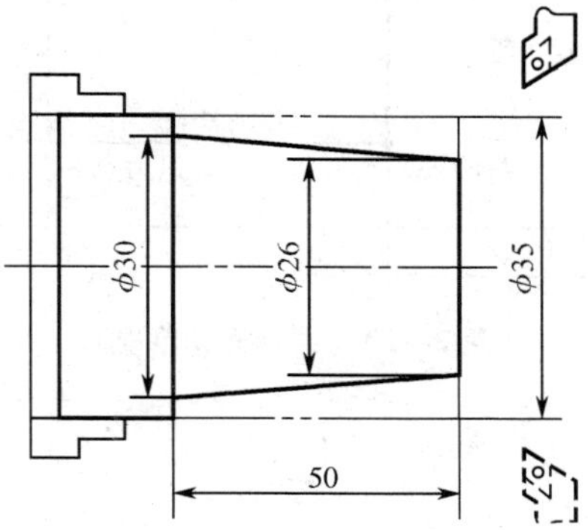

图 2－28 例 2.6 用图

```
%2321
N1 T0101
N2 G00 X100 Z40 M03 S460
N3 G00 X40 Z5
N4 G80 X31 Z -50 I -2.2 F100
N5 G00 X100 Z40
N6 T0202
N7 G00 X40 Z5
N8 G80 X30 Z -50 I -2.2 F80
N9 G00 X100 Z40
N10 M05
N11 M30
```

二、端面切削循环 G81

1. 端平面切削循环。

格式：

G81 X(U)_ Z(W)_ F_

说明：

X、Z：绝对值编程时，为切削终点 C 在工件坐标系下的坐标；增量值编程时，为切削终点 C 相对于循环起点 A 的有向距离，图形中用 U、W 表示，其符号由轨迹 1R 和 2F 的方向确定。

该指令执行如图 2－29 所示 $A \to B \to C \to D \to A$ 的轨迹动作。

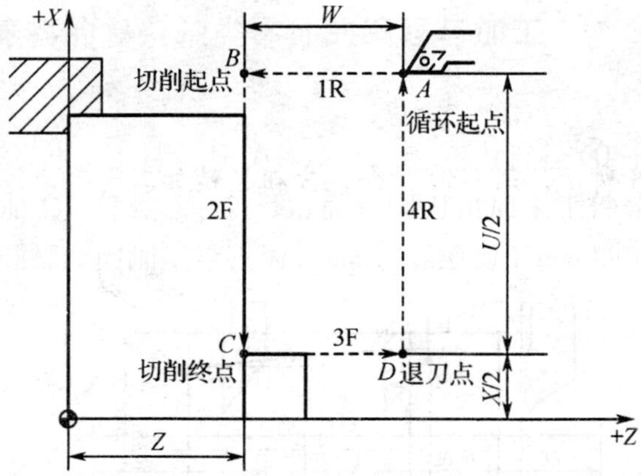

图 2-29　端平面切削循环

2. 圆锥端面切削循环。

格式：

G81　X(U)_　Z(W)_　K_　F_

说明：

X、Z：绝对值编程时，为切削终点 C 在工件坐标系下的坐标；增量值编程时，为切削终点 C 相对于循环起点 A 的有向距离，图形中用 U、W 表示。

K：切削起点 B 相对于切削终点 C 的 Z 向有向距离。

该指令执行如图 2-30 所示 $A \to B \to C \to D \to A$ 的轨迹动作。

例 2.7　如图 2-31 所示，用 G81 指令编程，双点画线代表毛坯。

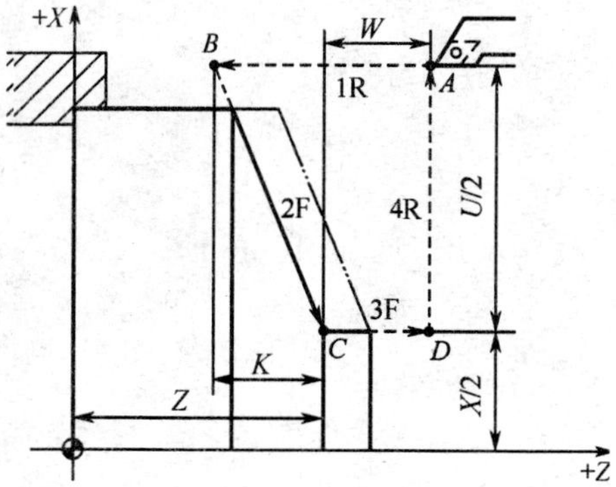

图 2-30　圆锥端面切削循环

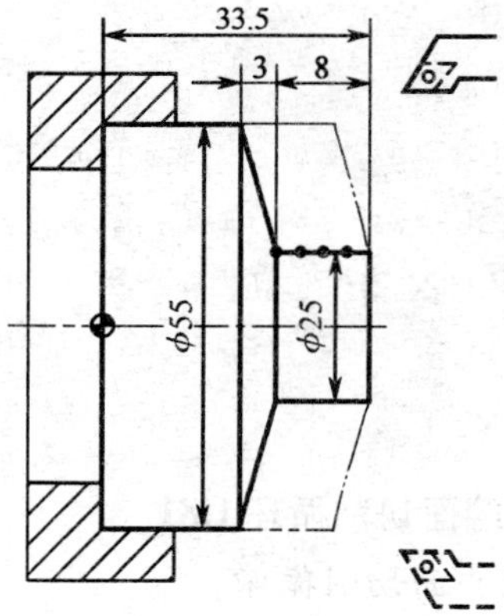

图 2-31　例 2.7 用图

程序如下：

```
%2323
N1 T0101                        ;设立坐标系,选 1 号刀
N2 G00 X60 Z45                  ;移到循环起点的位置
N3 M03 S460                     ;主轴正转
N4 G81 X25 Z31.5 K-3.5 F100     ;加工第一次循环,吃刀深 2 mm
```

```
N5 X25 Z29.5 K -3.5                  ;每次吃刀均为 2 mm
N6 X25 Z27.5 K -3.5                  ;每次切削起点距工件外圆面 5 mm,故 K 值为
                                      3.5 mm
N7 X25 Z25.5 K -3.5                  ;加工第四次循环,吃刀深 2 mm
N8 M05                               ;主轴停
N9 M30                               ;主程序结束并复位
```

任务二图 2-23 加工程序。

零件右端面中心为工件坐标系原点。

```
%2324
T0101                                ;设立坐标系,选 1 号刀
M03 S600                             ;粗加工
G00 X32 Z5
G80 X26 Z -65 F0.2
X25.5 Z -65
X21.5 Z -45
X17.5 Z -45
X15.5 Z -45
S800                                 ;精加工
G00 X15 Z5
G01 Z -45
X25
Z -65
G0 X50
Z100
M03 S500                             ;切断
T0202
G00 X32 Z -64
G01 X0 F80
G00 X50
Z100
M30
```

项目训练

如图 2-32 所示的零件，毛坯规格为 $\phi30$ mm 的棒料，材料为 45#钢，在掌握任务二的基础上完成此零件的编程与加工。

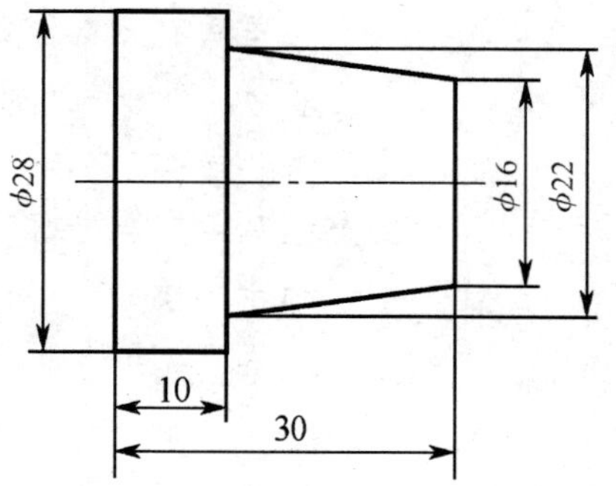

图 2－32　项目训练用图

拓展知识

一、G51、G50 指令

工件坐标系零点平移指令 G51、G50。

格式：

G51　U_　W_　　　　　；工件坐标系零点平移

G50　　　　　　　　　；取消平移

说明：U、W：平移增量。

G51 只对以 T 指令和 G54～G59 建立的工件坐标系的当前工件坐标系零点进行增量平移。工件坐标系平移值遇到 T 指令或 G54～G59 指令后才起作用。G50 取消坐标系平移也是遇到 T 指令或 G54～G59 指令后才起作用。

编程实例：

```
%2225
G51 U30 W10
M98 P1111 L4
G50
T0101
G01 X30 Z14
M30

%1111
T0101
G01 X32 Z25
G01 X34.444 Z99.123
M99
```

二、G10 指令

坐标系和刀具偏移量的改变指令（可编程数据输入）G10。

格式：

G10　P_　X_　Z_　I_　K_　R_　Q_

G10　P_　X_　Y_　Z_

参数值可用程序输入。该功能主要用于设定刀具的偏移值和补偿值以适应各种不同的加工条件。

说明：

P：指定刀具偏移值号，车床刀具号加上100即为刀具偏移值号。例如，当前所用刀具T为01号刀，那么刀具偏移值号为101。指定坐标系偏移值号，铣床坐标系号即为坐标系偏移值号。例如：当前使用用户坐标系G54指定，那么坐标系偏移值号为54。

X，Y，Z：坐标偏移量。用于指定在当前用户坐标系上所需要的偏移量。

X：设置刀具偏移量。该值用于设置刀具在轴向的偏移量。

Z：设置刀具偏移量。该值用于设置刀具在径向的偏移量。

I：设置刀具长度和刀具磨损的偏移量。该值用于设置刀具在轴向的刀具长度和刀具磨损偏移量。

K：设置刀具磨损的偏移量。该值用于设置刀具在径向的磨损偏移量。

R：设置刀具半径的偏移量。该值用于改变当前刀具半径，在原有刀具半径上加入偏移量得到新的刀具半径。

Q：设置刀具刀尖方向。该值用于改变当前的刀具刀尖方向。

当使用G90时，刀具偏移量和刀具磨损量都是直接设置成为当前偏移量和磨损量。

当使用G91时，刀具偏移量和刀具磨损量均是以增量方式累加到当前偏移量和磨损量上，也可以出现在指令中间设置某个参数，例如

G91 G10 P101 X40 Z10

G90 G10 P101 X40 G91 Z10

注意：该指令无法改变G92坐标系的值；刀具G10设定的参数“P”的取值范围为101～199；坐标系G10设定的参数“P”的取值范围为54～59；参数“Q”的取值范围为0～8。取其他值将视为无效。

三、G28、G29指令

1. 自动返回参考点指令G28

格式：

G28　X_　Z_

说明：

X、Z：绝对编程时为中间点在工件坐标系中的坐标。

U、W：增量编程时为中间点相对于起点的位移量。

G28指令首先使所有的编程轴都快速定位到中间点，然后再从中间点返回到参考点。

一般，G28指令用于刀具自动更换或者消除机械误差，在执行该指令之前应取消刀尖半径补偿。

在G28的程序段中不仅会产生坐标轴移动指令，而且记忆了中间点坐标值，以供G29使用。

电源接通后，在没有手动返回参考点的状态下，指定G28时，从中间点自动返回参考点与手动返回参考点相同，这时从中间点到参考点的方向就是机床参数“回参考点方向”

设定的方向。

G28 指令仅在其被规定的程序段中有效。

2. 自动从参考点返回指令 G29

格式：

G29 X_ Z_

说明：

X、Z：绝对编程时为定位终点在工件坐标系中的坐标。

U、W：增量编程时为定位终点相对于G28 中间点的位移量。

G29 可使所有编程轴以快速进给经过由G28 指令定义的中间点，然后再到达指定点。通常该指令紧跟在 G28 指令之后。

G29 指令仅在其被规定的程序段中有效。

例 2.8 用 G28、G29 对如图 2－33 所示的路径编程：要求由 *A* 经过中间点 *B* 并返回参考点，然后从参考点经由中间点 *B* 返回到点 *C*。

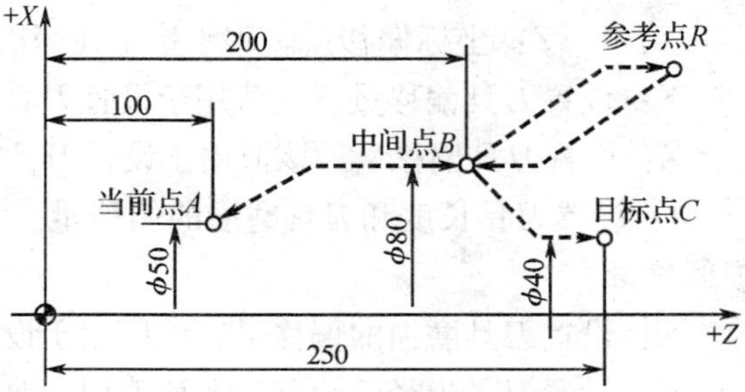

图 2－33 路径图

```
%3317
N1 T0101               ;设立坐标系,选 1 号刀
N2 G00 X50 Z100        ;移到起始点 A 的位置
N3 G28 X80 Z200        ;从 A 点到达 B 点再快速移动到参考点
N4 G29 X40 Z250        ;从参考点 R 经中间点 B 到达目标点 C
N5 G00 X50Z100         ;回对刀点
N6 M30                 ;主轴停,主程序结束并复位
```

本例表明，编制程序时不必计算从中间点到参考点的实际距离。

2.2.2 带有圆弧的简单轴类零件的编程与加工

【任务三】

完成带有圆弧的简单轴类零件的加工程序，零件如图 2－34 所示。

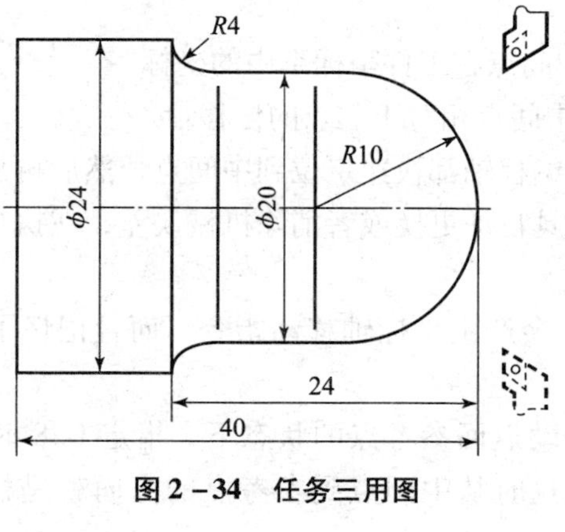

图 2－34 任务三用图

相关知识学习：

圆弧进给 G02/G03 指令。

格式：

$$\begin{Bmatrix}G02\\G03\end{Bmatrix} X(U)\_\ \ Z(W)\_\ \begin{Bmatrix}I\_\ \ K\_\\R\_\end{Bmatrix} F\_$$

说明：

G02/G03：使刀具按顺时针/逆时针方向进行圆弧加工。

圆弧插补 G02/G03 的判断：在加工平面内，观察者迎着第三轴（Y）的指向，根据其插补时的旋转方向（顺时针/逆时针）来判断。所面对的平面如图 2－35 所示。

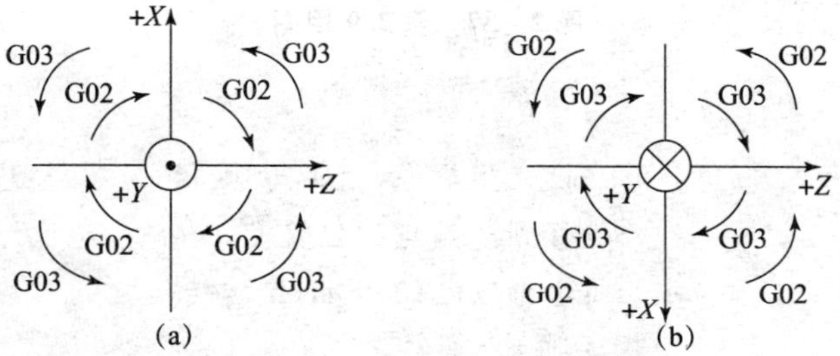

图 2－35　G02/G03 插补方向的确定

X、Z：绝对编程时，圆弧终点在工件坐标系中的坐标，如图 2－36 所示。

U、W：增量编程时，圆弧终点相对于圆弧起点的位移量，如图 2－36 所示。

I、K：圆心相对于圆弧起点的增加量（等于圆心的坐标减去圆弧起点的坐标，如图 2－36 所示），在绝对、增量编程时都是以增量方式指定，在直径、半径编程时则为半径值。

R：圆弧半径，如图 2－36 所示。

F：被编程的两个轴的合成进给速度。

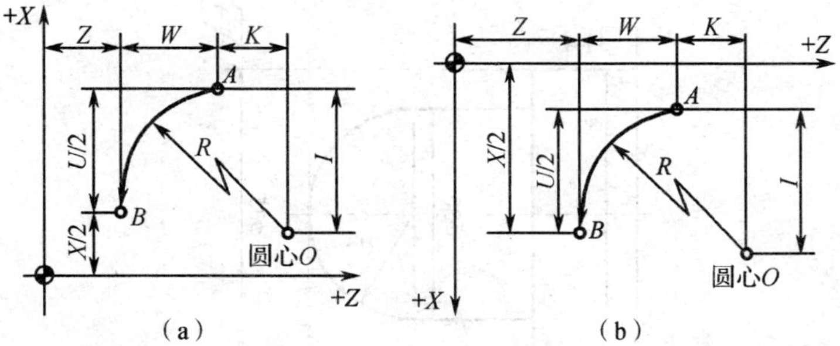

图 2－36　G02/G03 的参数说明

注意：

（1）顺时针或逆时针指的是从垂直于圆弧所在平面的坐标轴的正方向看到的回转方向；同时编入 R 与 I、K 时，R 有效。

（2）R：圆弧半径，当圆弧圆心角小于 180°时，R 为正值，否则 R 为负值。

例 2.9　用圆弧插补指令编程，精加工如图 2－37 所示零件。

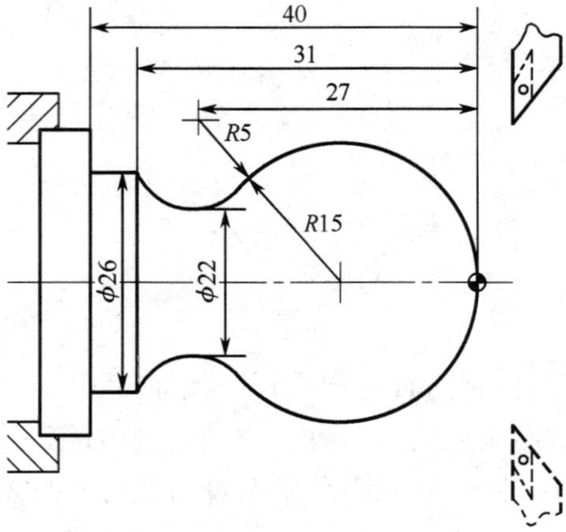

图 2-37　例 2.9 用图

```
%2309
N1 T0101                    ;设立坐标系,选1号刀
N2 G00 X40 Z5               ;移到起始点的位置
N3 M03 S400                 ;主轴以400 r/min旋转
N4 G00 X0                   ;到达工件中心
N5 G01 Z0 F60               ;工进接触工件毛坯
N6 G03 U24 W-24 R15         ;加工R15 mm圆弧段
N7 G02 X26 Z-31 R5          ;加工R5 mm圆弧段
N8 G01 Z-40                 ;加工φ26 mm外圆
N9 X40 Z5                   ;回对刀点
N10 M30                     ;主轴停,主程序结束并复位
```

例 2.10　用圆弧插补指令编程，加工如图 2-38 所示的零件。

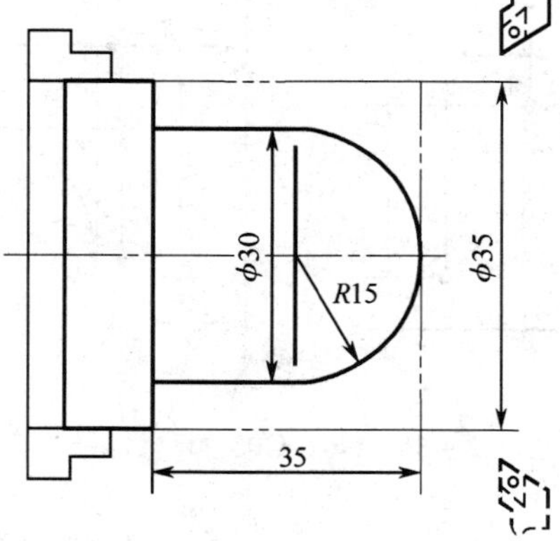

图 2-38　例 2.10 用图

```
%2310(绝对编程方式)
N1 T0101
```

```
N2 M03 S460
N3 G00 X90 Z20
N4 G00 X0 Z3
N5 G01 Z0 F100
N6 G03 X30 Z -15 R15
(N6 G03 X30 Z -15 I0 K -15)
N7 G01 Z -35
N8 X36
N9 G00 X90 Z20
N10 M05
N11 M30

%2311(相对编程方式)
N1 T0101
N2 M03 S460
N3 G00 X90 Z20
N4 G00 U -90 W -17
N5 G01 W -3 F100
N6 G03 U30 W -15 R15
(N6 G03 U30 W -15 I0 K -15)
N7 G01 W -20
N8 X36
N9 G00 X90 Z20
N10 M05
N11 M30
```

例 2.11　用圆弧插补指令编程，加工如图 2 - 39 所示的零件。

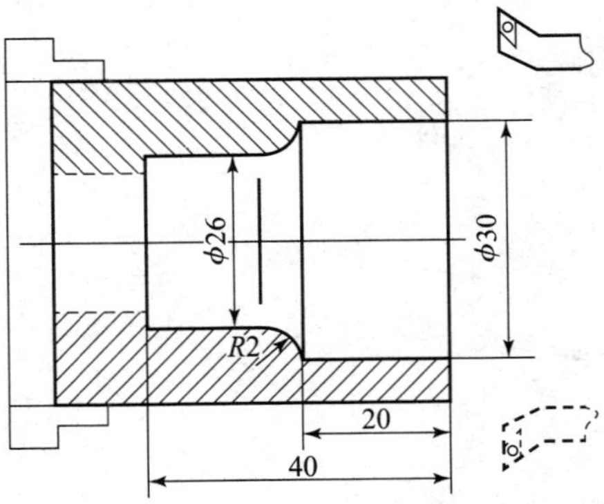

图 2 - 39　例 2.11 用图

```
%2311
N1 T0101
N2 M03 S460
N3 G00 X80 Z10
N4 G00 X30 Z3
N5 G01 Z-20 F100
N6 G02 X26 Z-22 R2
N7 G01 Z-40
N8 G00 X24
N9 Z3
N10 X80 Z10
N11 M05
N12 M30
```

例 2.12 用圆弧插补指令编程加工如图 2-40 所示的零件。

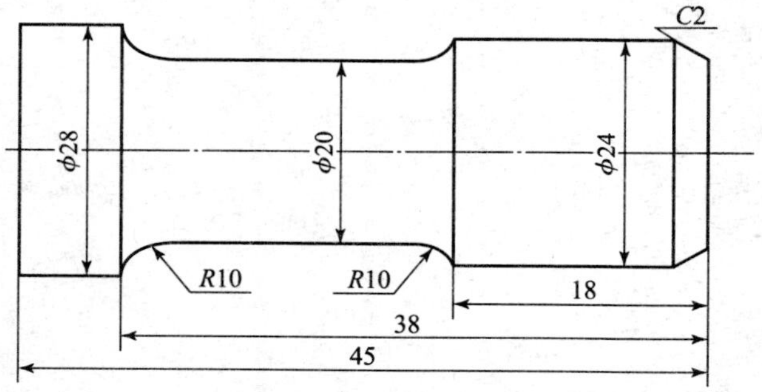

图 2-40 例 2.12 用图

```
%2312
N1 T0101
N2 M03 S460
N3 G00 X90 Z10
N4 G00 X14 Z3
N5 G01 X24 Z-2 F100
N6 Z-18
N7 G02 X20 Z-24 R10
(N7 G02 X20 Z-24 I8 K-6)
N8 G01 Z-30
N9 G02 X28 Z-38 R10
(N9 G02 X28 Z-38 I10)
N10 G01 Z-45
```

```
N11 G00 X30
N12 X90 Z10
N13 M30
```

任务三图 2-35 加工程序：

```
%3311
N1 T0101
N2 M03 S460
N3 G00 X100 Z40
N4 G00 X0 Z3
N5 G01 Z0 F100
N6 G03 X20 Z-10 R10
( N6 G03 X20 Z-10 K-10 )
N7 G01 Z-20
N8 G02 X24 Z-24 R4
( N8 G02 X24 Z-24 I4 )
N9 G01 Z-40
N10 G00 X30
N11 X100 Z40
N12 M05
N13 M30
```

项目训练 1

如图 2-41 所示的零件，毛坯规格为 ϕ30 mm 的棒料，材料为 45#钢，在掌握任务三的基础上完成此零件的编程与加工。

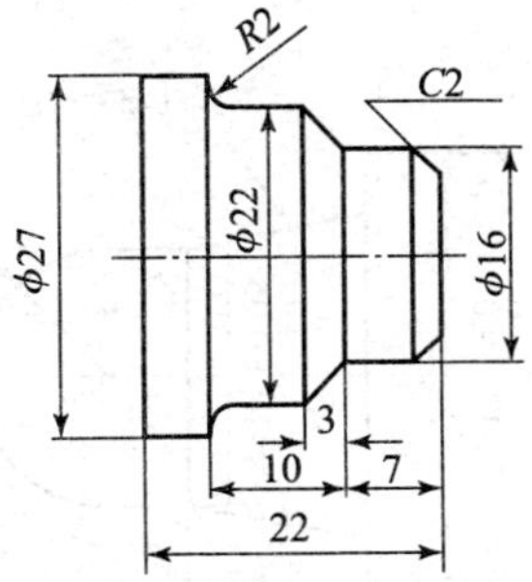

图 2-41 项目训练 1 用图

项目训练 2

如图 2-42 所示的零件，毛坯规格为 ϕ30 mm 的棒料，材料为 45#钢，在掌握任务三的基础上完成此零件的编程与加工。

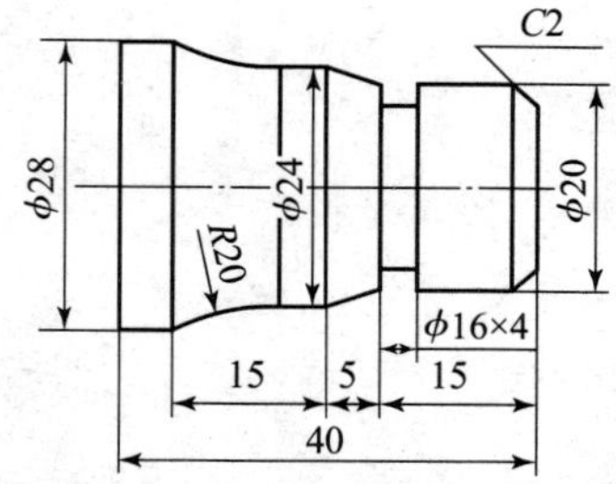

图 2-42　项目训练 2 用图

项目训练 3

如图 2-43 所示的零件，毛坯规格为 ϕ22 mm 的棒料，材料为 45#钢，在掌握任务三的基础上完成此零件的编程与加工。

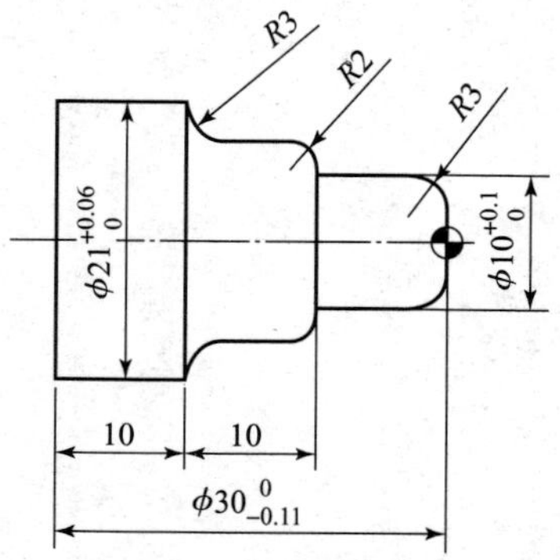

图 2-43　项目训练 3 用图

项目训练 4

如图 2-44 所示的零件，毛坯规格为 ϕ22 mm 的棒料，材料为 45#钢，在掌握任务三的基础上完成此零件的编程与加工。

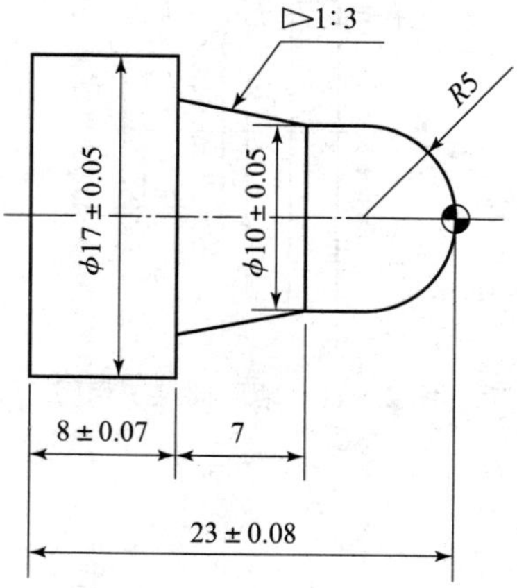

图 2-44　项目训练 4 用图

拓展知识

一、M98、M99 指令

子程序调用指令 M98 及从程序返回指令 M99。

M99 表示程序返回。

在子程序中调用 M99 使程序返回到主程序。

在主程序中调用 M99 后，则又返回到程序的开头继续执行，且会一直反复执行下去，直到用户干预为止。

1. 子程序的格式

% × × × ×　　；此行开头不能有空格

…

M99

在子程序开头，必须规定子程序号，以作为调用入口地址。在子程序的结尾用 M99，以控制执行完该子程序后返回到主程序。

2. 调用子程序的格式

M98　P_　L_

说明：

P：被调用的子程序号；

L：重复调用次数。

注：可以带参数调用子程序，程序开头不能有空格。

下面以图 2－45 为例给出数控车床子程序编程实例。

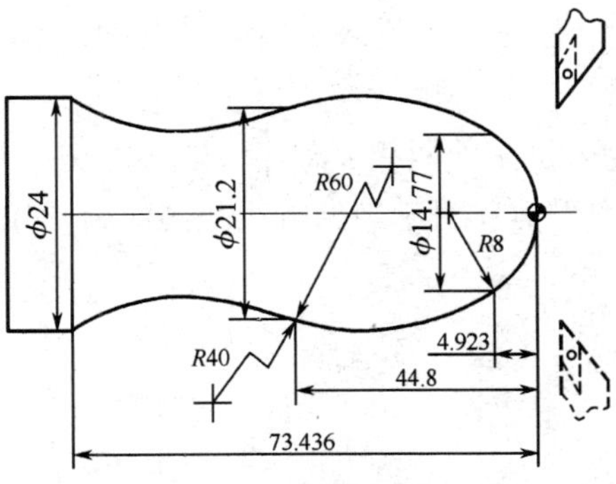

图 2－45　数控车床编程实例

```
%2111                       ;主程序名
N1 G92 X32 Z1               ;设立坐标系,定义对刀点的位置
N2 G00 Z0 M03 S460          ;移到子程序起点处,主轴正转
N3 M98 P0003 L5             ;调用子程序,并循环 5 次
N4 G36 G00 X32 Z1           ;返回对刀点
N5 M05                      ;主轴停
N6 M30                      ;主程序结束并复位
```

```
%0003                          ;子程序名
N1 G37 G01 U-12 F100           ;用半径编程,进刀到切削起点处
N2 G03 U7.385 W-4.923 R8       ;加工 R8 mm 圆弧段
N3 U3.215 W-39.877 R60         ;加工 R60 mm 圆弧段
N4 G02 U1.4 W-28.636 R40       ;加工 R40 mm 圆弧段
N5 G00 U4                      ;离开已加工表面
N6 W73.436                     ;回到循环起点 Z 轴处
N7 G01 U-5 F100                ;调整每次循环的切削量
N8 M99                         ;子程序结束,并回到主程序
```

二、倒角加工

1. 直线后倒直角

格式:

G01　X(U)_　Z(W)_　C_

说明:该指令用于直线后倒直角,指令刀具从 A 点到 B 点,然后到 C 点,如图 2-46 所示。

X、Z:绝对编程时,为未倒角前两相邻程序段轨迹交点 G 的坐标值。

U、W:增量编程时,为 G 点相对于起始直线轨迹始点 A 的移动距离。

C:倒角终点 C 相对于相邻两直线的交点 G 的距离。

2. 直线后倒圆角

格式:

G01　X(U)_　Z(W)_　R_

说明:该指令用于直线后倒圆角,指令刀具从 A 点到 B 点,然后到 C 点,如图 2-47 所示。

X、Z:绝对编程时,为未倒角前两相邻程序段轨迹的交点 G 的坐标值。

U、W:增量编程时,为 G 点相对于起始直线轨迹的始点 A 的移动距离。

R:倒角圆弧的半径值。

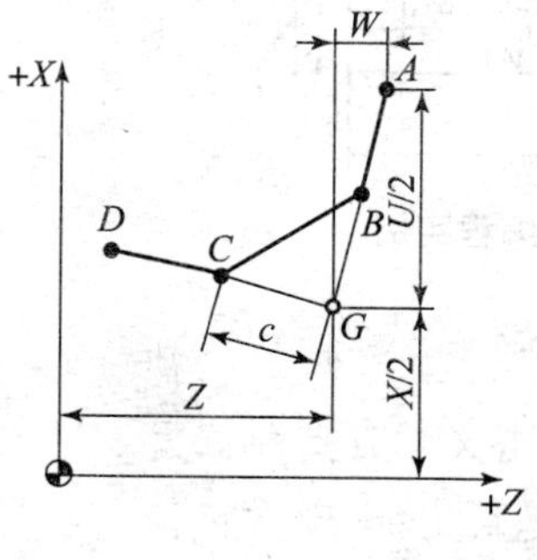

图 2-46　直线后倒直角

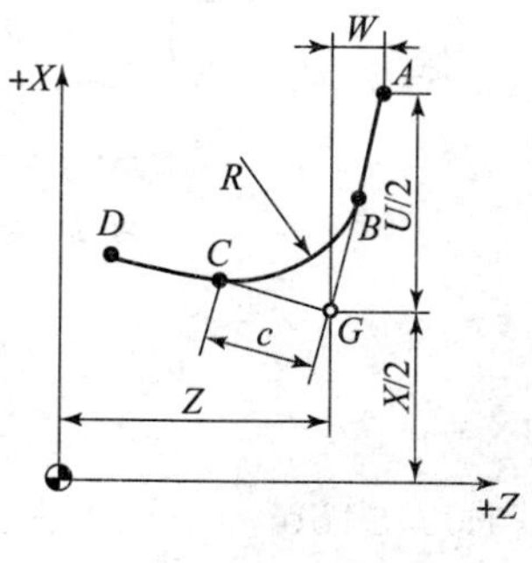

图 2-47　直线后倒圆角

例 2.13　用倒角指令编程加工如图 2-48 所示的零件。

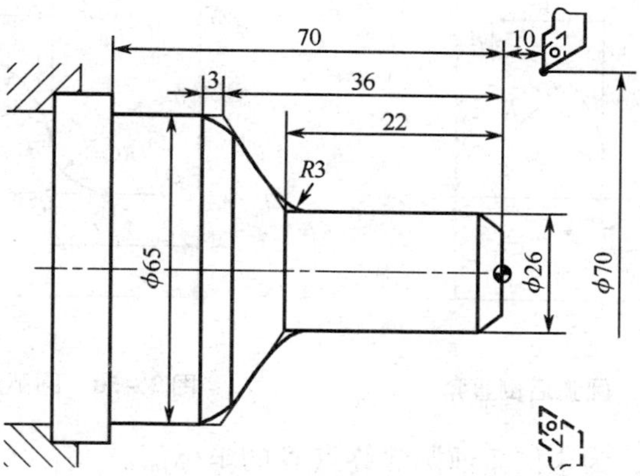

图2－48　例2.13用图

```
%2314
N1 M03 S460
N2 G00 U-70 W-10          ;从编程规划起点,移到工件前端面中心处
N3 G01 U26 C3 F100        ;倒 C3 直角
N4 W-22 R3                ;倒 R3 mm 圆角
N5 U39 W-14 C3            ;倒边长为 3 mm 的等腰直角
N6 W-34                   ;加工 ϕ65 mm 外圆
N7 G00 U5 W80             ;回到编程规划起点
N8 M30                    ;主轴停,主程序结束并复位
```

3. 圆弧后倒直角

格式：

$\begin{Bmatrix}G02\\G03\end{Bmatrix}$ X(U)_　Z(W)_　R_　RL=_

说明：该指令用于圆弧后倒直角，指令刀具从 *A* 点到 *B* 点，然后到 *C* 点，如图2－49所示。

X、Z：绝对编程时，为未倒角前圆弧终点 *G* 的坐标值。

U、W：增量编程时，为 *G* 点相对于圆弧始点 *A* 点的移动距离。

R：圆弧的半径值。

RL=：倒角终点 *C* 相对于未倒角前圆弧终点 *G* 的距离。

4. 圆弧后倒圆角

格式：

$\begin{Bmatrix}G02\\G03\end{Bmatrix}$ X(U)_　Z(W)_　R_　RC=_

说明：该指令用于圆弧后倒圆角，指令刀具从 *A* 点到 *B* 点，然后到 *C* 点，如图2－50所示。

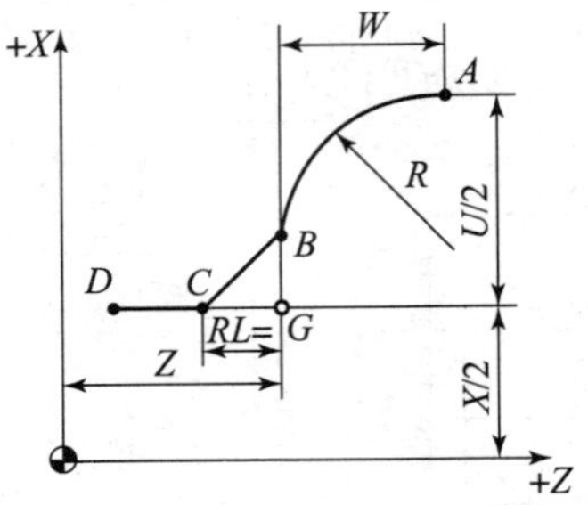

图 2-49　圆弧后倒直角

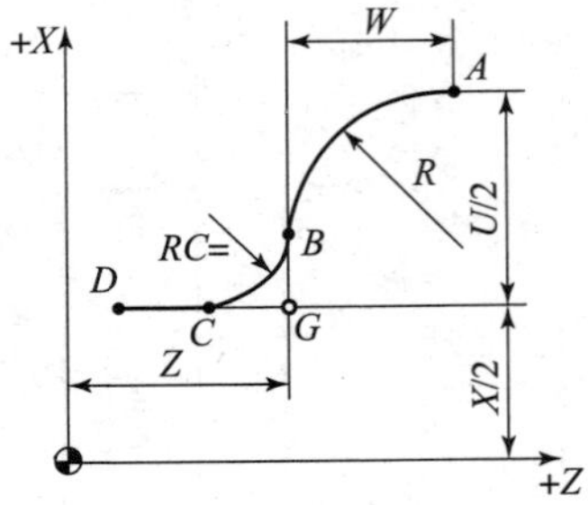

图 2-50　圆弧后倒圆角

X、Z：绝对编程时，为未倒角前圆弧终点 *G* 的坐标值。

U、W：增量编程时，为 *G* 点相对于圆弧始点 *A* 点的移动距离。

R：圆弧的半径值。

RC =：倒角圆弧的半径值。

例 2.14　用倒角指令编程，加工如图 2-51 所示的零件。

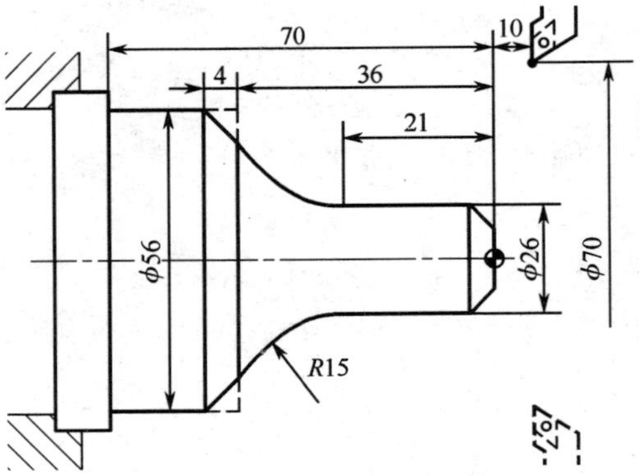

图 2-51　例 2.14 用图

```
%2315
N1 T0101                      ;设立坐标系,选 1 号刀
N2 G00 X70 Z10 M03 S460       ;移到起始点的位置,主轴正转
N3 G00 X0 Z4                  ;到工件中心
N4 G01 W-4 F100               ;工进接触工件
N5 X26 C3                     ;倒 C3 的直角
N6 Z-21                       ;加工φ26 mm 外圆
N7 G02 U30 W-15 R15 RL=4      ;加工 R15 mm 圆弧,并倒边长为 4 mm 的直角
N8 G01 Z-70                   ;加工φ56 mm 外圆
N9 G00 U10                    ;退刀,离开工件
N10 X70 Z10                   ;返回程序起点位置
N11 M30                       ;主轴停,主程序结束并复位
```

注意：

（1）在螺纹切削程序段中不得出现倒角控制指令。

（2）如图 2－46 和图 2－47 所示，*X*、*Z* 轴指定的移动量比指定的 *R* 或 *C* 小时，系统将报警，即 *GA* 长度必须大于 *GB* 长度。

（3）如图 2－49 和图 2－50 所示，“RL＝”“RC＝”必须大写。

2.2.3　带有螺纹的简单轴类零件的编程与加工

【任务四】

完成如图 2－52 所示带有螺纹的零件的加工程序。已知毛坯为 ϕ30 mm 的棒料，材料为 45#钢。

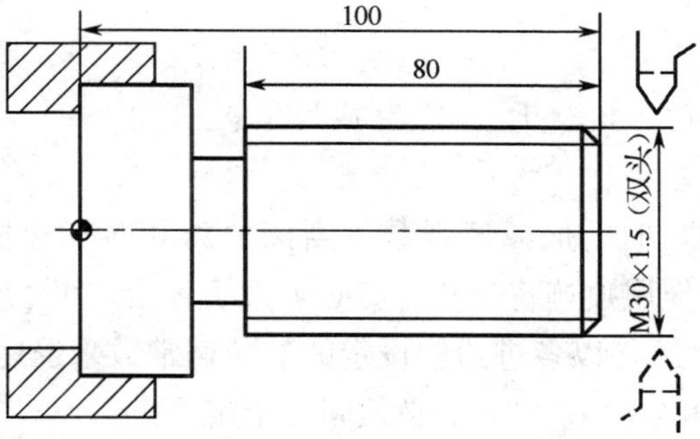

图 2－52　任务四用图

相关知识学习：

一、G32 指令

螺纹切削指令 G32。

格式：

G32　X(U)_　Z(W)_　R_　E_　P_　F/I_

说明：

X、Z：绝对编程时，为有效螺纹终点在工件坐标系中的坐标。

U、W：增量编程时，为有效螺纹终点相对于螺纹切削起点的位移量。

F：螺纹导程，即主轴每转一圈，刀具相对于工件的进给值。

I：英制螺纹的导程，单位为牙/英寸。

R、E：螺纹切削的退尾量，*R* 表示 *Z* 向退尾量；*E* 为 *X* 向退尾量。*R*、*E* 在绝对或增量编程时都是以增量方式指定，其为正表示沿 *Z*、*X* 正向回退，为负表示沿 *Z*、*X* 负向回退。使用 *R*、*E* 可免去退刀槽。“R”“E”可以省略，表示不用回退功能；根据螺纹标准，*R* 一般取 2 倍的螺距，*E* 取螺纹的牙型高。

P：主轴基准脉冲处距离螺纹切削起始点的主轴转角。

螺纹切削参数如图 2－53 所示。

G32 指令在 HNC－21 系列的 7.11 版以及 HNC－18 系统的 4.03 版以后的车床系统中都加入“Q”参数。

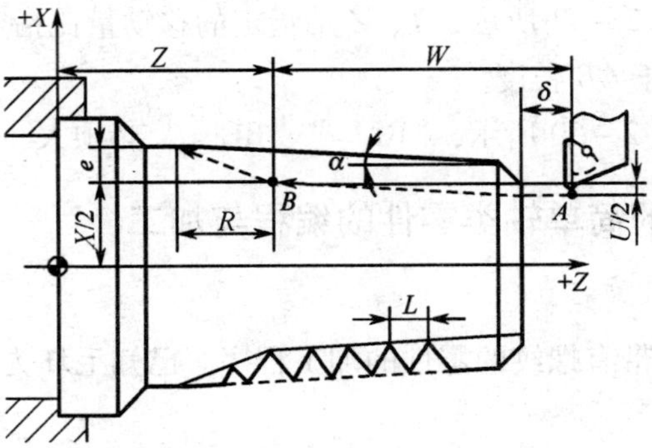

图 2－53 螺纹切削参数

格式：

G32 X(U)_ Z(W)_ R_ E_ P_ F/I_ Q_

说明：

（1）Q 为螺纹切削退尾时的加减速常数，当该值为 0 时加速度最大，该数值越大，加减速时间越长，退尾时的拖尾痕迹将越长。Q 必须大于等于“0”。

（2）不写 Q 值时，系统将以各进给轴设定的加减速常数来退尾。

（3）若需要用回退功能，“R”“E”必须同时指定。

（4）短轴退尾量与长轴退尾量的比值不能大于“20”。

（5）Q 值为非模态值。

使用 G32 指令能加工圆柱螺纹、锥螺纹和端面螺纹。

螺纹车削加工为成型车削，且切削进给量较大，如果刀具强度较差，一般要求分数次进给加工。常用螺纹切削的进给次数与吃刀量如表 2－5 所示。

表 2－5 常用螺纹切削的进给次数与吃刀量

米制螺纹/mm								
螺距		1.0	1.5	2	2.5	3	3.5	4
牙深（半径量）		0.649	0.974	1.299	1.624	1.949	2.273	2.598
切削次数及吃刀量（直径量）	1 次	0.7	0.8	0.9	1.0	1.2	1.5	1.5
	2 次	0.4	0.6	0.6	0.7	0.7	0.7	0.8
	3 次	0.2	0.4	0.6	0.6	0.6	0.6	0.6
	4 次		0.16	0.4	0.4	0.4	0.6	0.6
	5 次			0.1	0.4	0.4	0.4	0.4
	6 次				0.15	0.4	0.4	0.4
	7 次					0.2	0.2	0.4
	8 次						0.15	0.3
	9 次							0.2

续表

英制螺纹/in								
牙		24	18	16	14	12	10	8
牙深（半径量）		0.678	0.904	1.016	1.162	1.355	1.626	2.033
切削次数及吃刀量（直径量）	1次	0.8	0.8	0.8	0.8	0.9	1.0	1.2
	2次	0.4	0.6	0.6	0.6	0.6	0.7	0.7
	3次	0.16	0.3	0.5	0.5	0.6	0.6	0.6
	4次		0.11	0.14	0.3	0.4	0.4	0.5
	5次				0.13	0.21	0.4	0.5
	6次						0.16	0.4
	7次							0.17

注：

1. 从螺纹粗加工到精加工，主轴的转速必须保持为一个常数；
2. 在没有停止主轴的情况下，停止螺纹的切削将非常危险，因此螺纹切削时进给保持功能无效，如果按下“进给保持”按键，刀具在加工完螺纹后停止运动；
3. 在螺纹加工中不能使用恒定线速度控制功能；
4. 在螺纹加工轨迹中应设置足够的升速进刀段 δ 和降速退刀段 δ'，以消除伺服滞后造成的螺距误差。

例2.15 对如图2-54所示的圆柱螺纹进行编程加工。螺纹导程为1.5 mm，δ = 1.5 mm，δ' = 1 mm，每次吃刀量（直径值）分别为0.8 mm、0.6 mm、0.4 mm和0.16 mm。

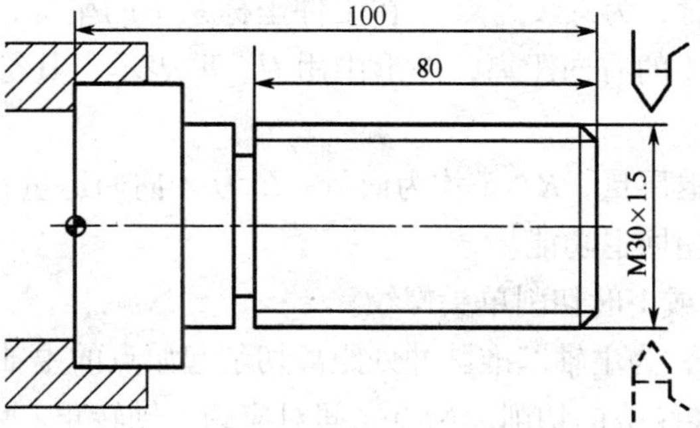

图2-54 例2.15用图

```
%3316
N1 T0101                ;设立坐标系,选1号刀
N2 G00 X50 Z120         ;移到起始点的位置
N3 M03 S300             ;主轴以300 r/min旋转
N4 G00 X29.2 Z101.5     ;到螺纹起点,升速段1.5 mm,吃刀深0.8 mm
N5 G32 Z19 F1.5         ;切削螺纹到螺纹切削终点,降速段1 mm
N6 G00 X40              ;X轴方向快退
```

```
N7 Z101.5                  ;Z 轴方向快退到螺纹起点处
N8 X28.6                   ;X 轴方向快进到螺纹起点处,吃刀深 0.6 mm
N9 G32 Z19 F1.5            ;切削螺纹到螺纹切削终点
N10 G00 X40                ;X 轴方向快退
N11 Z101.5                 ;Z 轴方向快退到螺纹起点处
N12 X28.2                  ;X 轴方向快进到螺纹起点处,吃刀深 0.4 mm
N13 G32 Z19 F1.5           ;切削螺纹到螺纹切削终点
N14 G00 X40                ;X 轴方向快退
N15 Z101.5                 ;Z 轴方向快退到螺纹起点处
N16 U-11.96                ;X 轴方向快进到螺纹起点处,吃刀深 0.16 mm
N17 G32 W-82.5 F1.5        ;切削螺纹到螺纹切削终点
N18 X40                    ;X 轴方向快退
N19 X50 Z120               ;回对刀点
N20 M05                    ;主轴停
N21 M30                    ;主程序结束并复位
```

二、G82 指令

螺纹切削循环 G82

1. 直螺纹切削循环。

格式：

G82　X(U)_　Z(W)_　R_　E_　C_　P_　F/J_

说明：

X、Z：绝对值编程时，为螺纹终点 *C* 在工件坐标系下的坐标；增量值编程时，为螺纹终点 *C* 相对于循环起点 *A* 的有向距离，图形中用 *U*、*W* 表示，其符号由轨迹 1R 和 2F 的方向确定。

R、E：螺纹切削的退尾量，*R*、*E* 均为向量，*R* 为 *Z* 向回退量；*E* 为 *X* 向回退量，“R”“E”可以省略，表示不用回退功能。

C：螺纹头数，为 0 或 1 时切削单头螺纹。

P：单头螺纹切削时，为主轴基准脉冲处距离切削起始点的主轴转角（默认值为 0）；多头螺纹切削时，为相邻螺纹头的切削起始点之间对应的主轴转角。

F：螺纹导程。

J：英制螺纹导程。

G82 指令在 HNC－21 系列的 7.11 版以及 HNC－18 系列的 4.03 版以后的车床系统中都将加入“Q”参数。

格式：

G82　X(U)_　Z(W)_　R_　E_　C_　P_　F/J_　Q_

说明：

（1）*Q* 为螺纹切削退尾时的加减速常数，当该值为 0 时加速度最大，该数值越大，加减速时间越长，退尾时的拖尾痕迹将越长。*Q* 必须大于等于“0”。

（2）不写 Q 值时，系统将以各进给轴设定的加、减速常数来退尾。

（3）若需要用回退功能，“R”“E”必须同时指定。

（4）短轴退尾量与长轴退尾量的比值不能大于“20”。

（5）Q 值为模态值。

该指令执行如图2－55所示 $A \to B \to C \to D \to A$ 的轨迹动作。

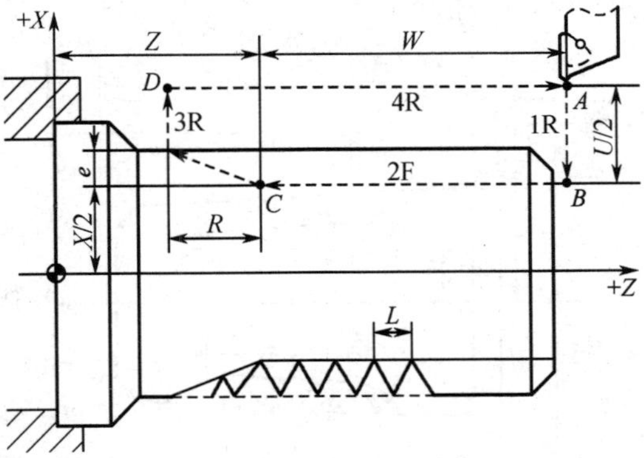

图2－55　直螺纹切削循环

注意：螺纹切削循环同G32螺纹切削一样，在进给保持状态下，该循环在完成全部动作之后才停止运动。

2. 锥螺纹切削循环。

格式：

G82　X(U)_　Z(W)_　I_　R_　E_　C_　P_　F(J)_

说明：

X、Z：绝对值编程时，为螺纹终点 C 在工件坐标系下的坐标；增量值编程时，为螺纹终点 C 相对于循环起点 A 的有向距离，图形中用 U、W 表示。

I：螺纹起点 B 与螺纹终点 C 的半径差，其符号为差的符号（无论是绝对值编程还是增量值编程）。

R、E：螺纹切削的退尾量，R、E 均为向量，R 为 Z 向回退量。E 为 X 向回退量。“R”“E”可以省略，表示不用回退功能。

C：螺纹头数，0或1时为切削单头螺纹。

P：单头螺纹切削时，为主轴基准脉冲处距离切削起始点的主轴转角（默认值为0）；多头螺纹切削时，为相邻螺纹头的切削起始点之间对应的主轴转角。

F：螺纹导程。

J：英制螺纹导程。

G82指令在HNC－21系列的7.11版以及HNC－18系列的4.03版以后的车床系统中都将加入“Q”参数。

格式：

G82　X(U)_　Z(W)_　I_　R_　E_　C_　P_　F/J_　Q_

说明：

（1）Q 为螺纹切削退尾时的加减速常数，当该值为0时加速度最大，该数值越大，加减速时间越长，退尾时的拖尾痕迹将越长。Q 必须大于等于“0”。

（2）不写 Q 值时，系统将以各进给轴设定的加减速常数来退尾。

（3）若需要用回退功能，“R”“E”必须同时指定。

（4）短轴退尾量与长轴退尾量的比值不能大于“20”。

（5）Q 值为模态值。

该指令执行如图 2－56 所示 A→B→C→D→A 的轨迹动作。

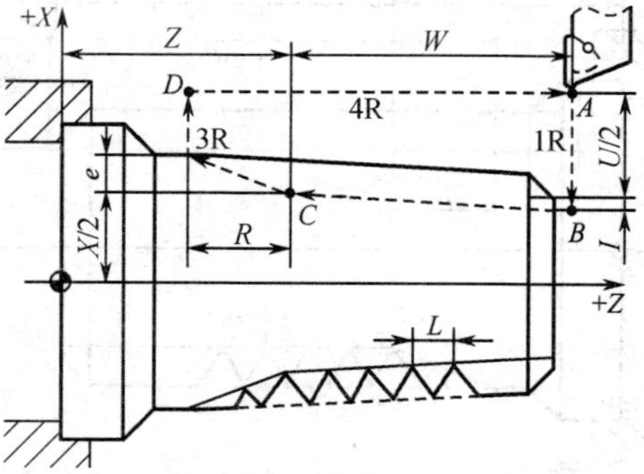

图 2－56　锥螺纹切削循环

任务四图 2－52 加工程序：

```
%2324
N1 G54 G00 X35 Z104                ;选定坐标系 G54,到循环起点
N2 M03 S300                        ;主轴以 300r/min 正转
N3 G82 X29.2 Z18.5 C2 P180 F3      ;第一次循环切螺纹,切深 0.8 mm
N4 X28.6 Z18.5 C2 P180 F3          ;第二次循环切螺纹,切深 0.4 mm
N5 X28.2 Z18.5 C2 P180 F3          ;第三次循环切螺纹,切深 0.4 mm
N6 X28.04 Z18.5 C2 P180 F3         ;第四次循环切螺纹,切深 0.16 mm
N7 M30                             ;主轴停,主程序结束并复位
```

项目训练 1

如图 2－57 所示的零件，毛坯规格为 $\phi65$ mm 的棒料，材料为 45#钢，在掌握任务四的基础上完成此零件的螺纹编程与加工。

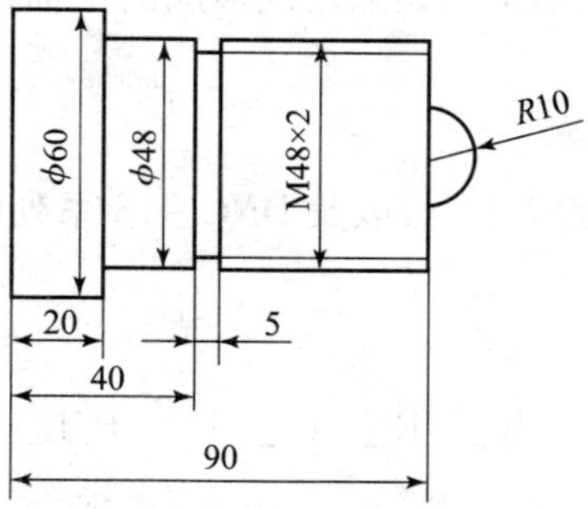

图 2－57　项目训练 1 用图

项目训练 2

如图 2-58 所示的零件，毛坯规格为 $\phi30$ mm 的棒料，材料为 45#钢，在掌握任务四的基础上完成这个零件的螺纹编程与加工。

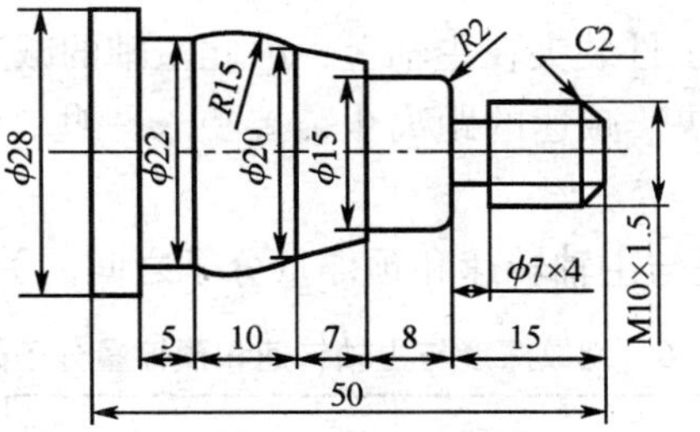

图 2-58　项目训练 2 用图

拓展知识

一、攻丝切削 G34 指令

格式：

G34　K_　F_　P_

说明：

K：起点到孔底的距离（攻丝深度）。

F：螺纹导程。

P：刀具在孔底暂停的时间。

攻丝过程往往会有过冲现象，这时可以通过调节 PMC 参数"预停量分子"来减少过冲量，预停量的大小是通过 PLC 实时计算的。

假设主轴转速为 S，主轴当前挡位传动比为 C，过冲量为 L，螺纹导程为 F，预停量为 D，预停量分子为 X，具体公式如下：

$$D = (S \cdot S/C) \cdot X/10\,000 = L \cdot 360/F$$

注：传动比只需要计算一次。

由上述公式可知，在已知主轴转速 S、传动比 C、螺纹导程 F 的情况下，根据过冲量 L 就可以计算出预停量分子 X。

当"攻丝预停调节分子"为 0 时，"攻丝预停调节临时分子"生效，且"攻丝预停调节临时分子"可以修改后立即生效，不需要断电重启系统。

为了避免加工中的意外，还提供了攻丝时的主轴最小速度和最大速度两个 PMC 参数。

参数具体修改步骤如下：

1. 世纪星 18/19i 系统

PMC 用户参数	#0062	攻丝主轴允许最高速度
PMC 用户参数	#0063	攻丝主轴允许最低速度
PMC 用户参数	#0064	攻丝预停调节分子
PMC 用户参数	#0065	攻丝预停调节临时分子

2. 世纪星 21/22 系统

PMC 用户参数　#0017　　　攻丝主轴允许最高速度

PMC 用户参数　#0018　　　攻丝主轴允许最低速度

PMC 用户参数　#0019　　　攻丝预停调节分子

断电保存 B 寄存器 #0030　　　攻丝预停调节临时分子

车床攻丝加工中，由于工件装夹在主轴上，因此主轴的减速时间比铣床稍长，主轴转速越快，Z 轴的进给速度也越快，减速的距离也需要更长一些，因此如果加工深度相对较短，相应的主轴转速也要降低。

表 2－6 给出了螺纹深度与主轴转速和预停量分子之间的关系。

表 2－6　螺纹深度与主轴转速和预停量分子的关系

螺纹深度/mm	主轴转速/（r·min^{-1}）	适合的预停量分子
20	<400	32
30	<500	32
40	<600	32
50	<800	32

测试程序：

```
%0034
T0101
S100
G90 G1 X0 Z0 F500
G34 K-10 F1.25 P2
S200
G90 G1 X0 Z0 F500
G34 K-10 F1.25 P2
S300
G90 G1 X0 Z0 F500
G34 K-10 F1.25 P2
S400
G90 G1 X0 Z0 F500
G34 K-20 F1.25 P2
S500
G90 G1 X0 Z0 F500
G34 K-30 F1.25 P3
S600
G90 G1 X0 Z0 F500
```

```
G34 K -40 F1.25 P3
S700
G90 G1 X0 Z0 F500
G34 K -50 F1.25 P3
S800
G90 G1 X0 Z0 F500
G34 K -50 F1.25 P2
S1000
G90 G1 X0 Z0 F500
G34 K -60 F1.25 P3
M30
```

二、暂停指令 G04

格式：

G04　P_

说明：

P：暂停时间，单位为 s。

G04 在前一程序段的进给速度降到零之后才开始暂停动作。

在执行含 G04 指令的程序段时，先执行暂停功能。

G04 为非模态指令，仅在其被规定的程序段中有效。

G04 可使刀具作短暂停留，以获得圆整而光滑的表面。该指令除用于切槽、钻镗孔外，还可用于拐角轨迹控制。

三、恒线速度指令 G96、G97

格式：

G96　S　　　　　；恒线速度有效

G46　X_　P_　　　；极限转速限定

G97　S　　　　　；取消恒线速度功能

说明：

S：G96 后面的 *S* 值为切削的恒定线速度（m/min）。

G97 后面的 *S* 值为取消恒线速度后，指定的主轴转速（r/min）；如默认，则为执行 G96 指令前的主轴转速度。

X：恒线速时主轴最低速限定（r/min）。

P：恒线速时主轴最高速限定（r/min）。

注意：

（1）使用恒线速度功能，主轴必须能自动变速（如伺服主轴、变频主轴）。

（2）在系统参数中设定主轴最高限速。

（3）G46 指令功能只在恒线速度功能有效时有效。

例 2.16　用恒线速度功能编程，加工如图 2－59 所示的零件。

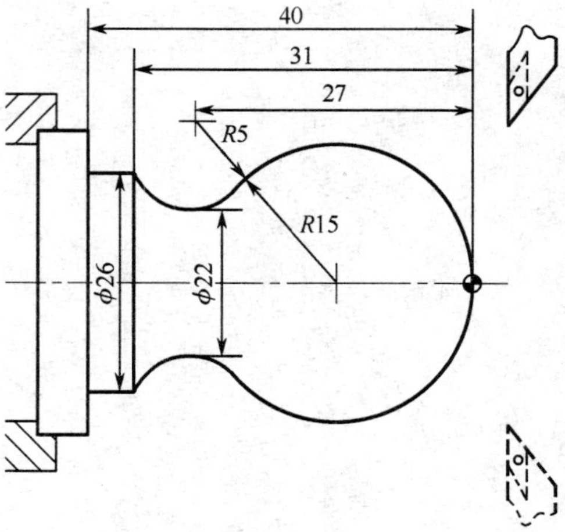

图 2-59　例 2.16 用图

```
%2318
N1 T0101                 ;设立坐标系,选1号刀
N2 G00 X40 Z5            ;移到起始点的位置
N3 M03 S460              ;主轴以460 r/min旋转
N4 G96 S80               ;恒线速度有效,线速度为80 m/min
N5 G46 X400 P900         ;限定主轴转速为400~900 r/min
N6 G00 X0                ;刀到中心,转速升高,直到主轴到最大限速900 r/min
N7 G01 Z0 F60            ;工进接触工件
N8 G03 U24 W-24 R15      ;加工R15 mm圆弧段
N9 G02 X26 Z-31 R5       ;加工R5 mm圆弧段
N10 G01 Z-40             ;加工φ26 mm外圆
N11 X40 Z5               ;回对刀点
N12 G97 S300             ;取消恒线速度功能,设定主轴按300 r/min旋转
N13 M30                  ;主轴停,主程序结束并复位
```

四、端面深孔钻加工循环 G74 指令

格式：

G74　Z(W)_　R(e)　Q(ΔK)　F_

说明：

Z：绝对值编程时，为孔底终点在工件坐标系下的坐标；增量值编程时，为孔底终点相对于循环起点的有向距离，图形中用 W 表示。

e：转孔每进一刀的退刀量，只能为正值。

ΔK：每次进刀的深度，只能为正值。

F：进给速度。

端面深孔钻加工循环如图 2-60 所示。

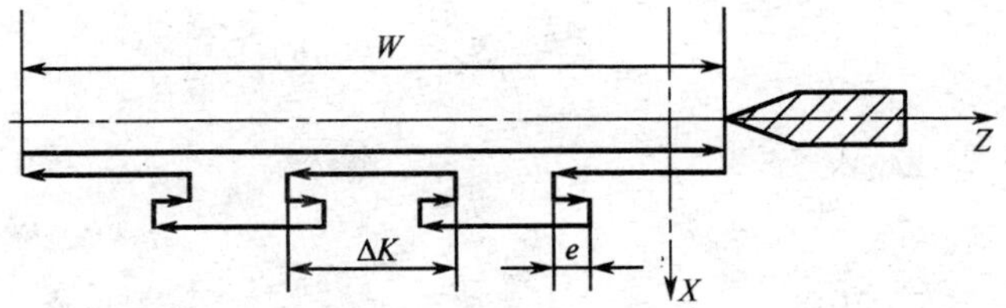

图2-60 端面深孔钻加工循环

用G74指令对如图2-61所示零件进行编程加工，其程序如下：

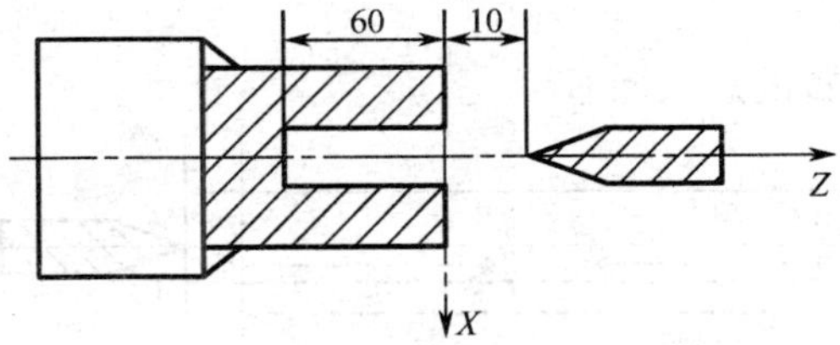

图2-61 端面深孔钻加工实例

```
%1234
T0101
M03 S500
G01 X0 Z10
G74 Z -60 R1 Q5 F1000
M30
```

说明：G74指令在HNC-21 7.11版及HNC-18 4.03版以后改动为可以实现3种钻孔的方式，每种方式的编程说明如下所述。

（1）逐次进给到孔底，其动作顺序如图2-62所示。

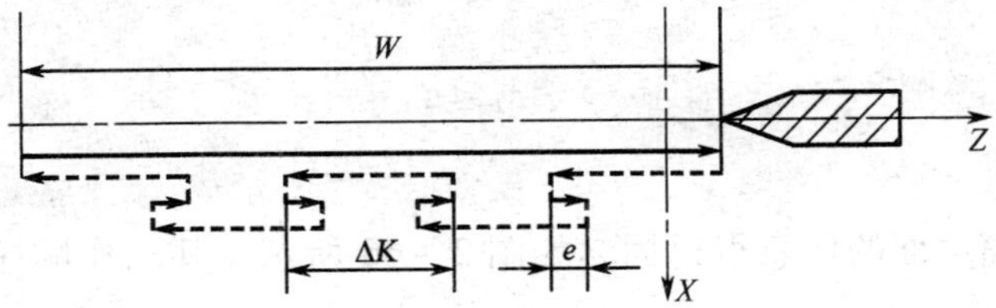

图2-62 逐次进给到孔底

对如图2-63所示零件进行逐次进给到孔底，其编程加工的程序如下：

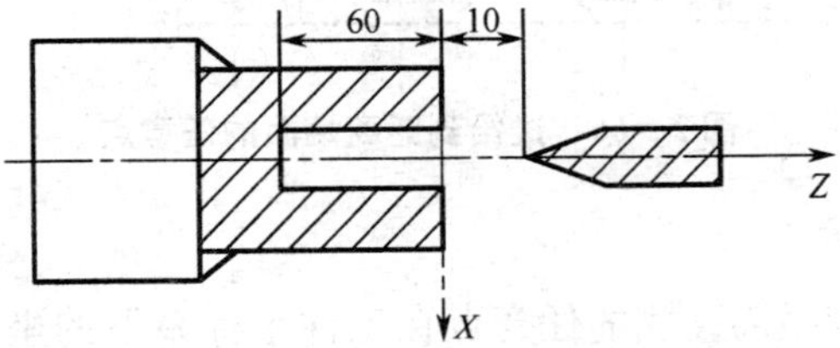

图2-63 逐次进给到孔底实例

```
%2234
T0101
M03 S500
G01 X0 Z10
G74 Z -60 R1 Q5 F1000
M30
```

（2）直接钻孔到孔底，然后回退，如图 2－64 所示，其动作顺序为 *A*→*B*→*A*。

程序中参数说明：

e：0 或不填，其他参数的意义同 G74。

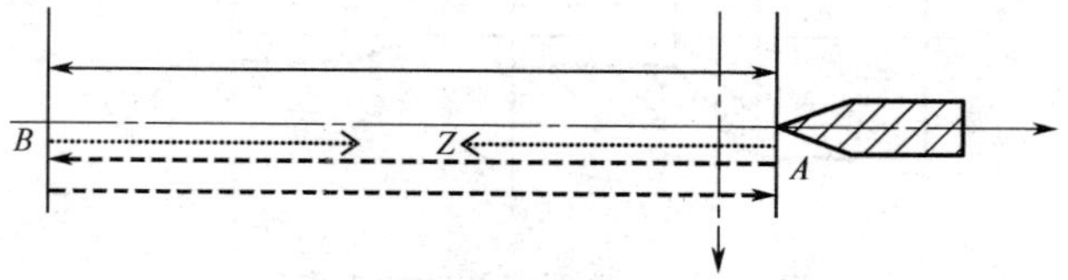

图 2－64　直接钻孔到孔底

对如图 2－65 所示零件进行直接钻孔到孔底，用 G74 指令编程加工的程序如下：

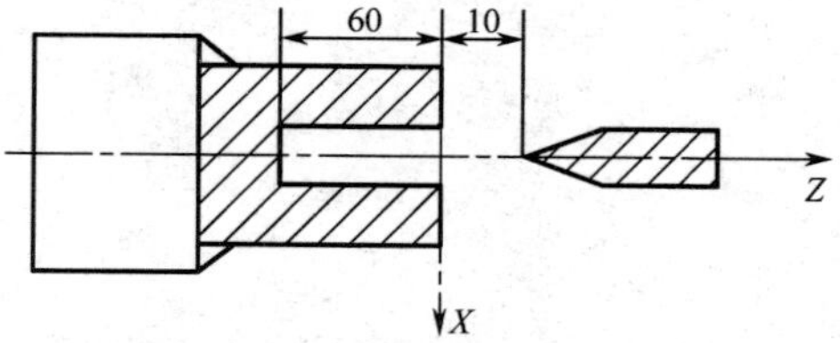

图 2－65　直接钻孔到孔底实例

```
%2235
T0101
M03 S500
G01 X0 Z10
G74 Z -60 Q5 F1000
M30
```

（3）进给到距离端面的任意点返回，如图 2－66 所示，其动作顺序为 *A*→*B*→*C*→*D*→*A*→…。

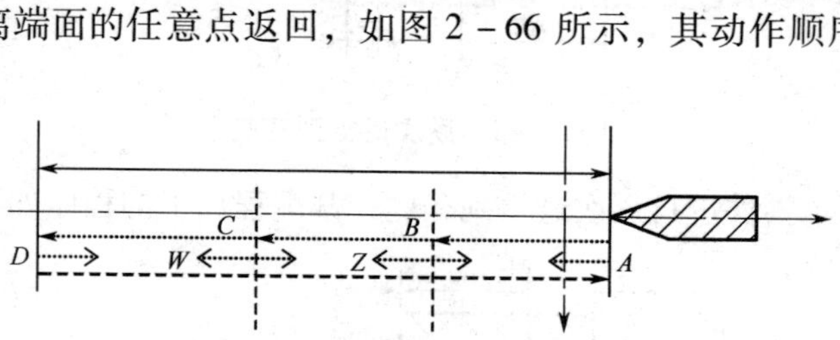

图 2－66　进给到距离端面的任意点

程序中参数说明：

Z：绝对值编程时，为距离孔底的任意点在工件坐标系下的坐标；增量值编程时，为距离孔底的任意点相对于循环起点的有向距离。

e：0 或不填。其他参数的意义同 G74。

用 G74 指令对如图 2－67 所示零件进给到距离端面任意点编程加工的程序如下：

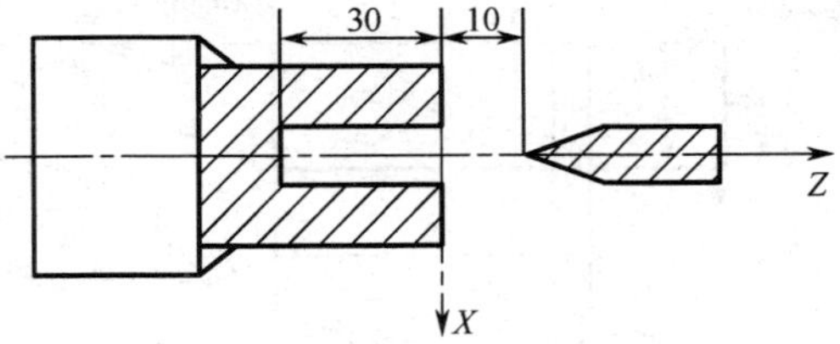

图 2－67　进给到距离端面的任意点实例

```
%2234
T0101
M03 S500
G01 X0 Z10
G74 Z -30 Q5 F1000
M30
```

五、外径切槽循环 G75

格式：

G75　X(U)_　R(*e*)　Q(Δ*K*)　F_

说明：

X：绝对值编程时，为槽底终点在工件坐标系下的坐标；增量值编程时，为槽底终点相对于循环起点的有向距离，图形中用 *U* 表示。

e：切槽每进一刀的退刀量，只能为正值。

Δ*K*：每次进刀的深度，只能为正值。

F：进给速度。

外径切槽循环如图 2－68 所示。

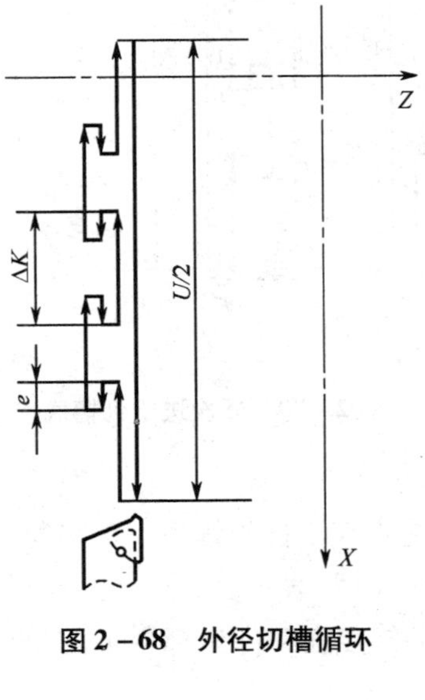

图 2－68　外径切槽循环

用 G75 指令对如图 2-69 所示零件进行外径切槽编程加工的程序如下：

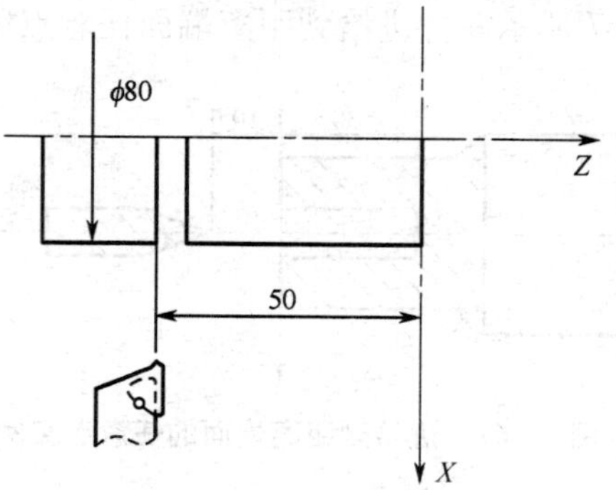

图 2-69　外径切槽循环实例

```
%2234
T0101
M03 S500
G01 X50 Z50
G75 X10 R1 Q5 F1000
M30
```

说明：G75 指令在 HNC-21 7.11 版及 HNC-18 4.03 版以后改动为可以实现 3 种切槽方式，每种方式的编程说明如下：

（1）逐次进给到槽底方式，如图 2-70 所示，其动作顺序为 $A \to B \to C \to D \to E \to F \to G \to H \to I \to J \to A \cdots$

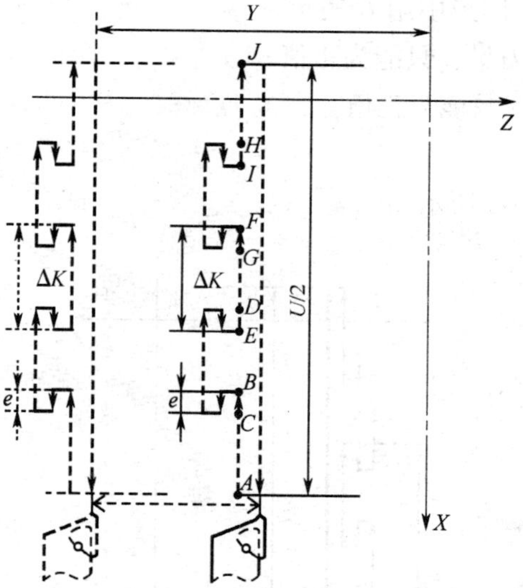

图 2-70　逐次进给到槽底

程序中参数说明：

X：绝对值编程时，为槽底终点在工件坐标系下的坐标；增量值编程时，为槽底终点相对于循环起点的有向距离，图形中用 U 表示。

Z：绝对值编程时，为槽宽的终点在工件坐标系下的坐标；增量值编程时，为槽的宽度

（没有考虑刀具宽度），图形中用 W 表示。

e：切槽每进一刀的退刀量，只能为正值。

ΔK：每次进刀的深度，只能为正值。

i：轴向进刀次数。

F：进给速度。

对如图 2－71 所示工件进行逐次进给到槽底编程加工的程序如下：

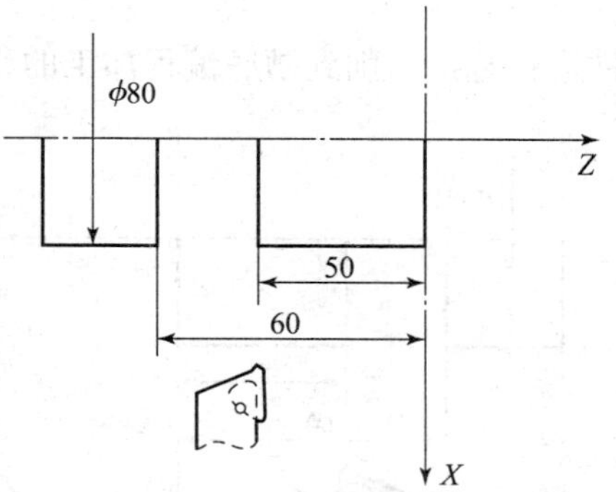

图 2－71　逐次进给到槽底实例

```
%2234
T0101
M03 S500
G01 X50 Z50
G75 X10 Z40 R1 Q5 I3 F1000
M30
```

（2）直接切到槽底，然后回退，如图 2－72 所示，其动作顺序为 $A \to B \to A \to C \to D \to C \to \cdots$

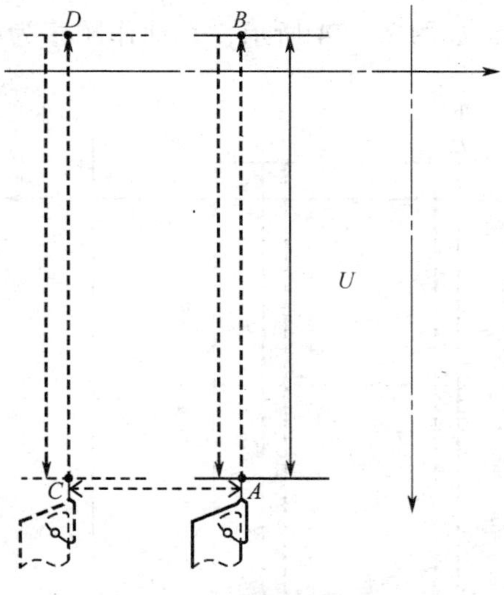

图 2－72　直接切削到槽底

程序中参数说明：

X：绝对值编程时，为槽底终点在工件坐标系下的坐标；增量值编程时，为槽底终点相对于循环起点的有向距离，图形中用 U 表示。

Z：绝对值编程时，为槽宽的终点在工件坐标系下的坐标；增量值编程时，为槽的宽度（没有考虑刀具宽度），图形中用 W 表示。

e：为 0 或不填。

ΔK：每次进刀的深度，只能为正值。

i：轴向进刀次数。

F：进给速度。

对如图 2－73 所示的工件进行直接切削到槽底编程加工的程序如下：

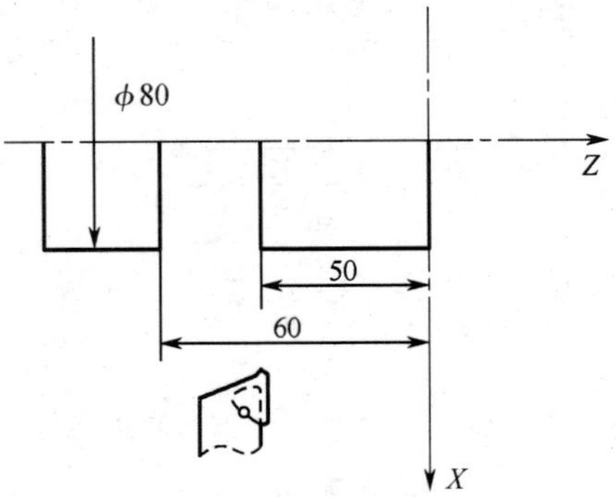

图 2－73　直接切削到槽底实例

```
%2234
T0101
M03 S500
G01 X50 Z50
G75 X10 Z40 Q5 I3 F1000
M30
```

（3）有一定槽宽的切槽，如图 2－74 所示，其动作顺序为 $A \to B \to C \to A \to D \to E \to F \to D \cdots$

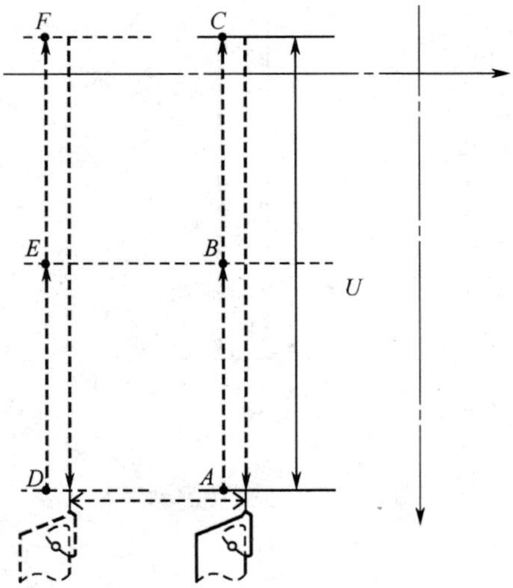

图 2－74　有一定槽宽的切槽

X：绝对值编程时，为距离槽底的任意点在工件坐标系下的坐标；增量值编程时，为距离槽底的任意点相对于循环起点的有向距离。

Z：绝对值编程时，为槽宽的终点在工件坐标系下的坐标；增量值编程时，为槽的宽度（没有考虑刀具宽度），图形中用 W 表示。

e：为0或不填。

ΔK：每次进刀的深度，只能为正值。

i：轴向进刀次数。

F：进给速度。

对如图2－75所示的工件进行有一定槽宽的切槽编程加工程序如下：

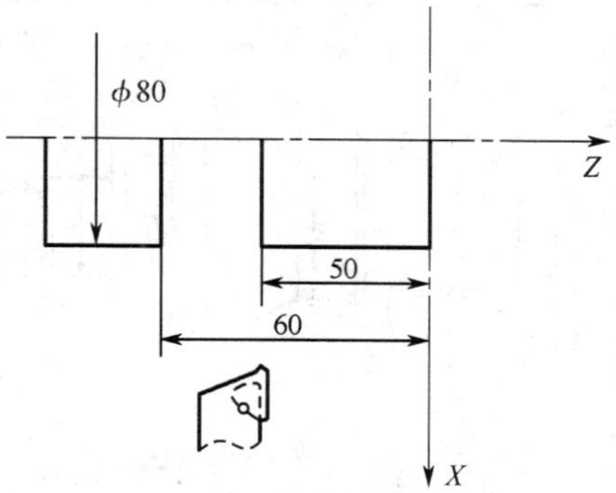

图2－75　有一定槽宽的切槽实例

```
%1234
T0101
M03 S500
G01 X50 Z50
G75 X20 Z40 Q5 I3 F1000
M30
```

2.3　复杂车削类零件程序编制与机床操作

学习目标

熟练掌握数控车削复合循环指令的使用方法。

会进行复杂车削类零件的工艺分析。

熟练使用指令编程。

会选择加工刀具。

能确定零件的装夹方案。

能正确使用量具准确检测零件。

能熟练地完成数控车床的加工操作。

培养独立工作的能力和安全文明生产的习惯。

培养合作精神和良好的职业道德。

2.3.1 毛坯为棒料的复杂轴类零件的编程与加工

【任务一】

如图 2 – 76 所示的零件，工件材质为 45#钢，毛坯为直径 60 mm、长 200 mm 的棒料。刀具选用：1 号端面刀加工工件端面；2 号端面外圆刀粗加工工件轮廓；3 号端面外圆刀精加工工件轮廓；4 号外圆螺纹刀加工导程为 3 mm、螺距为 1 mm 的三头螺纹。

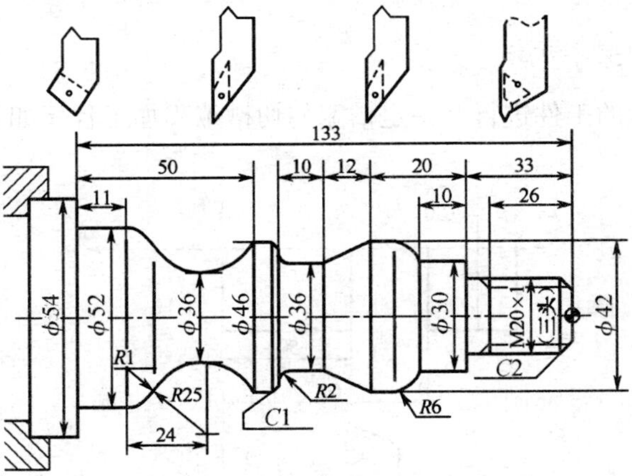

图 2 – 76　任务一用图

相关知识学习：

复合循环指令，只需指定精加工路线和粗加工的吃刀量，系统会自动计算粗加工路线和走刀次数。

G71 复合循环指令：

内（外）径粗车复合循环 G71。

1. 无凹槽内（外）径粗车复合循环

格式：

G71　U(Δd)　R(r)　P(ns)　Q(nf)　X(Δx)　Z(Δz)　F(f)　S(s)　T(t)

说明：

该指令执行如图 2 – 77 所示的粗加工，并且刀具回到循环起点。精加工路径 $A \to A' \to B' \to B$ 的轨迹按后面的指令循序执行。

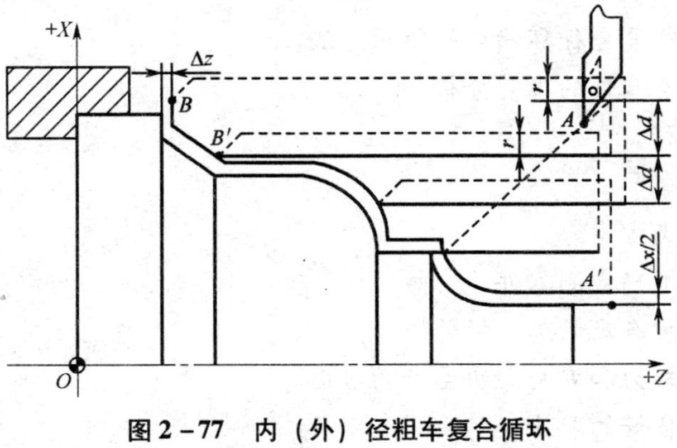

图 2 – 77　内（外）径粗车复合循环

Δd：切削深度（每次切削量），指定时不加符号，方向由矢量 **AA′** 决定；

r：每次退刀量；

ns：精加工路径第一程序段（即图2－77中的 AA'）的顺序号；

nf：精加工路径最后程序段（即图2－77中的 $B'B$）的顺序号；

Δx：X 方向精加工余量；

Δz：Z 方向精加工余量；

f，s，t：粗加工时G71中编程的F、S、T有效，而精加工时处于 ns 到 nf 程序段之间的F、S、T有效。

HNC－18 4.03版软件改动如下：

（1）粗加工段，编程的F、S、T有效。

（2）精加工段，如果指令与 ns 段之间的程序段内设定了F、S、T，将在精加工段内有效，而如果没有设定则按照粗加工F、S、T执行。

G71切削循环下，切削进给方向平行于 Z 轴，适合做轴类零件的加工，X（ΔU）和Z（ΔW）的符号如图2－78所示，其中（＋）表示沿轴正方向移动，（－）表示沿轴负方向移动。

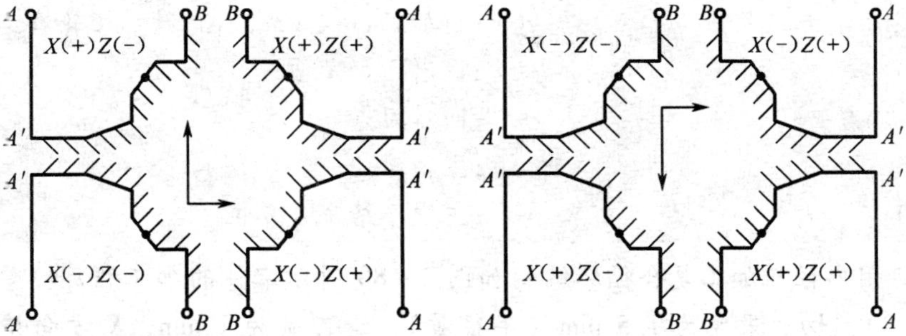

图2－78 G71复合循环下X（ΔU）和Z（ΔW）的符号

例2.17 用外径粗加工复合循环编制如图2－79所示零件的加工程序：要求循环起始点在 A（46，3），切削深度为1.5 mm（半径量），退刀量为1 mm，X 方向精加工余量为0.4 mm，Z 方向精加工余量为0.1 mm，其中双点画线部分为工件毛坯。

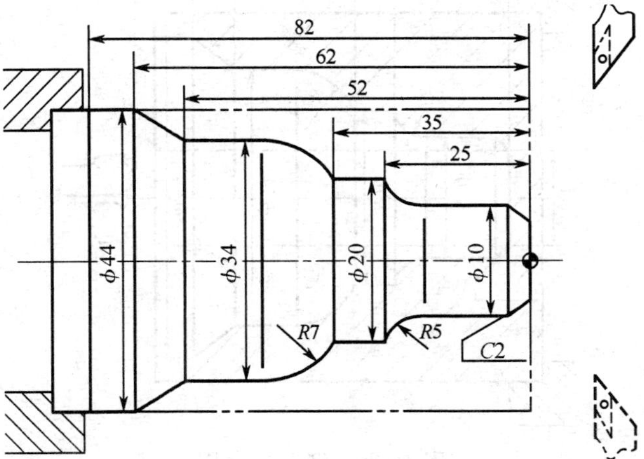

图2－79 例2.17用图

加工程序：

```
%2325
T0101                            ;设立坐标系,选 1 号刀
N1 G00 G00 X80 Z80               ;到程序起点位置
N2 M03 S400                      ;主轴以 400 r/min 正转
N3 G01 X46 Z3 F100               ;刀具到循环起点位置
N4 G71 U1.5 R1 P5 Q13 X0.6 Z0.1 ;粗切量为 1.5 mm,精切量为 X0.6 mm、Z0.1 mm
N5 G00 X0                        ;精加工轮廓起始行,到倒角延长线
N6 G01 X10 Z -2                  ;精加工 C2 倒角
N7 Z -20                         ;精加工 φ10 mm 外圆
N8 G02 U10 W -5 R5               ;精加工 R5 mm 圆弧
N9 G01 W -10                     ;精加工 φ20 mm 外圆
N10 G03 U14 W -7 R7              ;精加工 R7 mm 圆弧
N11 G01 Z -52                    ;精加工 φ34 mm 外圆
N12 U10 W -10                    ;精加工外圆锥
N13 W -20                        ;精加工 φ44 mm 外圆,精加工轮廓结束行
N14 X50                          ;退出已加工面
N15G00 X80 Z80                   ;回对刀点
N16 M05                          ;主轴停
N17 M30                          ;主程序结束并复位
```

例 2.18 用内径粗加工复合循环编制如图 2 - 80 所示零件的加工程序：要求循环起始点在 *A*（46，3），切削深度为 1.5 mm（半径量），退刀量为 1 mm，*X* 方向精加工余量为 0.4 mm，*Z* 方向精加工余量为 0.1 mm，其中双点画线部分为工件毛坯。

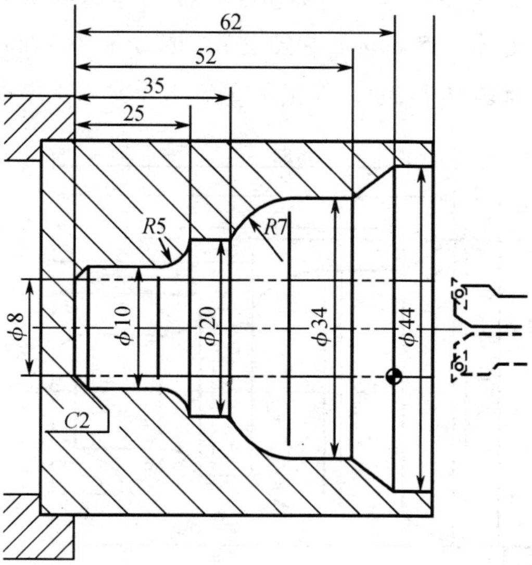

图 2 - 80 例 2.18 用图

加工程序：

```
%2326
N1 T0101                                  ;换 1 号刀,确定其坐标系
N2 G00 X80 Z80                            ;到程序起点或换刀点位置
N3 M03 S400                               ;主轴以 400 r/min 正转
N4 X6 Z5                                  ;到循环起点位置
G71 U1 R1 P8 Q16 X -0.6 Z0.1 F100         ;内径粗切循环加工
N5 G00 X80 Z80                            ;粗切后,到换刀点位置
N6 T0202                                  ;换 2 号刀,确定其坐标系
N7 G00 G41 X6 Z5                          ;2 号刀加入刀尖圆弧半径补偿
N8 G00 X44                                ;精加工轮廓开始,到 φ44 mm 外圆处
N9 G01 Z -20 F80                          ;精加工 φ44 mm 外圆
N10 U -10 W -10                           ;精加工外圆锥
N11 W -10                                 ;精加工 φ34 mm 外圆
N12 G03 U -14 W -7 R7                     ;精加工 R7 mm 圆弧
N13 G01 W -10                             ;精加工 φ20 mm 外圆
N14 G02 U -10 W -5 R5                     ;精加工 R5 mm 圆弧
N15 G01 Z -80                             ;精加工 φ10 mm 外圆
N16 U -4 W -2                             ;精加工倒 C2 角,精加工轮廓结束
N17 G40 X4                                ;退出已加工表面,取消刀尖圆弧半径补偿
N18 G00 Z80                               ;退出工件内孔
N19 X80                                   ;回程序起点或换刀点位置
N20 M30                                   ;主轴停,主程序结束并复位
```

2. 有凹槽内（外）径粗车复合循环

格式：

G71　U(Δd)　R(r)　P(ns)　Q(nf)　E(e)　F(f)　S(s)　T(t)

说明：

该指令执行如图 2－81 所示的粗加工，并且刀具回到循环起点程序。精加工路径 $A \to A' \to B' \to B$ 的轨迹按后面的指令循序执行。

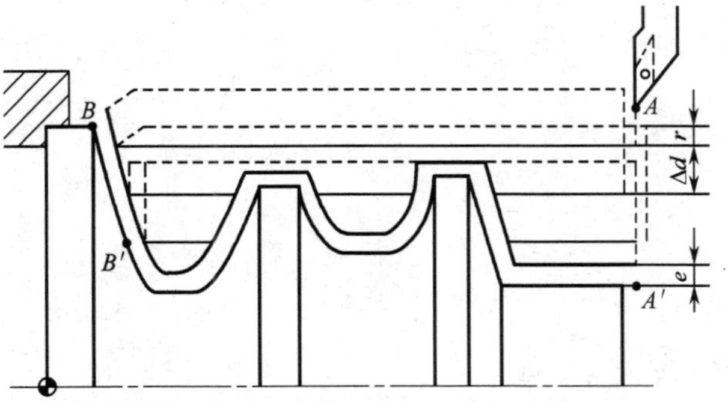

图 2－81　内（外）径粗车复合循环 G71

Δd：切削深度（每次切削量），指定时不加符号，方向由矢量 **AA′**决定；

r：每次退刀量；

ns：精加工路径第一程序段（即图 2－81 中的 AA'）的顺序号；

nf：精加工路径最后程序段（即图 2－81 中的 $B'B$）的顺序号；

e：精加工余量，其为 X 方向的等高距离，外径切削时为正，内径切削时为负；

f，s，t：粗加工时 G71 中编程的 F、S、T 有效，而精加工时处于 ns 到 nf 程序段之间的 F、S、T 有效。

注意：

（1）G71 指令必须带有 P、Q 地址 ns、nf，且与精加工路径起、止顺序号对应，否则不能进行该循环加工。

（2）ns 的程序段必须为 G00/G01 指令，即从 A 到 A'的动作必须是直线或点定位运动。

（3）在顺序号为 ns 到顺序号为 nf 的程序段中，不应包含子程序（4.03 版改动为：可以包含子程序）。

例 2.19　用有凹槽的外径粗加工复合循环指令编制如图 2－82 所示零件的加工程序，其中双点画线部分为工件毛坯。

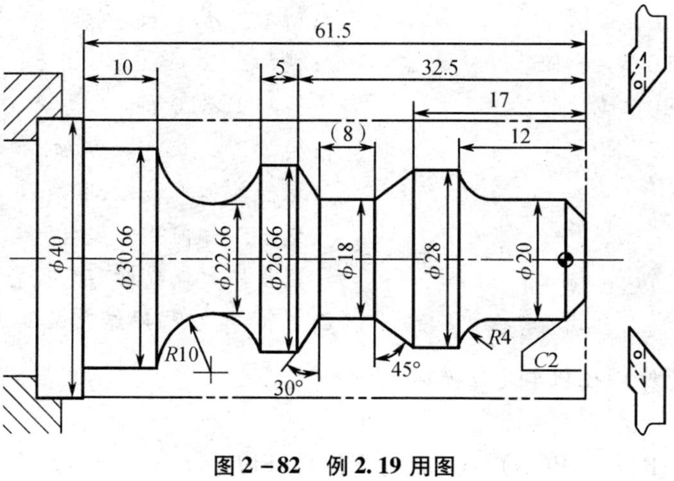

图 2－82　例 2.19 用图

加工程序：

```
%2327
N1 T0101                          ;换 1 号刀,确定其坐标系
N2 G00 X80 Z100                   ;到程序起点或换刀点位置
M03 S400                          ;主轴以 400 r/min 正转
N3 G00 X42 Z3                     ;到循环起点位置
N4 G71 U1 R1 P8 Q19 E0.3 F100     ;有凹槽粗切循环加工
N5 G00 X80 Z100                   ;粗加工后,到换刀点位置
N6 T0202                          ;换 2 号刀,确定其坐标系
N7 G00 G42 X42 Z3                 ;2 号刀加入刀尖圆弧半径补偿
N8 G00 X10                        ;精加工轮廓开始,到倒角延长线处
```

```
N9 G01 X20 Z -2 F80                  ;精加工倒 C2 角
N10 Z -8                             ;精加工φ20 mm 外圆
N11 G02 X28 Z -12 R4                 ;精加工 R4 mm 圆弧
N12 G01 Z -17                        ;精加工φ28 mm 外圆
N13 U -10 W -5                       ;精加工下切锥
N14 W -8                             ;精加工φ18 mm 外圆槽
N15 U8.66 W -2.5                     ;精加工上切锥
N16 Z -37.5                          ;精加工φ26.66 mm 外圆
N17 G02 X30.66 W -14 R10             ;精加工 R10 mm 下切圆弧
N18 G01 W -10                        ;精加工φ30.66 mm 外圆
N19 X40                              ;退出已加工表面,精加工轮廓结束
N20 G00 G40 X80 Z100                 ;取消半径补偿,返回换刀点位置
N21 M30                              ;主轴停,主程序结束并复位
```

任务一图 2 -76 加工程序:

```
%3365
N1 T0101                             ;换 1 号端面刀,确定其坐标系
N2 M03 S500                          ;主轴以 500 r/min 正转
N3 G00 X100 Z80                      ;到程序起点或换刀点位置
N4 G00 X60 Z5                        ;到简单端面循环起点位置
N5 G81 X0 Z1.5 F100                  ;简单端面循环,加工过长毛坯
N6 G81 X0 Z0                         ;简单端面循环加工,加工过长毛坯
N7 G00 X100 Z80                      ;到程序起点或换刀点位置
N8 T0202                             ;换 2 号外圆粗加工刀,确定其坐标系
N9 G00 X60 Z3                        ;到简单外圆循环起点位置
N10 G80 X52.6 Z -133 F100            ;简单外圆循环,加工过大毛坯直径
N11 G01 X54                          ;到复合循环起点位置
N12 G71 U1 R1 P16 Q32 E0.3           ;有凹槽外径粗切复合循环加工
N13 G00 X100 Z80                     ;粗加工后,到换刀点位置
N14 T0303                            ;换 3 号外圆精加工刀,确定其坐标系
N15 G00 G42 X70 Z3                   ;到精加工始点,加入刀尖圆弧半径补偿
N16 G01 X10 F100                     ;精加工轮廓开始,到倒角延长线处
N17 X19.95 Z -2                      ;精加工倒 C2 角
N18 Z -33                            ;精加工螺纹外径
N19 G01 X30                          ;精加工 Z33 处端面
N20 Z -43                            ;精加工φ30 mm 外圆
N21 G03 X42 Z -49 R6                 ;精加工 R6 mm 圆弧
N22 G01 Z -53                        ;精加工φ42 mm 外圆
```

```
N23 X36 Z -65                              ;精加工下切锥面
N24 Z -73                                  ;精加工φ36 mm 槽径
N25 G02 X40 Z -75 R2                       ;精加工 R2 mm 过渡圆弧
N26 G01 X44                                ;精加工 Z75 处端面
N27 X46 Z -76                              ;精加工倒 C1 角
N28 Z -84                                  ;精加工φ46 mm 槽径
N29 G02 Z -113 R25                         ;精加工 R25 mm 圆弧凹槽
N30 G03 X52 Z -122 R15                     ;精加工 R15 mm 圆弧
N31 G01 Z -133                             ;精加工φ52 mm 外圆
N32 G01 X54                                ;退出已加工表面,精加工轮廓结束
N33 G00 G40 X100 Z80                       ;取消半径补偿,返回换刀点位置
N34 M05                                    ;主轴停
N35 T0404                                  ;换 4 号螺纹刀,确定其坐标系
N36 M03 S200                               ;主轴以 200 r/min 正转
N37 G00 X30 Z5                             ;到简单螺纹循环起点位置
N38 G82 X19.3 Z -26 R -3 E1 C2 P120 F3     ;加工两头螺纹,吃刀深 0.7 mm
N39 G82 X18.9 Z -26 R -3 E1 C2 P120 F3     ;加工两头螺纹,吃刀深 0.4 mm
N40 G82 X18.7 Z -26 R -3 E1 C2 P120 F3     ;加工两头螺纹,吃刀深 0.2 mm
N41 G82 X18.7 Z -26 R -3 E1 C2 P120 F3     ;光整加工螺纹
N42 G00 X100 Z80                           ;返回程序起点位置
N43 M30                                    ;主轴停,主程序结束并复位
```

项目训练 1

如图 2－83 所示的零件，毛坯规格为 ϕ30 mm 的棒料，材料为 45#钢，在掌握任务一的基础上完成此零件的编程与加工。

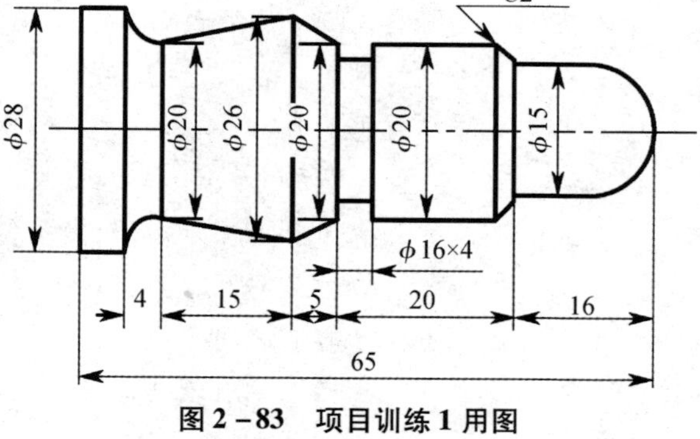

图 2－83　项目训练 1 用图

项目训练 2

如图 2－84 所示的零件，毛坯规格为 ϕ30 mm 的棒料，材料为 45#钢，在掌握任务一的

基础上完成此零件的编程与加工。

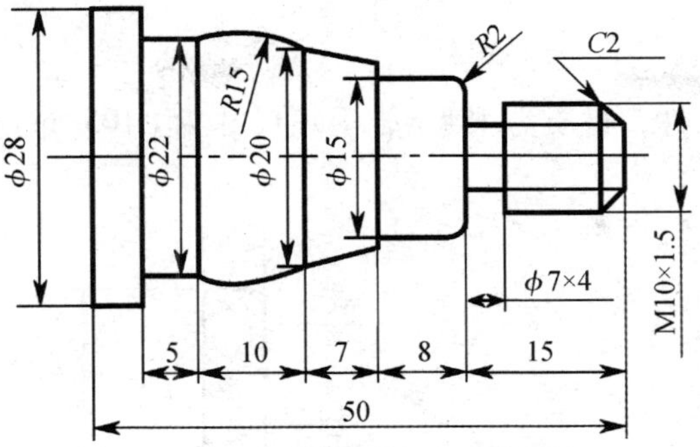

图 2－84　项目训练 2 用图

项目训练 3

如图 2－85 所示的零件，毛坯规格为 φ30 mm 的棒料，材料为 45#钢，在掌握任务一的基础上完成此零件的编程与加工。

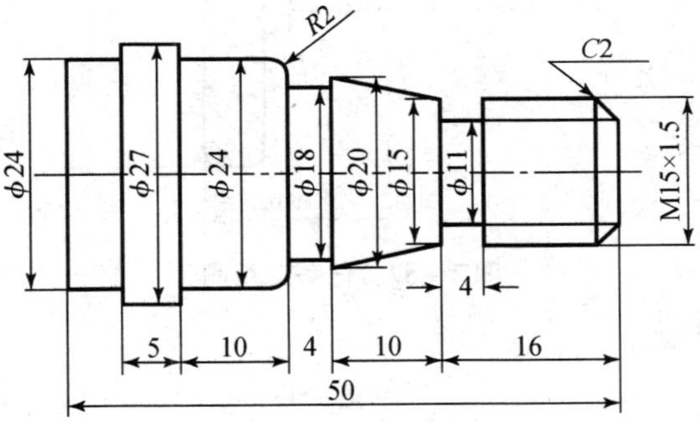

图 2－85　项目训练 3 用图

项目训练 4

如图 2－86 所示的零件，毛坯规格为 φ30 mm 的棒料，材料为 45#钢，在掌握任务一的基础上完成此零件的编程与加工。

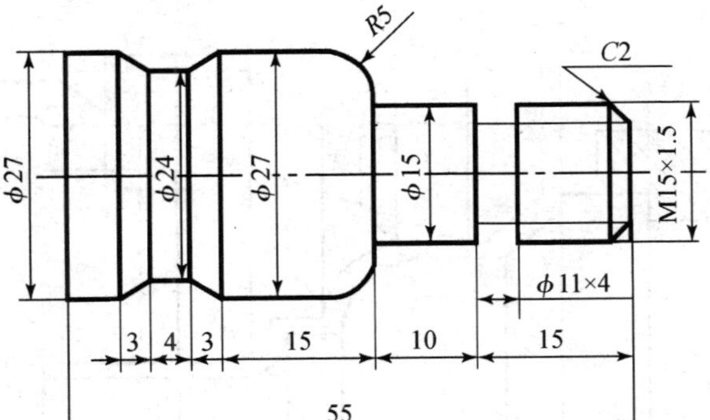

图 2－86　项目训练 4 用图

2.3.2 毛坯为棒料的盘类零件的编程与加工

【任务二】

如图 2－87 所示的零件，材质为45#钢，毛坯尺寸为 ϕ105 mm×30 mm。编制该零件左端外轮廓的加工程序。

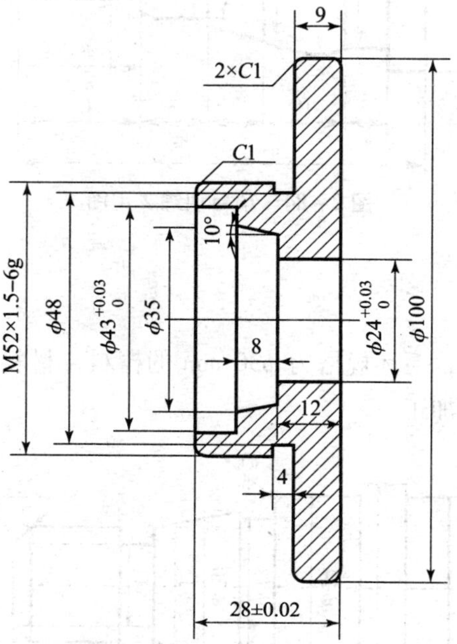

图 2－87 任务二用图

相关知识学习:

端面粗车复合循环指令 G72。

指令格式:

G72 W(Δd) R(r) P(ns) Q(nf) X(Δx) Z(Δz) F(f) S(s) T(t)

说明:

该循环与 G71 的区别仅在于切削方向平行于 X 轴。该指令执行如图 2－88 所示的粗加工和精加工，其中精加工路径为 $A \to A' \to B' \to B$ 的轨迹，适合做盘类零件的加工。

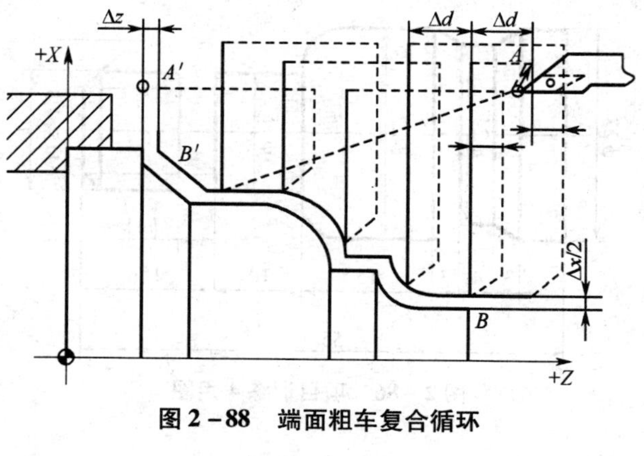

图 2－88 端面粗车复合循环

Δd：切判深度（每次切削量），指定时不加符号，方向由矢量 AA' 决定；

r：每次退刀量；

ns：精加工路径第一程序段（即图 2－88 中的 AA'）的顺序号；

nf：精加工路径最后程序段（即图 2－88 中的 $B'B$）的顺序号；

Δx：X 方向精加工余量；

Δz：Z 方向精加工余量；

f，s，t：粗加工时 G72 中编程的 F、S、T 有效，而精加工时处于 ns 到 nf 程序段之间的 F、S、T 有效。

HNC－18 4.03 版软件改动如下：

（1）粗加工段，编程的 F、S、T 有效。

（2）精加工段，如果指令与 ns 段之间的程序段内设定了 F、S、T，则将在精加工段内有效；而如果没有设定，则按照粗加工 F、S、T 执行。

G72 切削循环下，切削进给方向平行于 X 轴，"X(ΔU)" 和 "Z(ΔW)" 的符号如图 2－89 所示。其中（＋）表示沿轴的正方向移动，（－）表示沿轴负方向移动。

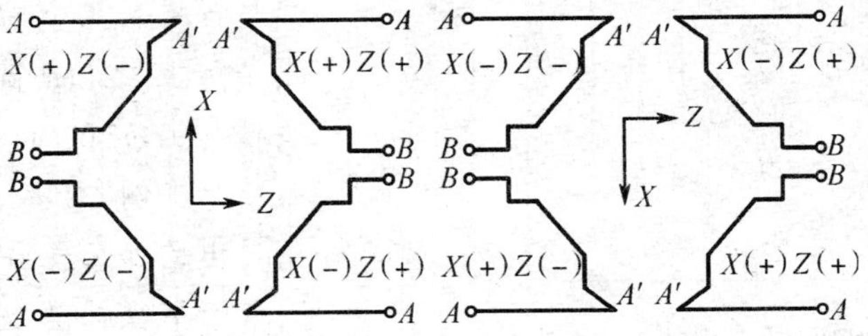

图 2－89　G72 复合循环下"X(ΔU)"和"Z(ΔW)"的符号

注意：

（1）G72 指令必须带有 P、Q 地址，否则不能进行该循环加工。

（2）在 ns 的程序段中应包含 G00/G01 指令，进行由 A 到 A' 的动作，且该程序段中不应编有 X 向移动指令。

（3）在顺序号为 ns 到顺序号为 nf 的程序段中，可以有 G02/G03 指令，不应包含子程序（4.03 版以后版本可以包含子程序）。

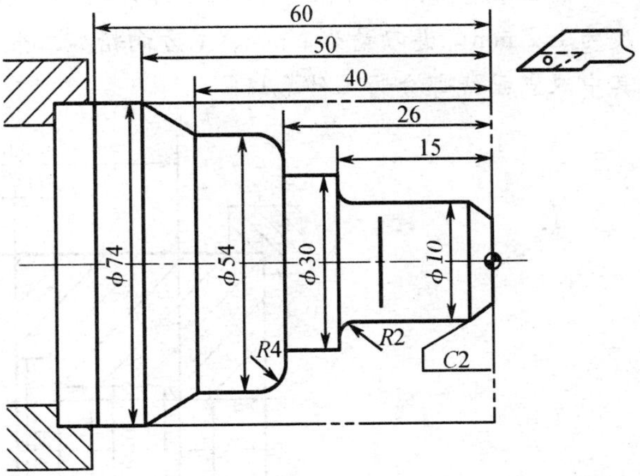

图 2－90　例 2.20 用图

例 2.20　编制如图 2－90 所示零件的加工程序：要求循环起始点在 A（80，1），切削深度为 1.2 mm，退刀量为 1 mm，X 方向精加工余量为 0.2 mm，Z 方向精加工余量为 0.5 mm，其中双点画线部分为工件毛坯。

```
%2328
N1 T0101                                  ;换1号刀,确定其坐标系
N2 G00 X100 Z80                           ;到程序起点或换刀点位置
N3 M03 S400                               ;主轴以400 r/min正转
N4 X80 Z1                                 ;到循环起点位置
N5 G72 W1.2 R1 P8 Q17 X0.2 Z0.5 F100      ;外端面粗切循环加工
N6 G00 X100 Z80                           ;粗加工后,到换刀点位置
N7 G42 X80 Z1                             ;加入刀尖圆弧半径补偿
N8 G00 Z-53                               ;精加工轮廓开始,到锥面延长线处
N9 G01 X54 Z-40 F80                       ;精加工锥面
N10 Z-30                                  ;精加工φ54 mm外圆
N11 G02 U-8 W4 R4                         ;精加工R4 mm圆弧
N12 G01 X30                               ;精加工Z26处端面
N13 Z-15                                  ;精加工φ30 mm外圆
N14 U-16                                  ;精加工Z15处端面
N15 G03 U-4 W2 R2                         ;精加工R2 mm圆弧
N16 G01 Z-2                               ;精加工φ10 mm外圆
N17 U-6 W3                                ;精加工倒C2角,精加工轮廓结束
N18 G00 X50                               ;退出已加工表面
N19 G40 X100 Z80                          ;取消半径补偿,返回程序起点位置
N20 M30                                   ;主轴停,主程序结束并复位
```

例 2.21 编制如图 2-91 所示零件的加工程序：要求循环起始点在 A（6，3），切削深度为 1.2 mm，退刀量为 1 mm，X 方向精加工余量为 0.2 mm，Z 方向精加工余量为 0.5 mm，其中双点画线部分为工件毛坯。

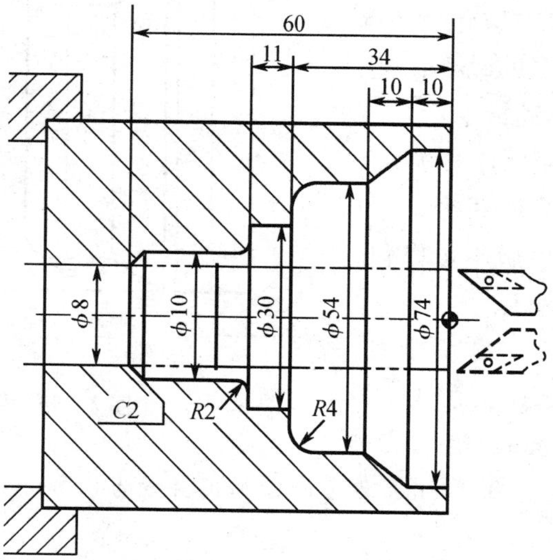

图 2-91 例 2.21 用图

```
%2329
N1 T0101                              ;设立坐标系
N2 G00 X100 Z80                       ;移到起始点的位置
N3 M03 S400                           ;主轴以400 r/min 正转
N4 G00 X6 Z3                          ;到循环起点位置
N5 G72 W1.2 R1 P6 Q16 X-0.2 Z0.5 F100;内端面粗切循环加工
N6 G00 Z-61                           ;精加工轮廓开始,到倒角延长线处
N7 G01 U6 W3 F80                      ;精加工倒 C2 角
N8 W10                                ;精加工φ10 mm 外圆
N9 G03 U4 W2 R2                       ;精加工 R2 mm 圆弧
N10 G01 X30                           ;精加工 Z45 处端面
N11 Z-34                              ;精加工φ30 mm 外圆
N12 X46                               ;精加工 Z34 处端面
N13 G02 U8 W4 R4                      ;精加工 R4 mm 圆弧
N14 G01 Z-20                          ;精加工φ54 mm 外圆
N15 U20 W10                           ;精加工锥面
N16 Z3                                ;精加工φ74 mm 外圆,精加工轮廓结束
N17 G00 X100 Z80                      ;返回对刀点位置
N18 M30
```

任务二图 2-87 加工程序:

```
%2330
T0101
M03 S400
G00 X110 Z1
G72 W1 R1 P1 Q2 X0.5 Z0.5 F0.15
N1 G01 Z-20 F0.1
X100
X98 Z-19
X52
Z-1
X50 Z0
N2 Z1
M30
```

项目训练

如图 2-92 所示零件，材质为45#钢，毛坯尺寸为 $\phi80$ mm × 140 mm。编制该零件的加工程序。

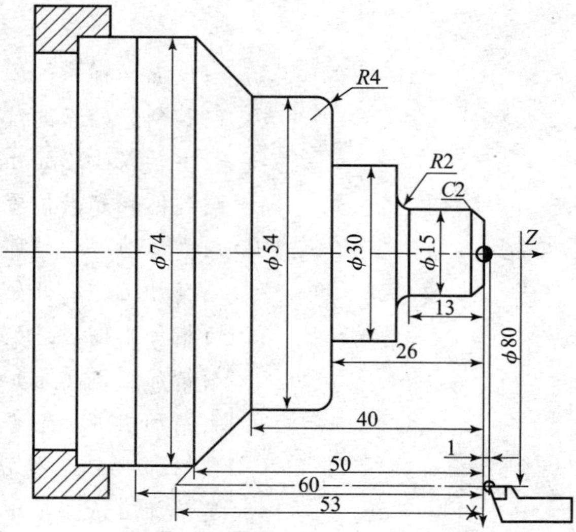

图 2-92　项目训练用图

2.3.3　毛坯与零件轮廓相似的复杂轴类零件的编程与加工

【任务三】

如图 2-93 所示的零件，材质为 45#钢，双点画线部分为工件毛坯，设切削起始点在 A（60，5），X、Z 方向粗加工余量分别为 3 mm、0.9 mm，粗加工次数为 3，X、Z 方向精加工余量分别为 0.6 mm、0.1 mm，完成该零件的加工程序。

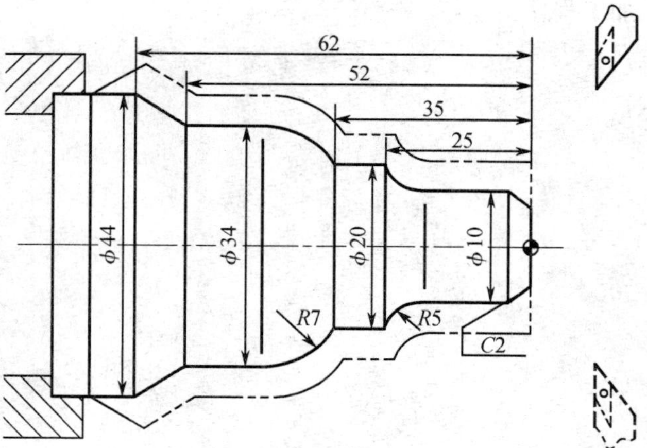

图 2-93　任务三用图

相关知识学习：

G73 复合循环指令

闭环车削复合循环 G73

格式：

G73　U(ΔI)　W(ΔK)　R(r)　P(ns)　Q(nf)　E(e)　F(f)　S(s)　T(t)

说明：

该功能在切削工件时刀具轨迹为如图2－94所示的封闭回路，刀具逐渐进给，使封闭切削回路逐渐向零件最终形状靠近，最终切削成工件的形状，其精加工路径为$A \to A' \to B' \to B$。

这种指令能对铸造、锻造等粗加工中已初步成型的工件进行高效率切削。

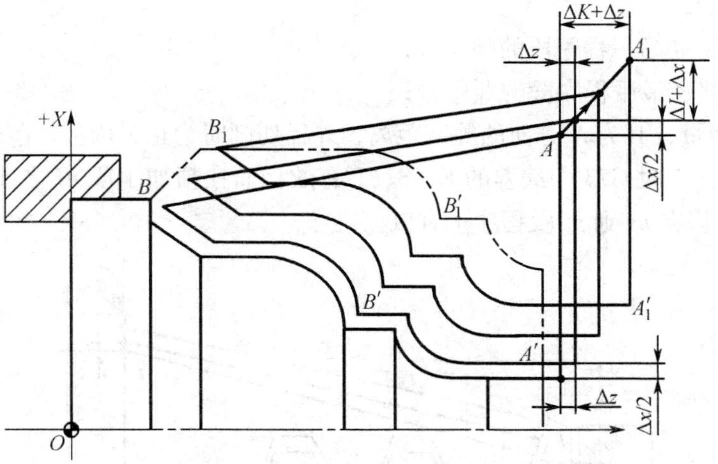

图2－94 闭环车削复合循环G73

ΔI：X轴方向的粗加工总余量；

ΔK：Z轴方向的粗加工总余量；

r：粗切削次数；

ns：精加工路径第一程序段（即图2－94中的AA'）的顺序号；

nf：精加工路径最后程序段（即图2－94中的$B'B$）的顺序号；

Δx：X方向精加工余量；

Δz：Z方向精加工余量；

f，s，t：粗加工时G73编程的F、S、T有效，而精加工时处于ns到nf程序段之间的F、S、T有效。

4.03版软件改动如下：

（1）粗加工段，编程的F、S、T有效。

（2）精加工段，如果指令与ns段之间的程序段内设定了F、S、T，将在精加工段内有效；而如果没有设定，则按照粗加工F、S、T执行。

注意：

ΔI和ΔK表示粗加工时总的切削量，粗加工次数为r，则每次X、Z方向的切削量为$\Delta I/r$和$\Delta K/r$。

按G73段中的P和Q指令值实现循环加工，要注意Δx和Δz及ΔI和ΔK的正负号。

HNC－18 4.03版改动如下：

G73闭环车削复合循环指令可以分为无凹槽循环和凹槽循环车削（见图2－95），凹槽加工使用的指令如下：

格式：

G73 U(ΔI) W(ΔK) R(r) P(ns) Q(nf) E(e) F(f) S(s) T(t)

说明：该功能在切削工件时刀具轨迹为如图2－94所示的闭合回路，刀具逐渐进给，使闭合切削回路逐渐向零件最终形状靠近，最终切削成工件的形状，其精加工路径为 $A \to A' \to B \to A$。

ΔI：X 轴方向的粗加工总余量；

ΔK：Z 轴方向的粗加工总余量；

r：粗切削次数；

ns：精加工路径第一程序段的顺序号；

nf：精加工路径最后程序段的顺序号；

e：精加工余量，其为 X 方向的等高距离，外径切削时为正，内径切削时为负；

f，s，t：粗加工时 G73 中编程的 F、S、T 有效，而在精加工段 ns 之前，G73 指令以后设定的 F、S、T 将在 ns 到 nf 段程序中有效。

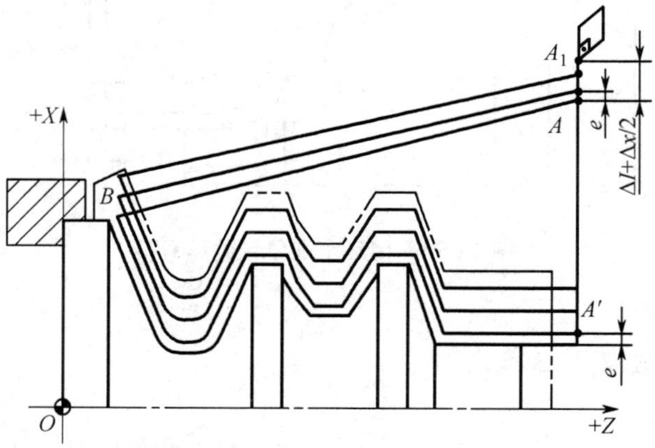

图 2－95　G73 闭环凹槽循环车削

任务三图 2－93 加工程序：

```
%2330
N1 T0101                                  ;设立坐标系,选 1 号刀
N2 G00 X80 Z80                            ;到程序起点位置
N3 M03 S450                               ;主轴以 400 r/min 正转
N4 G00 X60 Z5                             ;到循环起点位置
N5 G73 U3 W0.9 R3 P6 Q13 X0.6 Z0.1 F120   ;闭环粗切循环加工
N6 G00 X0 Z3                              ;精加工轮廓开始,到倒角延长线处
N7 G01 U10 Z-2 F80                        ;精加工倒 C2 角
N8 Z-20                                   ;精加工 φ10 mm 外圆
N9 G02 U10 W-5 R5                         ;精加工 R5 mm 圆弧
N10 G01 Z-35                              ;精加工 φ20 mm 外圆
N11 G03 U14 W-7 R7                        ;精加工 R7 mm 圆弧
N12 G01 Z-52                              ;精加工 φ34 mm 外圆
N13 U10 W-10                              ;精加工锥面
N14 U10                                   ;退出已加工表面,精加工轮廓结束
N15 G00 X80 Z80                           ;返回程序起点位置
N16 M30                                   ;主轴停止,主程序结束并复位
```

2.3.4 轴类零件螺纹的复合循环加工

【任务四】

如图2－96所示的零件，毛坯尺寸为ϕ80 mm，材质为45#钢，用螺纹切削复合循环G76指令编程，加工螺纹为ZM60×2，其中括弧内尺寸根据标准得到。(tan1.79 =0.03125。)

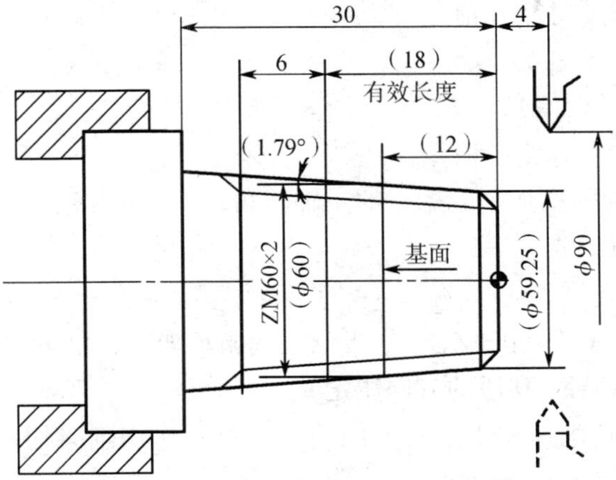

图2－96 任务四用图

相关知识学习：

G76复合循环指令

螺纹切削复合循环G76

格式：

G76 C(c) R(r) E(e) A(α) X(x) Z(z) I(i) K(k) U(d) V($\Delta d_{\min}$) Q(Δd) P(p) F/(L) Q

说明：螺纹切削固定循环G76执行如图2－97所示的加工轨迹，其单边切削及参数如图2－98所示。

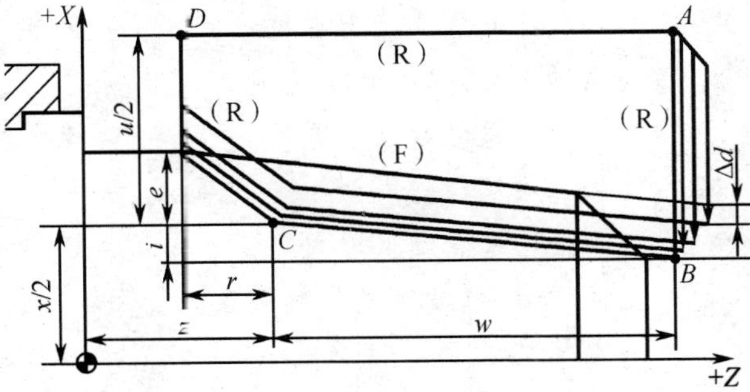

图2－97 螺纹切削复合循环G76

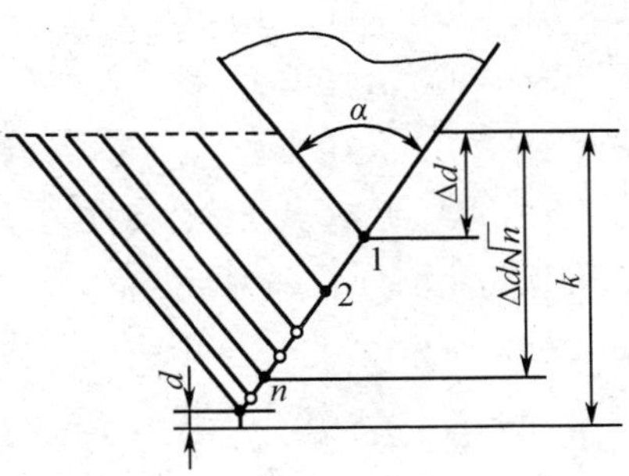

图2－98 G76循环单边切削及其参数

c：精整次数（1～99），为模态值；

r：螺纹Z向退尾长度，为模态值；

e：螺纹X向退尾长度，为模态值；

α：刀尖角度（二位数字），为模态值，取值要大于10°而小于80°；

x，z：绝对值编程时，为有效螺纹终点 C 的坐标；增量值编程时，为有效螺纹终点 C 相对于循环起点 A 的有向距离。用 G91 指令定义为增量编程，使用后用 G90 定义为绝对编程；

i：螺纹两端的半径差，如 $i=0$，则为直螺纹（圆柱螺纹）切削方式；

k：螺纹高度，该值由 X 轴方向上的半径值指定；

Δd_{min}：最小切削深度（半径值），当第 n 次切削深度（$\Delta d\sqrt{n}-\Delta d\sqrt{n-1}$）小于 Δd_{min} 时，则切削深度设定为 Δd_{min}；

d：精加工余量（半径值）；

Δd：第一次切削深度（半径值）；

p：主轴基准脉冲处距离切削起始点的主轴转角；

L：螺纹导程（同 G32）。

注意：

按 G76 段中的“X(x)”和“Z(z)”指令实现循环加工，增量编程时，要注意 u 和 w 的正负号（由刀具轨迹 AC 和 CD 段的方向决定）。

G76 循环进行单边切削，减小了刀尖的受力。第一次切削时切削深度为 Δd，第 n 次切削的总深度为 $\Delta d\sqrt{n}$，每次循环的背吃刀量为 Δd（$\sqrt{n}-\sqrt{n-1}$）。

左图 2-97 中，C 到 D 点的切削速度由 F 代码指定，而其他轨迹均为快速进给。

G76 指令在 HNC-21 的 7.11 版以及 HNC-18 的 4.03 版以后的版本都将加入 Q 指令。

格式：

G76 C(c) R(r) E(e) A(α) X(x) Z(z) I(i) K(k) U(d) V(Δd_{min}) Q(Δd) P(p) F/J(L) Q

说明：Q 为螺纹切削退尾时的加减速常数，当该值为 0 时加速度最大，该数值越大，加减速时间越长，退尾时的拖尾痕迹将越长。Q 必须大于或等于“0”，Q 为模态。

任务四图 2-95 加工程序：

```
%2331
N1 T0101                                  ;换 1 号刀,确定其坐标系
N2 G00 X100 Z100                          ;到程序起点或换刀点位置
N3 M03 S400                               ;主轴以 400 r/min 正转
N4 G00 X90 Z4                             ;到简单循环起点位置
N5 G80 X61.125 Z-30 I-1.063 F80           ;加工锥螺纹外表面
N6 G00 X100 Z100 M05                      ;到程序起点或换刀点位置
N7 T0202                                  ;换 2 号刀,确定其坐标系
N8 M03 S300                               ;主轴以 300 r/min 正转
N9 G00 X90 Z4                             ;到螺纹循环起点位置
N10 G76 C2 R-3 E1.3 A60 X58.15 Z-24 I-0.875 K1.299 U0.1 V0.1 Q0.9 F2
N11 G00 X100 Z100                         ;返回程序起点位置或换刀点位置
N12 M05                                   ;主轴停
N13 M30                                   ;主程序结束并复位
```

注意事项

（1）G71、G72、G73 复合循环中地址 P 指定的程序段，应有准备机能 01 组的 G00 或 G01 指令，否则产生报警。

（2）在 MDI 方式下，不能运行复合循环指令。

在复合循环 G71、G72、G73 中，由 P、Q 指定顺序号的程序段之间不应包含 M98 子程序调用及 M99 子程序返回指令。

拓展知识

刀具补偿功能指令。

刀具的补偿分为刀具的几何补偿和刀具的半径补偿，刀具的几何补偿包括刀具的偏置补偿和刀具的磨损补偿。刀具的偏置补偿有两种形式，即绝对刀具偏置补偿和相对刀具偏置补偿。

声明：T 代码指定刀具的几何补偿（偏置补偿与磨损补偿之和），G40、G41、G42 指定刀具的半径补偿。

一、刀具偏置补偿和刀具磨损补偿

车床编程轨迹实际上是刀尖的运动轨迹，但实际上不同刀具的几何尺寸和安装位置各不相同，其刀尖点相对于刀架中心的位置也就不同。因此需要将各刀具刀尖点的位置值进行测量设定，以便系统在加工时对刀具偏值进行补偿，从而在编程时不用考虑因刀具的形状和安装位置的差异而导致刀尖位置不一致，以简化编程的工作量。刀具偏置补偿有两种形式。

1. 绝对补偿形式

如图 2－99 所示，绝对刀偏即机床回到机床零点时，工件零点相对于刀架工作位上各刀刀尖位置的有向距离。当执行刀偏补偿时，各刀以此值设定各自的加工坐标系。故此，虽刀架在机床零点时，各刀由于几何尺寸不一致，各刀刀位点相对工件零点的距离不同，但各自建立的坐标系均与工件坐标系（编程）重合。

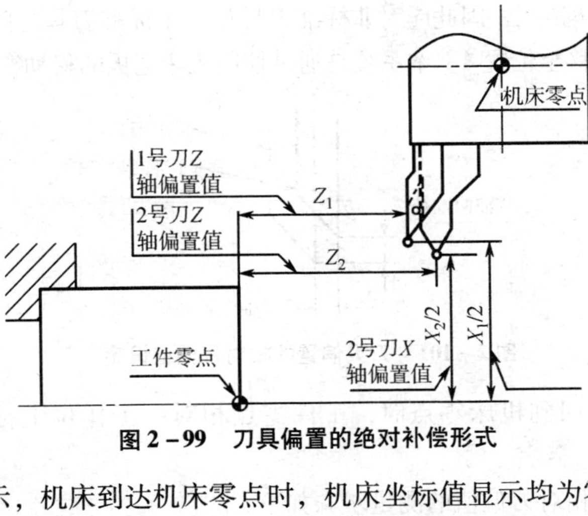

图 2－99 刀具偏置的绝对补偿形式

如图 2－100 所示，机床到达机床零点时，机床坐标值显示均为零，整个刀架上的点可考虑为一理想点，故当各刀对刀时，机床零点可视为在各刀刀位点上。本系统可通过输入试切直径、长度值，自动计算工件零点相对于各刀刀位点的距离。其步骤如下：

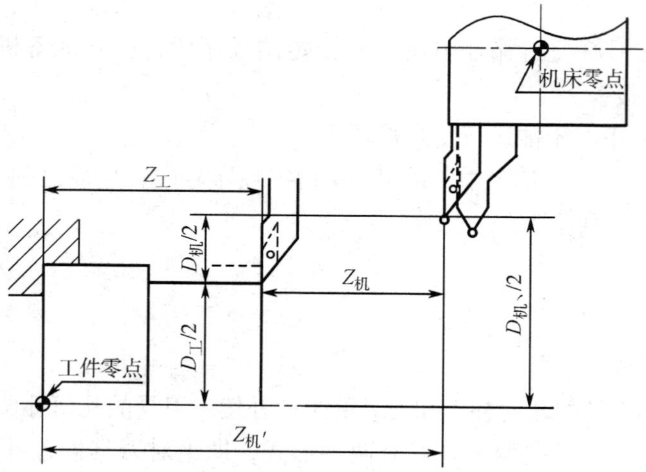

图 2-100　刀具偏置的绝对补偿值设定

（1）按下菜单中的“刀偏表”功能按键。

（2）用各刀试切工件端面，输入此时刀具在将要设立的工件坐标系下的 Z 轴坐标值（测量）。如编程时将工件原点设在工件前端面，即输入“0”（设零前不得有 Z 轴位移），系统自动计算出工件原点相对于该刀刀位点的 Z 轴距离。

（3）用同一把刀试切工件外圆，输入此时刀具在将设立的工件坐标系下的 X 轴坐标值，即试切后工件的直径值（设零前不得有 X 轴位移），系统自动计算出工件原点相对于该刀刀位点的 X 轴距离。

（4）退出换刀后，用下一把刀重复（2）~（3）步骤，即可得到各刀绝对刀偏值，并自动输入到刀具偏置表中。

2. 相对补偿形式（HNC－T18i、HNC－T19i 不支持）

如图 2－101 所示，在对刀时，确定一把刀为标准刀具，并以其刀尖位置 A 为依据建立坐标系。这样，当其他各刀转到加工位置时，刀尖位置 B 相对于标刀刀尖位置 A 就会出现偏置，原来建立的坐标系就不再适用，因此应对非标准刀具相对于标准刀具之间的偏置值 Δx、Δz 进行补偿，使刀尖位置 B 移至位置 A。本系统是通过控制机床拖板的移动实现补偿的。

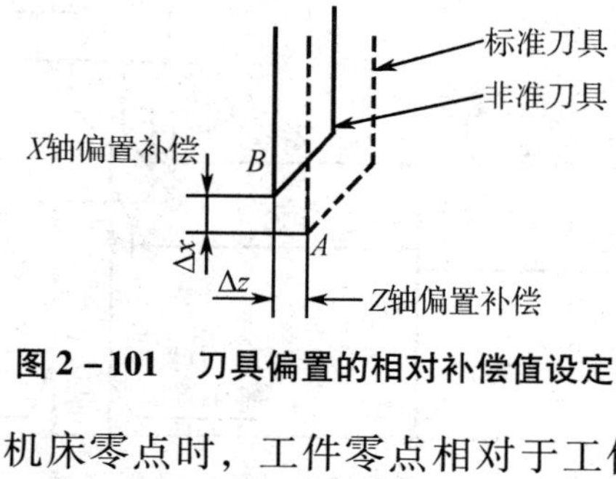

图 2－101　刀具偏置的相对补偿值设定

标刀偏置值为机床回到机床零点时，工件零点相对于工作位上标准刀刀位点的有向距离。

如果有对刀仪，则相对刀偏值的测量步骤如下：

（1）将标准刀刀位点移到对刀仪“十”字中心。

（2）在功能按键主菜单或 MDI 子菜单下，将刀具当前位置设为相对零点。

（3）退出换刀后，将下一把刀移到对刀仪“十”字中心，此时显示的相对值即为该刀相对于标准刀的刀偏值。

如果没有对刀仪，相对刀偏值的测量步骤如下：

（1）标准刀试切工件端面，在功能按键主菜单或MDI子菜单下，将刀具当前Z轴位置设为相对零点（设零前不得有Z轴位移）。

（2）用标刀试切工件外圆，在功能按键主菜单或MDI子菜单下，将刀具当前X轴位置设为相对零点（设零前不得有X轴位移）。此时，标准刀已在工件上切出一基准点。当标准刀在基准点位置时，也即在设置的相对零点位置。

（3）退出换刀后，将下一把刀移到工件基准点的位置上，此时显示的相对值即为该刀相对于标刀的刀偏值。

本系统还可通过输入试切直径、长度值，自动计算当刀架在机床零点时，工件零点相对于各刀刀位点的距离，并用标准刀的值与该值进行比较，得到其相对标准刀的刀偏值（见图2-102）。其步骤如下：

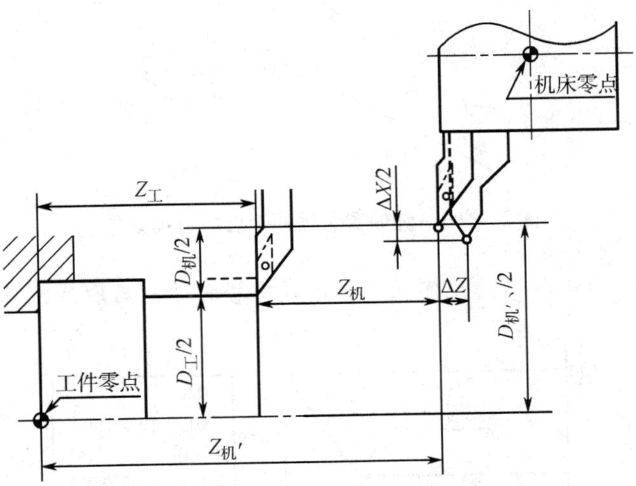

图2-102　相对刀偏值的设定

（1）按下MDI子菜单下的“刀偏表”功能按键。

（2）用标准刀试切工件端面，输入此时刀具在将要设立的工件坐标系下的Z轴坐标值，即工件长度值；如编程时将工件原点设在工件前端面，即输入“0”（设零前不得有Z轴位移），系统自动计算出工件零点相对于标刀刀位点的距离，即标刀Z轴刀偏值。

（3）用标刀试切工件外圆，输入此时刀具在将设立的工件坐标系下的X轴坐标值，即试切后工件的直径值（设零前不得有X轴位移），系统自动计算出工件零点相对于标刀刀位点的距离，即标刀Z轴刀偏值。

（4）按下“刀偏表”子菜单下的“标刀选择”功能按键；设定标刀刀偏值为基准。

（5）退出换刀后，用下一把刀重复（2）~（3）步骤，即可得各刀相对与标刀刀偏值，并自动输入到刀具偏置表中。

刀具使用一段时间后磨损，也会使产品尺寸产生误差，因此需要对其进行补偿。该补偿与刀具偏置补偿存放在同一个寄存器的地址号中。各刀的磨损补偿只对该刀有效（包括标刀）。

刀具的补偿功能由T代码指定，其后的4位数字分别表示选择的刀具号和刀具偏置补偿号。T代码的说明如下：

$$\mathrm{T}\ \underset{\text{刀具号}}{\underline{\times\times}}\quad+\quad\underset{\text{刀具补偿号}}{\underline{\times\times}}$$

刀具补偿号是刀具偏置补偿寄存器的地址号，该寄存器存放刀具的 *X* 轴和 *Z* 轴偏置补偿值、刀具的 *X* 轴和 *Z* 轴磨损补偿值。

T加补偿号表示开始补偿功能。补偿号为00表示补偿量为0，即取消补偿功能。

系统对刀具的补偿或取消都是通过拖板的移动来实现的。

补偿号可以和刀具号相同，也可以不同，即一把刀具可以对应多个补偿号（值）。

如图2－103所示，如果刀具轨迹相对编程轨迹具有 *X*、*Z* 方向上补偿值（由 *X*、*Z* 方向上的补偿分量构成的矢量称为补偿矢量），那么程序段中的终点位置加或减去由T代码指定的补偿量（补偿矢量）即为刀具轨迹段终点位置。

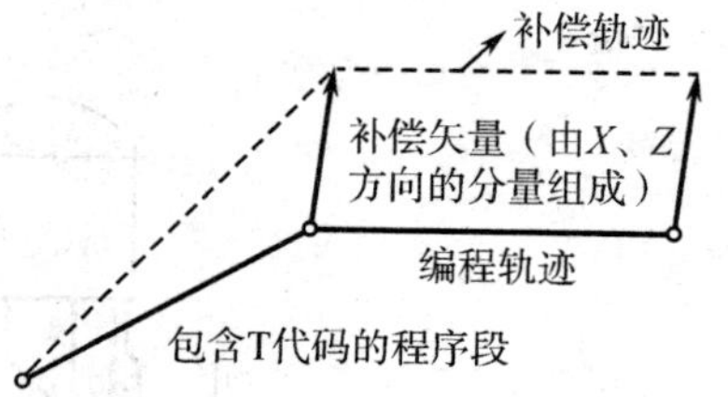

图2－103　经偏置磨损补偿后的刀具轨迹

例2.22　如图2－104所示，先建立刀具偏置磨损补偿，后取消刀具偏置磨损补偿。

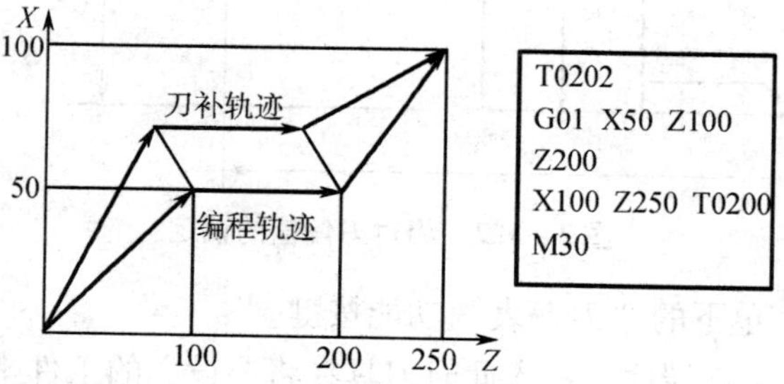

图2－104　例2.22用图

二、刀尖圆弧半径补偿G40、G41、G42

格式：

$$\begin{Bmatrix}G40\\G41\\G42\end{Bmatrix}\begin{Bmatrix}G00\\G01\end{Bmatrix}X\_\quad Z\_$$

说明：

数控程序一般是针对刀具上的某一点即刀位点，按工件轮廓尺寸编制的。车刀的刀位点一般为理想状态下的假想刀尖 *A* 点或刀尖圆弧圆心 *O* 点。但实际加工中的车刀，由于工艺或其他要求，刀尖往往不是一理想点，而是一段圆弧。当切削加工时，由于刀具切削点在刀尖圆弧上变动，导致实际切削点与刀位点之间的位置有偏差，故造成过切或少切。这种由于刀尖不是一理想点而是一段圆弧造成的加工误差，可用刀尖圆弧半径补偿功能来消除。

刀尖圆弧半径补偿是通过 G41、G42、G40 代码及 T 代码指定的刀尖圆弧半径补偿号，加入或取消半径补偿。如图 2－105 所示。

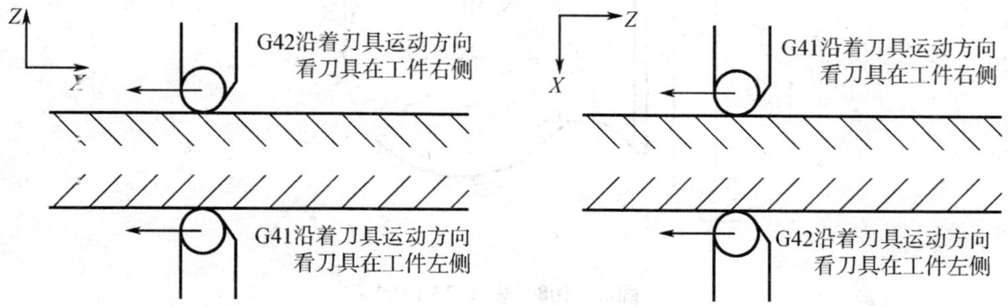

图 2－105　左刀补和右刀补

G41：左刀补（在刀具前进方向左侧补偿）；

G42：右刀补（在刀具前进方向右侧补偿）；

G40：取消刀尖半径补偿；

X，Z：G00/G01 的参数，即建立刀补或取消刀补的终点。

注意：G40、G41、G42 都是模态代码，可相互注销。

注意：

（1）G41/G42 不带参数，其补偿号（代表所用刀具对应的刀尖半径补偿值）由 T 代码指定，刀尖圆弧补偿号与刀具偏置补偿号对应。

（2）刀尖半径补偿的建立与取消只能用 G00 或 G01 指令，不能用 G02 或 G03 指令。

在刀尖圆弧半径补偿寄存器中，定义了车刀圆弧半径及刀尖的方向号。

车刀刀尖的方向号定义了刀具刀位点与刀尖圆弧中心的位置关系，其从 0～9 有 10 个方向，如图 2－106 和图 2－107 所示。

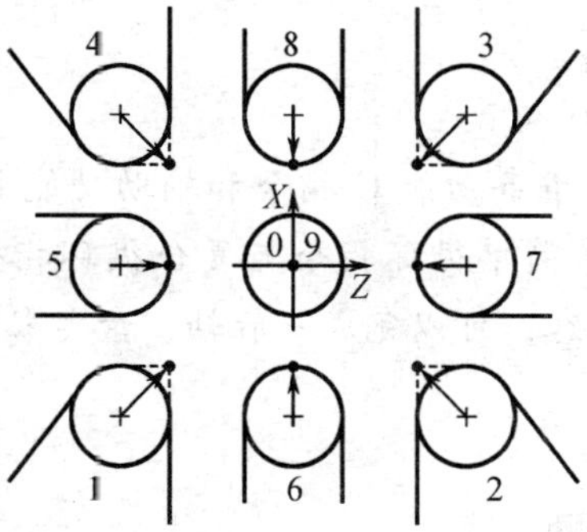

图 2－106　刀具刀位点 *A*
（＋代表刀尖圆弧圆心 *O*）

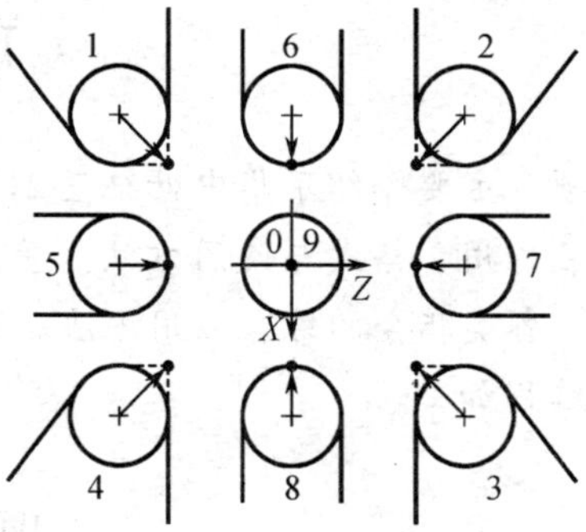

图 2－107　刀具刀位点 *A*
（＋代表刀尖圆弧圆心 *O*）

例 2.23　考虑刀尖半径补偿，编制如图 2－108 所示零件的加工程序。

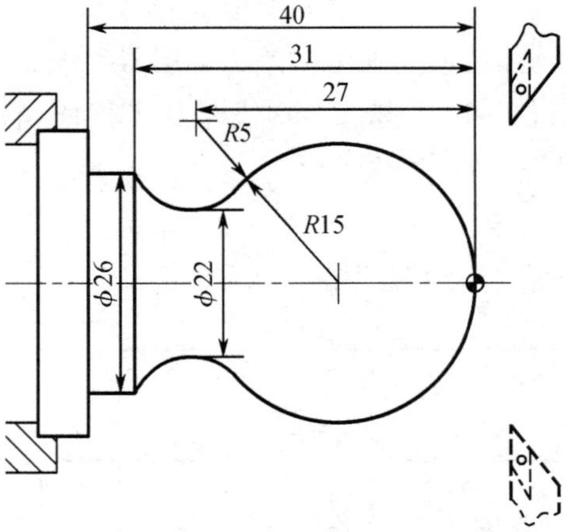

图 2－108　例 2.23 用图

```
%3323
N1 T0101                  ;换 1 号刀,确定其坐标系
N2 M03 S400               ;主轴以 400 r/min 正转
N3 G00 X40 Z5             ;到程序起点位置
N4 G00 X0                 ;刀具移到工件中心
N5 G01 G42 Z0 F60         ;加入刀具圆弧半径补偿,工进接触工件
N6 G03 U24 W-24 R15       ;加工 R15 mm 圆弧段
N7 G02 X26 Z-31 R5        ;加工 R5 mm 圆弧段
N8 G01 Z-40               ;加工 φ26 mm 外圆
N9 G00 X30                ;退出已加工表面
N10 G40 X40 Z5            ;取消半径补偿,返回程序起点位置
N11 M30                   ;主轴停,主程序结束并复位
```

项目二　小结

本项目主要介绍了华中世纪星 21T 数控系统的各类准备功能 G 指令和辅助功能 M 指令的特点、作用、格式与使用方法。重点介绍了数控车床简单循环指令与复合循环指令的运用，以及各类指令的综合应用方法。通过学习本项目内容，可以完成一般轴、盘类零件的数控车床编程加工。

项目二　练习题

1. 简述切断刀、螺纹刀的对刀方法。
2. 编制图 1 ~ 图 18 的数控加工程序。

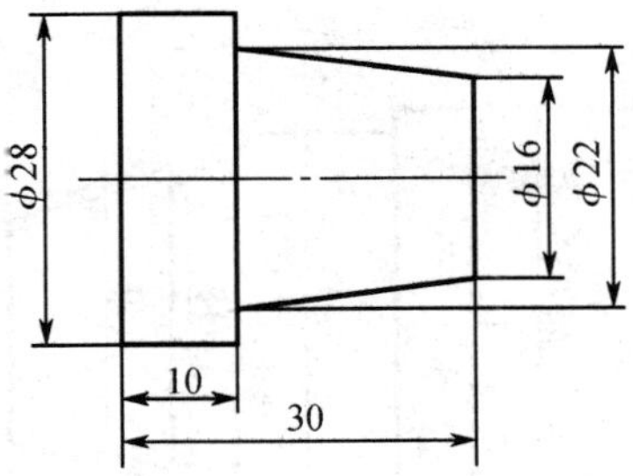

图1

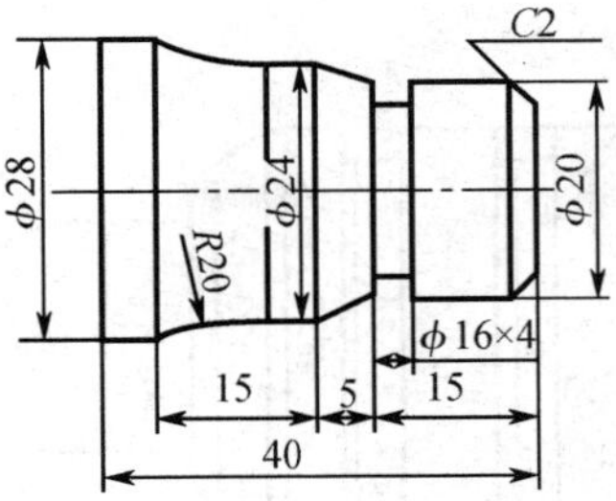

图2

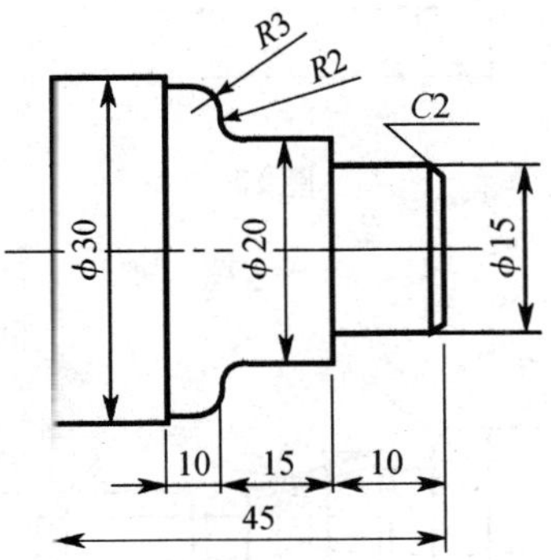

图3

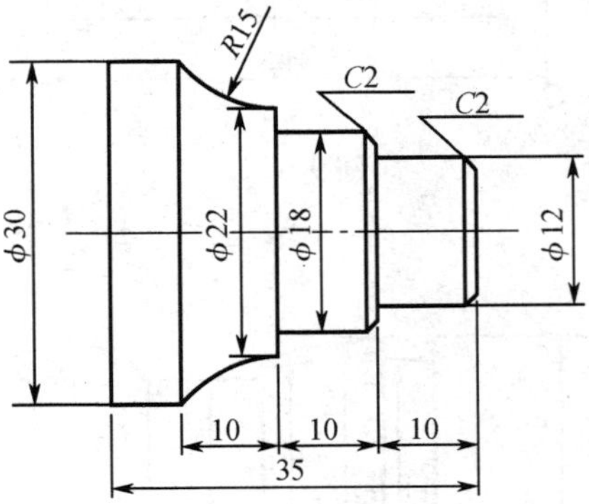

图4

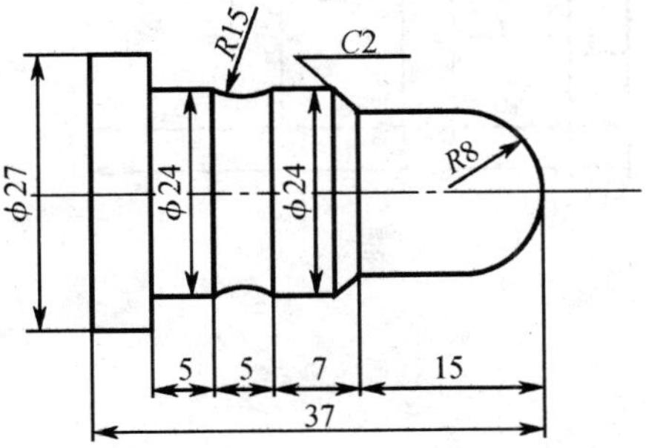

图5

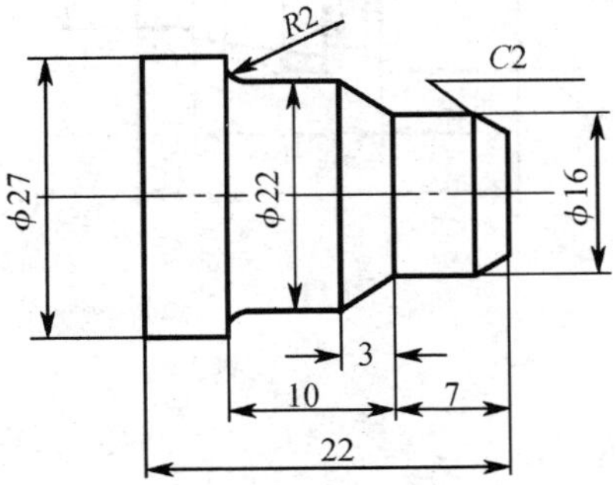

图6

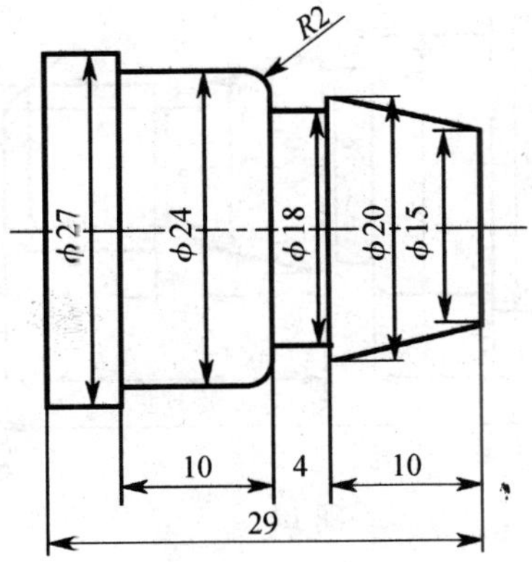

图7

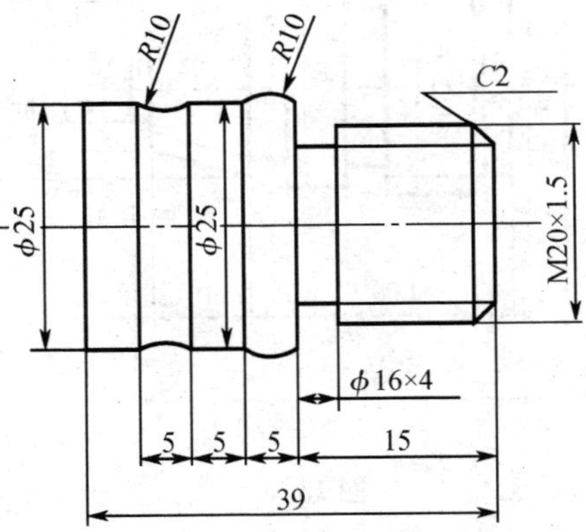

图8

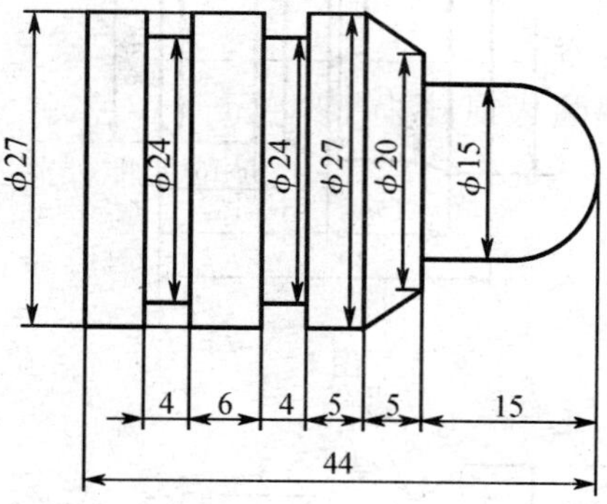

图 9

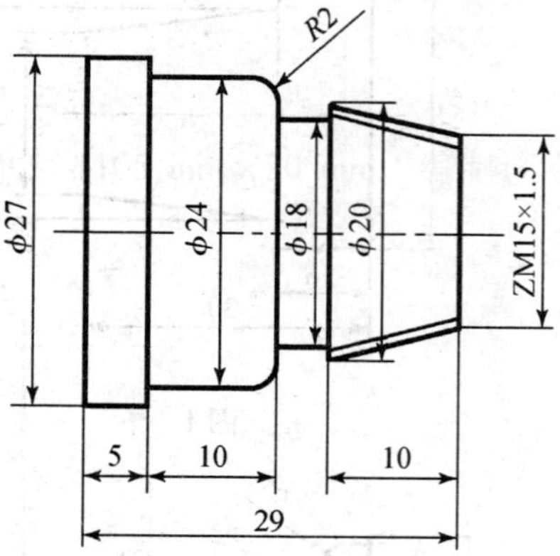

图 10

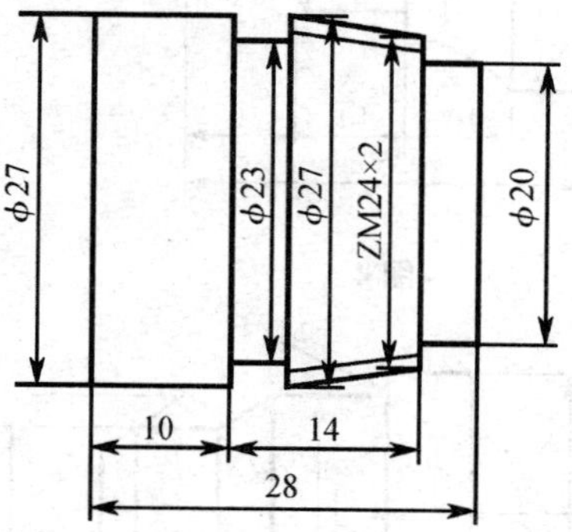

图 11

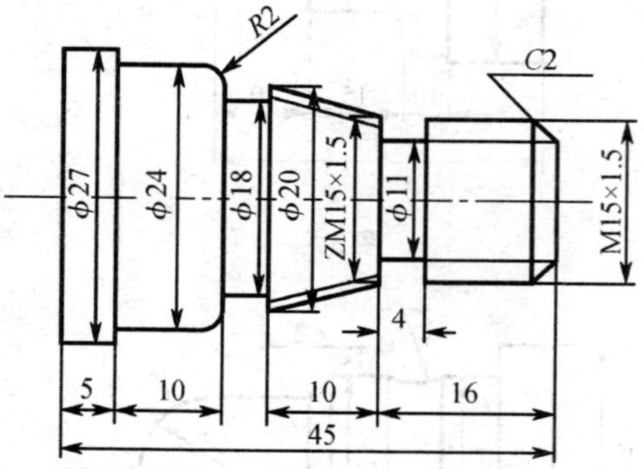

图 12

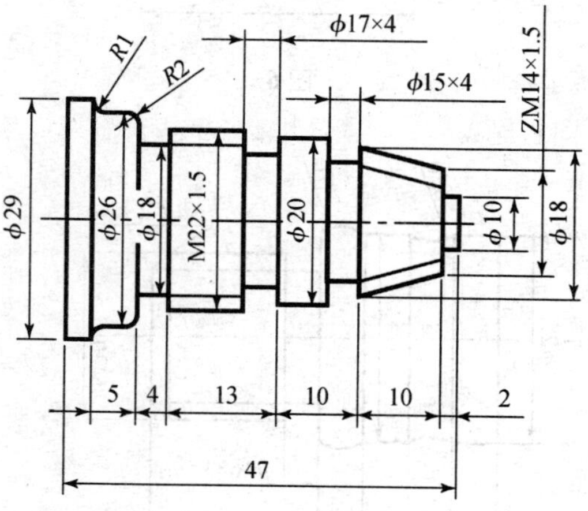

图 13

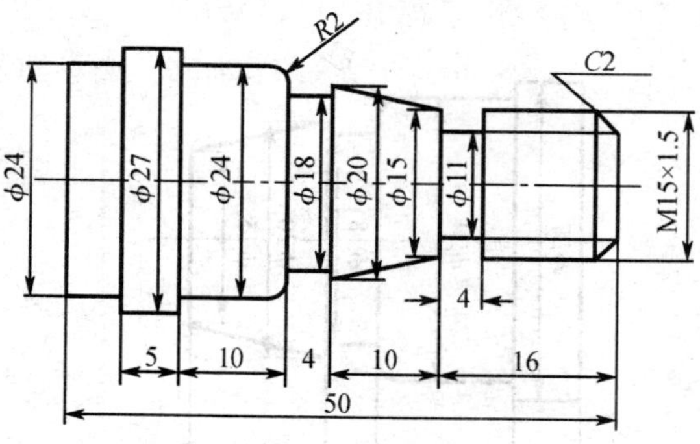

图 14

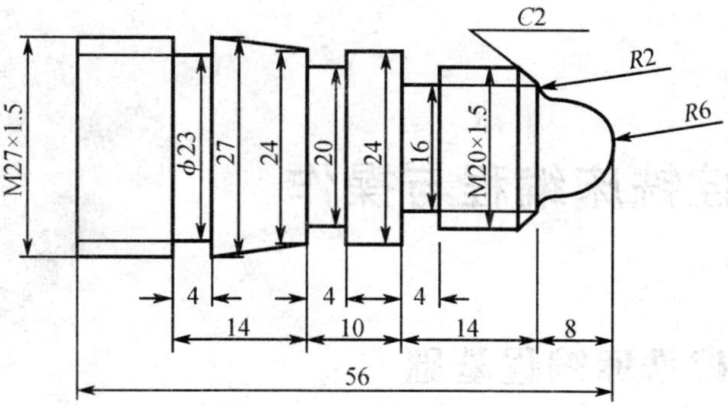

图 15

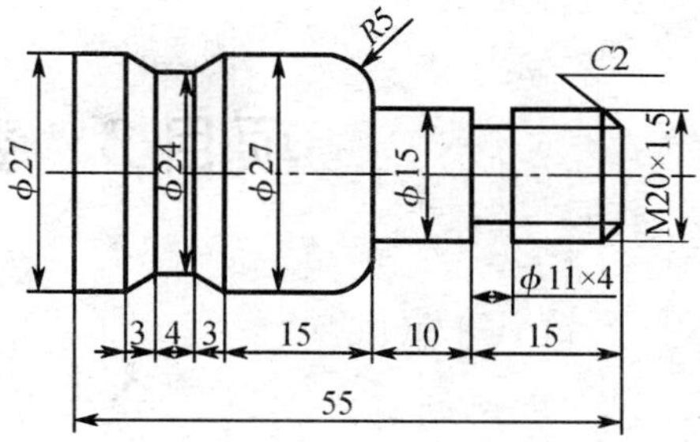

图 16

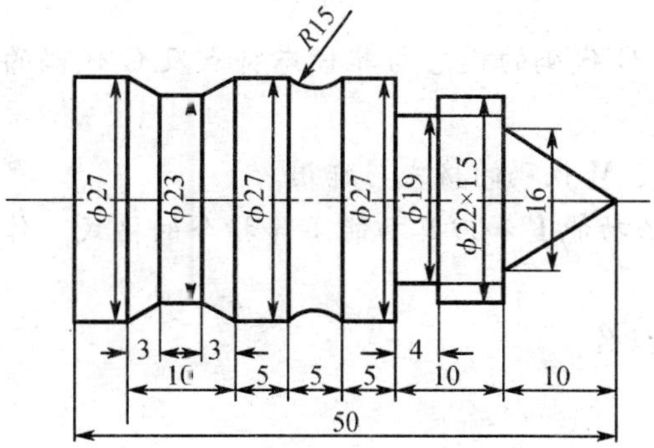

图 17

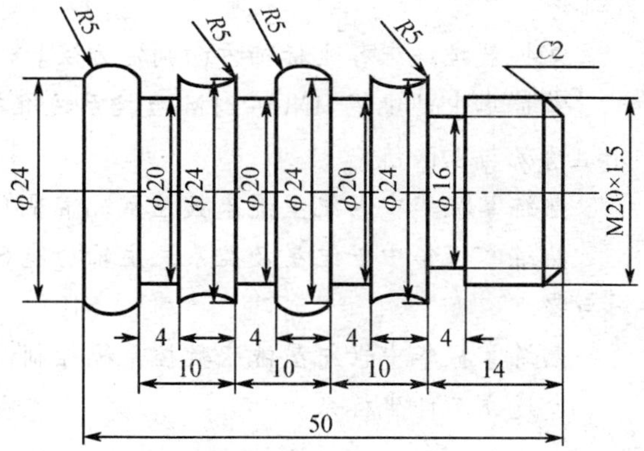

图 18

项目3　数控铣床编程与操作

3.1　数控铣床编程基础

学习目标

掌握数控铣床各坐标轴方向判定方法。

掌握华中世纪星 HNC－21M 数控系统准备功能 G 代码的模态与非模态特点及 G 代码的分组情况与默认值。

熟练掌握华中世纪星铣床数控系统常见 G 代码、M 代码的格式与作用。

熟练掌握华中世纪星数控系统主轴功能 S、进给功能 F 和刀具功能 T 等指令的格式、作用与要点。

熟练掌握华中世纪星铣床数控系统控制面板的操作。

会建立工件坐标系。

知识学习

3.1.1　数控铣床的坐标系

坐标轴和运动方向的命名原则。

数控铣床采用右手空间笛卡尔坐标系，如图 3－1 所示。

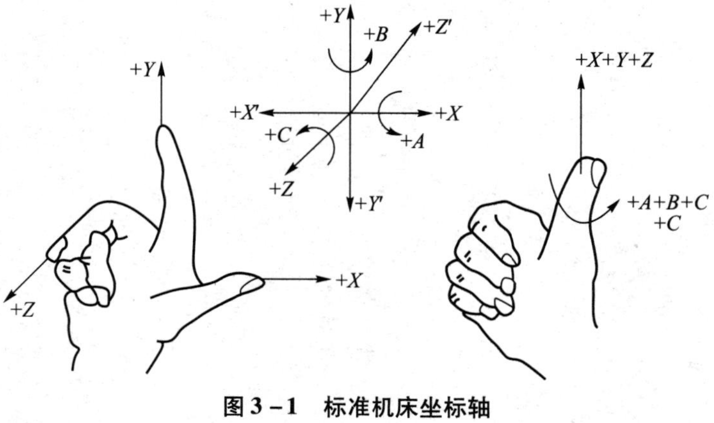

图 3－1　标准机床坐标轴

坐标轴运动方向命名原则：

原则一：刀具相对于静止的工件坐标而运动，即假设刀具运动而工件静止。

原则二：刀具远离工件的方向是坐标轴的正方向。

坐标轴正方向判断顺序先 Z 后 X 再 Y。

对于单立柱立式铣床（加工中心）而言，由于其为有旋转主轴的机床，故先确定 Z 轴方向：主轴轴线方向为 Z 轴方向，刀具离开工件的方向为 Z 轴正方向。然后确定 X 轴方向：操作者面向立柱时，在工作台移动方向中，刀具相对于工件向右移动的方向为 X 轴正方向。再确定 Y 轴方向：根据右手定则即可确定刀具相对于工件向立柱移动的方向为 Y 轴正方向。单立柱立式铣床的坐标轴及其方向如图 3－2 所示。

数控卧式铣床的坐标轴及其方向如图 3－3 所示。

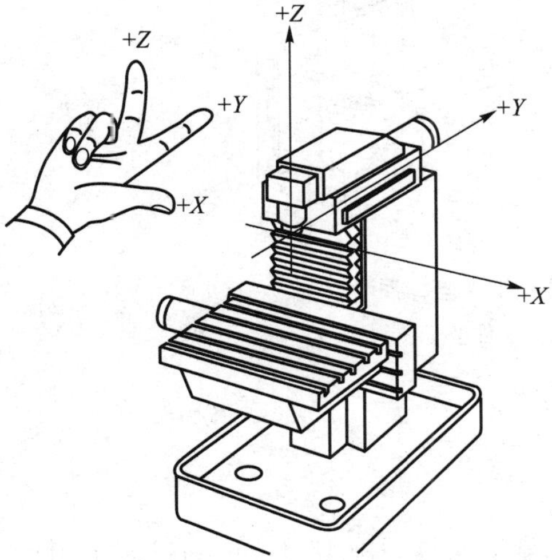

图 3－2　立式铣床的坐标轴及其方向

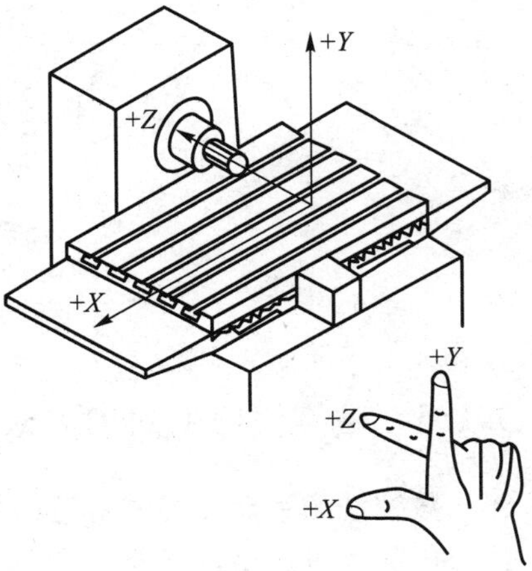

图 3－3　卧式铣床的坐标轴及其方向

图 3－4 所示为立式五轴联动数控铣床标准坐标系。

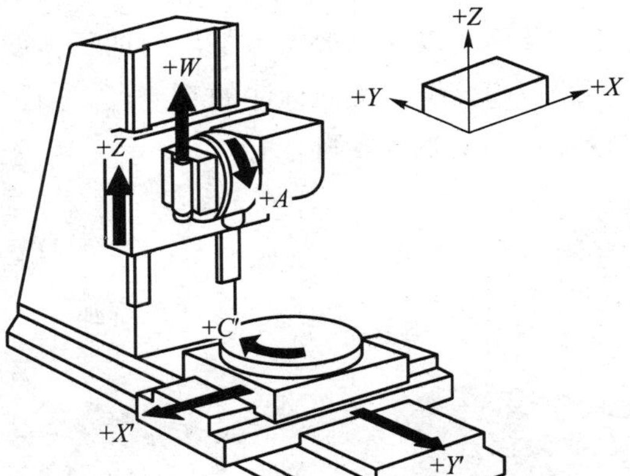

图 3－4　立式五轴联动数控铣床标准坐标系

3.1.2　机床坐标系和工件坐标系

机床坐标系是机床运动控制的参考基准，而工件坐标系是编程时的参考基准。机床坐标系建立在机床上，是固定的物理点；而工件坐标系建立在工件上，根据编程习惯位置可变。在加工时通过对刀手段确定工件原点与机床原点的位置关系，将工件坐标系与机床坐标系建立固联关系。

机床坐标系是机床生产厂家设定并固定的，使用者不能改变；工件坐标系是编程人员和操作者为了简化编程而设定的，可以随着操作者的需要而改变。

图 3－5 所示为机床坐标系与工件坐标系的对比。

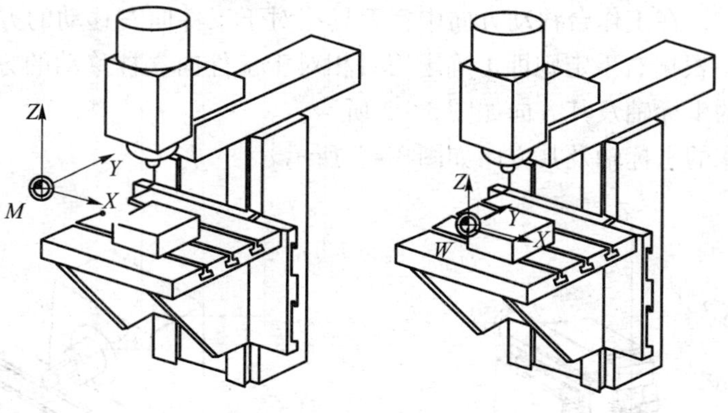

图 3－5　机床坐标系与工件坐标系

（a）机床坐标系；（b）工件坐标系

3.1.3　数控铣床的对刀方法

一、数控铣床手动试切法对刀的基本原理

数控机床的机床坐标系是唯一固定的，CRT 显示的是切削刀刀位点的机床坐标，但为计算方便和简化编程，在编程时都需设定工件坐标系，它是以零件上的某一点为坐标原点建立起来的 *X*、*Y*、*Z* 直角坐标系统。因此，数控铣床对刀的实质是确定随编程变化的工件坐标系程序原点（工件零点）的机床坐标值。

程序原点应尽量选在工件顶面，以提高被加工零件的加工精度。如图 3－6 所示，对于坐标尺寸标注的零件，程序原点应该设在尺寸标注的基准点。如图 3－7 所示，对于对称标注的零件，程序原点应该设在对称中心线或圆心上。

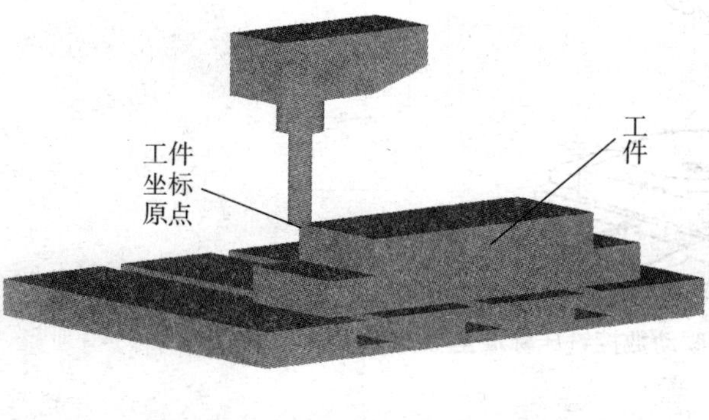

图 3－6　原点左尺寸标注的基准点

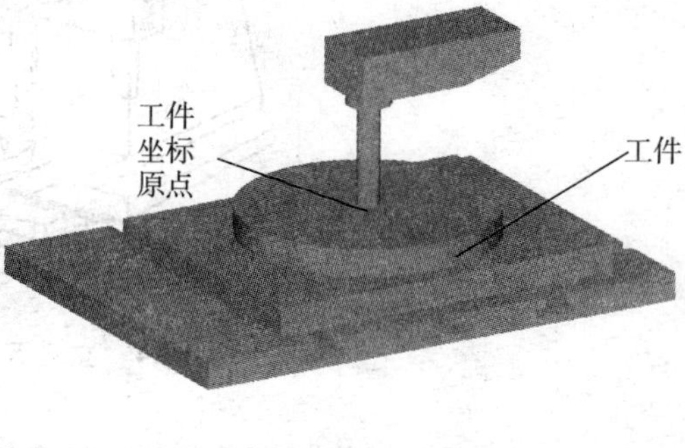

图 3－7　原点在对称中心上

确定方形工件程序原点机床坐标的方法：

（1）方形工件，程序原点在顶面中心，毛坯四侧有较多的加工余量，粗略对齐。

方法：先用直尺和划针在毛坯表面划出方形对角线的交点，机床回零，主轴正转，用点动＋步进方式，让铣刀中心在 X、Y、Z 三个方向大致对准毛坯顶面对角线交点，则此时 CRT 显示的坐标为程序原点的机床坐标。

（2）方形工件，程序原点在方形顶面的一个角点，如左角点 A，毛坯四侧有较多的加工余量，准确对齐。

方法：机床回零→主轴正转→将刀具下降到低于蜡模上表面处→Y 方向手动控制刀具边缘从工件前端移动切入工件左侧面，记录 CRT 显示不变的 X 坐标→X 方向手动控制刀具边缘从工件左端移动切入工件前侧面，记录 CRT 显示不变的 Y 坐标→Z 方向手动控制刀具底部接触蜡模上表面，从 CRT 读取 Z 坐标并记录→根据记录的 X、Y、Z 坐标，计算出程序原点 A 的机床坐标，即 $X_A=X+R$；$Y_A=Y+R$；$Z_A=Z$（R 为铣刀半径）。

如程序原点在右角点 B，基本步骤类似，但 $X_B=X-R$；$Y_B=Y-R$；$Z_A=Z$（R 为铣刀半径）。

（3）方形工件，程序原点在顶面中心 A，工件四侧已加工，准确对齐。

方法：机床回零→主轴正转→将刀具下降到低于蜡模上表面处→Y 方向手动控制刀具边缘从工件前端移动切入工件左侧面，记录 CRT 显示不变的 X_1 坐标；退刀，Y 方向手动控制刀具边缘从工件前端移动切入工件右侧面，记录 CRT 显示不变的 X_2 坐标→X 方向手动控制刀具边缘从工件左端移动切入工件前侧面，记录 CRT 显示不变的 Y_1 坐标；退刀，X 方向手动控制刀具边缘从工件左端移动切入工件后侧面，记录 CRT 显示不变的 Y_2 坐标→Z 方向手动控制刀具底部接触蜡模上表面，从 CRT 读取 Z 坐标并记录→根据记录的 X、Y、Z 坐标，计算出程序原点 A 的机床坐标，即 $X_A=X_1+X_2$；$Y_A=Y_1+Y_2$；$Z_A=Z$。

（4）圆形对称工件，程序原点在顶面中心。

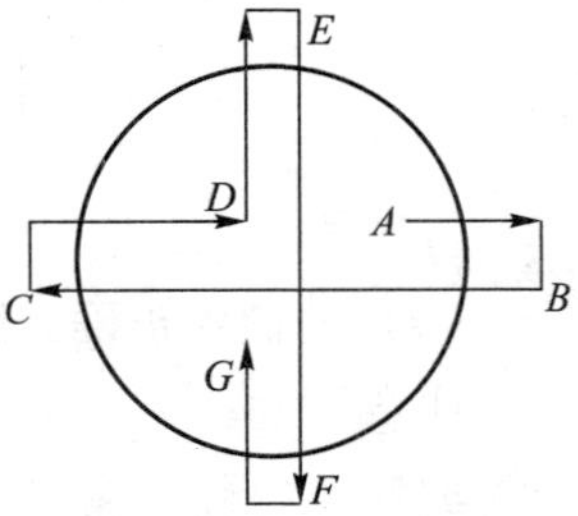

图3－8　图形件的对刀

对于对称工件，可按图3－8的顺序移动 X 轴或 Y 轴，通过刀具与工件外表面接触，此时按 F9—F3—F4（相对坐标系）—F5（相对值零点）—Y，然后返回，向相反的对面外表面接近，记录位置数据，提高刀具，返回两表面距离1/2处的中心位置。回零，反复几次，定中心结束。然后 Z 轴对刀，使刀具中心与编程工件坐标原点重合，此时再将坐标系设为机床坐标系，并记录 X、Y、Z 轴的坐标数据。

二、数控铣床手动试切法对刀的基本步骤

1. G92　Xα Yβ Zγ 指令对刀

要点：自动加工程序前，铣刀要求一定要准确停在程序起点位置。

方法一：

（1）根据上述的步骤，确定程序原点的机床坐标；再根据程序原点的机床坐标计算出程序起点 H（对刀点）的机床坐标 $X_H=X_A+\alpha$；$Y_H=Y_A+\beta$；$Z_H=Z_A+\gamma$。

（2）用 MDI 功能，运行 G53 XH YH ZH，将刀具自动移动到对刀点。

方法二：

（1）根据上述的步骤，确定程序原点的机床坐标；用点动＋步进方式，将铣刀中心对齐程序原点。

（2）用 MDI 功能，运行 G91 G00 Xα Yβ Zγ，将刀具自动移动到对刀点。

2. G54 ~ G59 指令对刀

要点：自动加工程序前，需要将程序原点的机床坐标输入到数控系统软件的坐标系中。

方法：根据上述步骤，确定了程序原点的机床坐标后：

（1）在 MDI 功能子菜单下按“F3”键，进入坐标系手动数据输入方式，图形显示窗口首先显示 G54 坐标系数据。

（2）按“Pgdn”或“Pgup”键选择要输入的数据类型，如 G55、G56、G57、G5、G59 坐标系，当前工件坐标系的偏置值（坐标系零点相对于机床零点的值）或当前相对值零点。

（3）如图 3 –9 所示，在 MDI 命令行输入所需程序原点的机床坐标，如“X__ Y__ Z__ ”，并按“Enter”键，设置 G54 坐标系的 X、Y、Z 偏置。

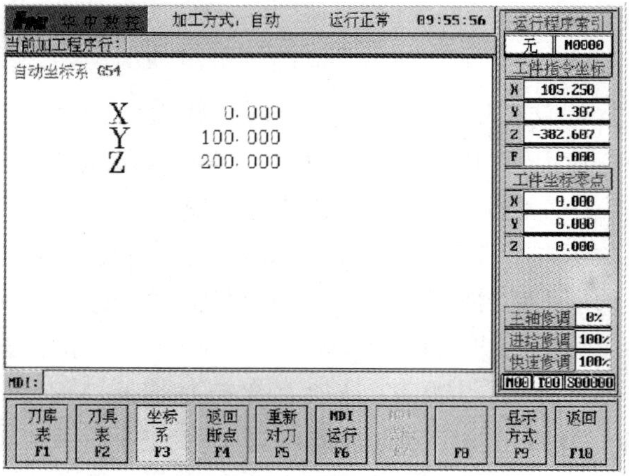

图 3 –9 MDI 方式下的坐标系设置

（4）若输入正确，图形显示窗口相应位置将显示修改过的值；否则原值不变。

注意：

编辑的过程中在按“Enter”键之前按“Esc”键可退出编辑，但输入的数据将丢失，系统将保持原值不变。

（5）将机床工作方式设为自动方式，按下“循环启动”键，则软件界面右侧的工件坐标零点显示的数据与输入的数据一致。

3.1.4 项目任务

针对不同形状零件熟练掌握 G54 ~ G59 指令试切对刀操作及检验方法。

操作步骤：

（1）上电：机床电源 → 系统电源→ 伺服电源；

（2）回参考点；

（3）毛坯装夹；

（4）刀具装夹；

（5）起动主轴；

（6）手动控制刀具的不同位置触碰工件的不同位置，并将不同位置的坐标值记录下来，计算出程序原点的机床坐标；

（7）用 MDI 功能运行 G91 G00 Xα Yβ Zγ，将刀具自动移动到对刀点；

(8) 在坐标系设定界面下，用 MDI 命令行输入所需程序原点的机床坐标，如"X_ Y_ Z_"，并按"Enter"键，设置选中的坐标系（G54 ~ G59）的 X、Y、Z 偏置。

注意事项

(1) 工件、刀具装夹要紧、正；

(2) 对刀过程中要保持清晰的思路；

(3) 注意观察显示屏上的各种信息；

(4) 做到安全、文明操作；

(5) 实习结束前要收拾好工、量具，主轴和工作台移动到位，关闭电源；

(6) 清扫机床及场地卫生。

3.2　简单铣削类零件程序编制与机床操作

学习目标

熟练掌握数控铣削基本指令的使用方法。

能正确选择设备、刀具、夹具与切削用量。

能正确安装刀具，熟练对刀。

会使用相关量具准确检测零件。

能正确运用数控机床校验编写的零件数控程序，并正确加工零件。

培养独立工作的能力和安全文明生产的习惯。

3.2.1　铣削简单凹槽类零件

【任务一】

如图 3－10 所示，用 $\phi8$ mm 的刀具，沿双点画线加工深 3 mm 的凹槽。

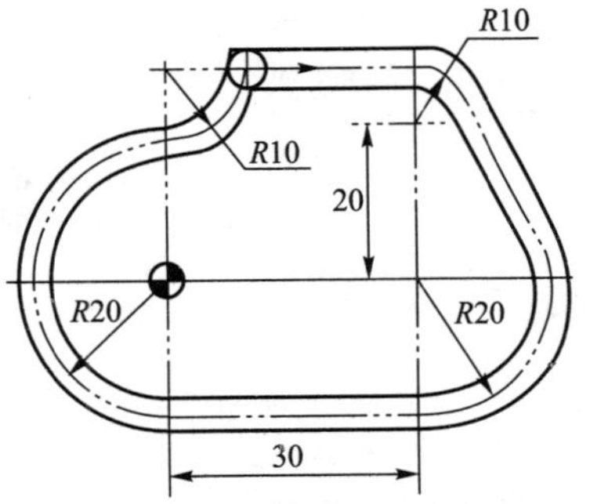

图 3－10　任务一用图

相关知识学习：

一、准备功能 G 代码

准备功能 G 指令由 G 后一或二位数值组成，它用来规定刀具和工件的相对运动轨迹、机床坐标系、坐标平面、刀具补偿和坐标偏置等多种加工操作。

华中世纪星 HNC－21M 数控装置 G 功能指令如表 3－1 所示。

表 3-1　华中世纪星 HNC-21M 数控装置 G 功能指令

G 代码	组	G 功 能 指 令	参数（后续地址字）
G00	01	0	X，Y，Z，4TH
▲G01		直线插补	X，Y，Z，4TH
G02		顺圆插补	X，Y，Z，I，J，K，R
G03		逆圆插补	X，Y，Z，I，J，K，R
G04	00	暂停	P
G07	16	虚轴指定	X，Y，Z，4TH
G09	00	准停校验	
▲G17	02	*XY* 平面选择	X，Y
G18		*ZX* 平面选择	X，Z
G19		*YZ* 平面选择	Y，Z
G20	08	英寸输入	
▲G21		毫米输入	
G22		脉冲当量	
G24	03	镜像开	X，Y，Z，4TH
▲G25		镜像关	
G28	00	返回到参考点	X，Y，Z，4TH
G29		由参考点返回	X，Y，Z，4TH
G34		螺纹切削	K、F、P
▲G40	09	刀具半径补偿取消	
G41		左刀补	D
G42		右刀补	D
G43	10	刀具长度正向补偿	H
G44		刀具长度负向补偿	H
▲G49		刀具长度补偿取消	
▲G50	04	缩放关	
G51		缩放开	X，Y，Z，P

续表

G代码	组	G功能指令	参数（后续地址字）
G53	00	直接机床坐标系编程	X，Y，Z，4TH
G54	11	工件坐标系1选择	
G55		工件坐标系2选择	
G56		工件坐标系3选择	
G57		工件坐标系4选择	
G58		工件坐标系5选择	
G59		工件坐标系6选择	
G60	00	单方向定位	X，Y，Z，4TH
▲G61	12	精确停止校验方式	
G64		连续方式	
G68	05	旋转变换	X，Y，Z，P
▲G69		旋转取消	
G73	06	深孔钻削循环	X，Y，Z，P，Q，R，I，J，K
G74		逆攻丝循环	X，Y，Z，P，Q，R，I，J，K
G76		精镗循环	X，Y，Z，P，Q，R，I，J，K
▲G80		固定循环取消	X，Y，Z，P，Q，R，I，J，K
G81		中心钻循环	X，Y，Z，P，Q，R，I，J，K
G82		带停顿钻孔循环	X，Y，Z，P，Q，R，I，J，K
G83		深孔钻循环	X，Y，Z，P，Q，R，I，J，K
G84		攻丝循环	X，Y，Z，P，Q，R，I，J，K
G85		镗孔循环	X，Y，Z，P，Q，R，I，J，K
G86	06	镗孔循环	X，Y，Z，P，Q，R，I，J，K
G87		反镗循环	X，Y，Z，P，Q，R，I，J，K
G88		镗孔循环	X，Y，Z，P，Q，R，I，J，K
▲G89		镗孔循环	X，Y，Z，P，Q，R，I，J，K
G70		圆周钻孔循环	
G71		圆弧钻孔循环	
G78		角度直线钻孔循环	
G79		棋盘钻孔循环	

续表

G 代码	组	G 功 能 指 令	参数（后续地址字）
G90	13	绝对值编程	
G91		增量值编程	
G92	00	工件坐标系设定	X，Y，Z，4TH
▲G94	14	每分钟进给	
G95		每转进给	
▲G98	15	固定循环返回起始点	
G99		固定循环返回到 R 点	
注意： （1）4TH 指的是 X、Y、Z 之外的第 4 轴可用 A、B、C 等命名； （2）00 组中的 G 代码是非模态的，其他组的 G 代码是模态的； （3）标记者为默认值，上电时将被初始化为该功能。			

G 功能有非模态 G 功能和模态 G 功能之分，其介绍同数控车床。

模态 G 功能组中包含一个默认 G 功能（表 3－1 中有▲标记者），没有共同参数的不同组 G 代码可以放在同一程序段中，而且与顺序无关。例如，G90、G17 可与 G01 放在同一程序段，但 G24、G68、G51 等不能与 G01 放在同一程序段。

二、绝对值编程 G90 与相对值编程 G91 指令

格式：

G90

G91

说明：

G90：绝对值编程，每个编程坐标轴上的编程值是相对于程序原点的。

G91：相对值编程，每个编程坐标轴上的编程值是相对于前一位置而言的，该值等于沿轴移动的距离。

G90、G91 为模态功能，可相互注销；G90 为默认值。

G90、G91 可用于同一程序段中，但要注意其顺序所造成的差异。

例 3.1 如图 3－11 所示，使用 G90、G91 编程，要求刀具由原点按顺序移动到 1、2、3 点。

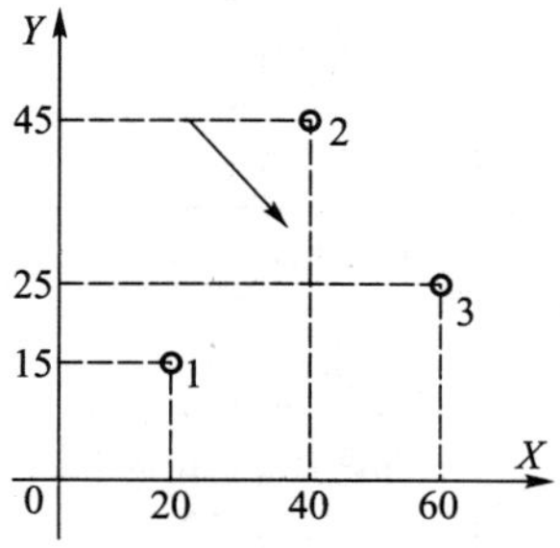

图 3－11 例 3.1 用图

G90 编程	G91 编程
%3001	%0001
M03 S500	M03 S500
N01 G92 X0 Y0 Z10	N01 G92 X0 Y0 Z10
N02 G01 X20 Y15	N02 G91 G01 X20 Y15
N03 X40 Y45	N03 X20 Y30
N04 X60 Y25	N04 X20 Y -20
N05 X0 Y0 Z10	N05 G90 X0 Y0

选择合适的编程方式可使编程简化。当图纸尺寸由一个固定基准给定时，采用绝对方式编程较为方便；而当图纸尺寸是以轮廓顶点之间的间距给出时，采用相对方式编程较为方便。

三、快速定位 G00 指令

格式：

G00　X_　Y_　Z_　A_

说明：

X、Y、Z、A：快速定位终点，G90 时为终点在工件坐标系中的坐标；G91 时为终点相对于起点的位移量。

G00 指令刀具相对于工件以各轴预先设定的速度，从当前位置快速移动到程序段指令的定位目标点。

G00 指令中的快移速度由机床参数“快移进给速度”对各轴分别设定，不能用 F 规定。

G00 一般用于加工前快速定位或加工后快速退刀。

快移速度可由面板上的快速修调旋钮修正。

G00 为模态功能，可由 G01、G02、G03 或 G34 功能注销。

注意：在执行 G00 指令时，由于各轴以各自速度移动，不能保证各轴同时到达终点，因而联动直线轴的合成轨迹不一定是直线。操作者必须格外小心，以免刀具与工件发生碰撞。常见的做法是将 Z 轴移动到安全高度，再执行 G00 指令。

例 3.2　如图 3－12 所示，使用 G00 编程，要求刀具从 A 点快速定位到 B 点。

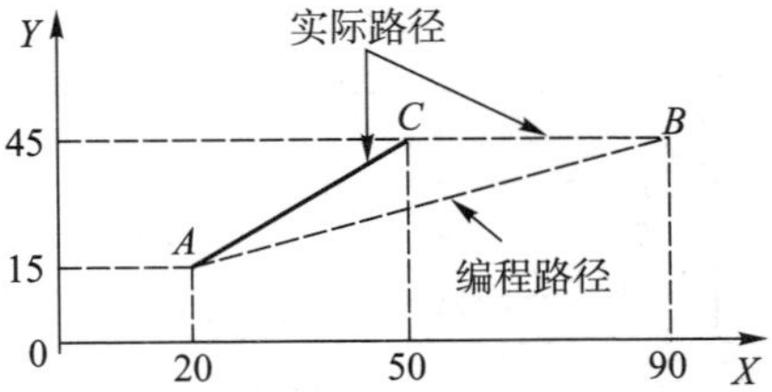

图 3－12　例 3.2 用图

从 A 点到 B 点快速定位：

绝对值编程：

G90 G00 X90 Y45

增量值编程：

G91 G00 X70 Y30

当 X 轴和 Y 轴的快进速度相同时，从 A 点到 B 点的快速定位路线为 $A \to C \to B$，即以折线的方式到达 B 点，而不是以直线方式从 A 点到 B 点。

四、线性进给 G01 指令

格式：

G01　X_　Y_　Z_　A_　F_

说明：

X、Y、Z、A：线性进给终点，在 G90 时为终点在工件坐标系中的坐标；在 G91 时为终点相对于起点的位移量；

F：合成进给速度。

G01 指令刀具以联动的方式，按 F 规定的合成进给速度，从当前位置按线性路线（联动直线轴的合成轨迹为直线）移动到程序段指令的终点。

G01 是模态代码，可由 G00、G02、G03 或 G34 功能注销。

例 3.3　如图 3－13 所示，使用 G01 编程，要求从 A 点线性进给到 B 点（此时的进给路线是 $A \to B$ 的直线）。

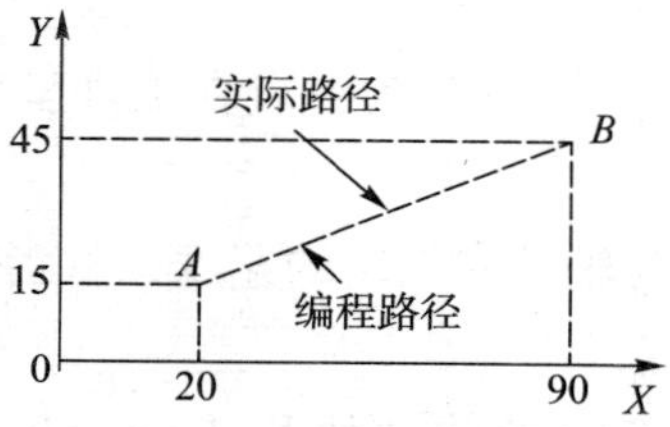

图 3－13　例 3.3 用图

从 A 到 B 线性进给：

绝对值编程：

G90 G01 X90 Y45 F800

增量值编程：

G91 G01 X70 Y30 F800

例 3.4　用 $\phi 8$ mm 键槽立铣刀加工 3 mm 深矩形槽，如图 3－14 所示，双点画线为工件外轮廓尺寸。

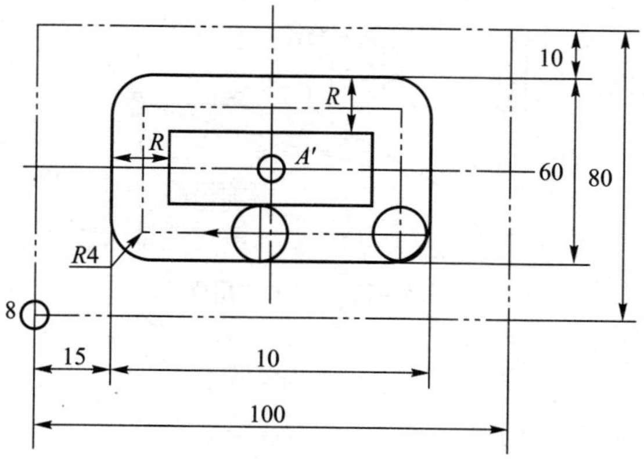

图 3－14　例 3.4 用图

工件零点在 *A* 处：

```
%3002
N1 G92 X0 Y0 Z50
N2 M03 S500
N3 G00 X -31 Y -26
N4 Z5
N5 G01 Z -3 F40
N6 Y26 F100
N7 X31
N8 Y -26
N9 X -31
N10 G00 Z50
N11 X0 Y0
N12 M05
N13 M30
```

工件零点在 *B* 处：

```
%3003
N1 G92 X0 Y0 Z50
N2 M03 S500
N3 G00 X19 Y14
N4 Z5
N5 G01 Z -3 F40
N6 Y66 F100
N7 X81
N8 Y14
N9 X19
N10 G00 Z50
N11 X0 Y0
N12 M05
N13 M30
```

五、圆弧进给 G02/G03 指令

格式：

G17/G18/G19 G02/G03 X_ Y_ I_ J_ /R_ F_

说明：

“/”表示“或”的含义；

G02：顺时针圆弧插补（见图 3 – 15）；

G03：逆时针圆弧插补（见图 3 – 15）；

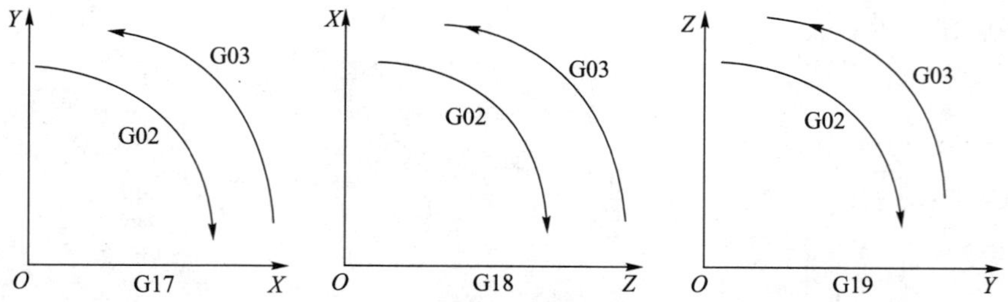

图 3－15　不同平面的 G02 与 G03 选择

G17：*XY* 平面的圆弧；

G18：*ZX* 平面的圆弧；

G19：*YZ* 平面的圆弧；

X，Y，Z：G90 时为圆弧终点在工件坐标系中的坐标；G91 时为圆弧终点相对于圆弧起点的位移量；

I，J，K：圆心相对于圆弧起点的有向距离（见图 3－16）。

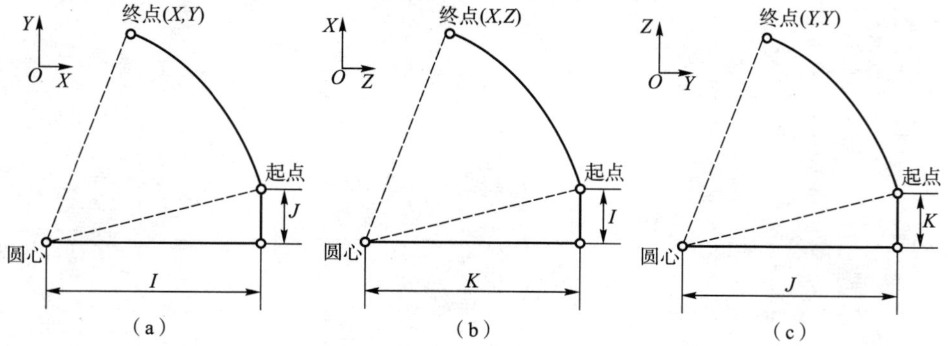

图 3－16　“I、J、K”的选择

无论是绝对编程还是增量编程都是以增量方式指定；

整圆编程时不可以使用“R”，只能用“I、J、K”。

R：圆弧半径。当圆弧圆心角小于 180°为劣弧时，*R* 为正值；当圆弧圆心角大于 180°为优弧时，*R* 为负值。

F：被编程的两个轴的合成进给速度。

注：不是整圆编程时，定义 R 方式与定义 I、J、K 方式只需选择一种。当两种方式都定义，则以 R 方式有效。

例 3.5　使用 G02 对图 3－17 所示劣弧 *a* 和优弧 *b* 编程。

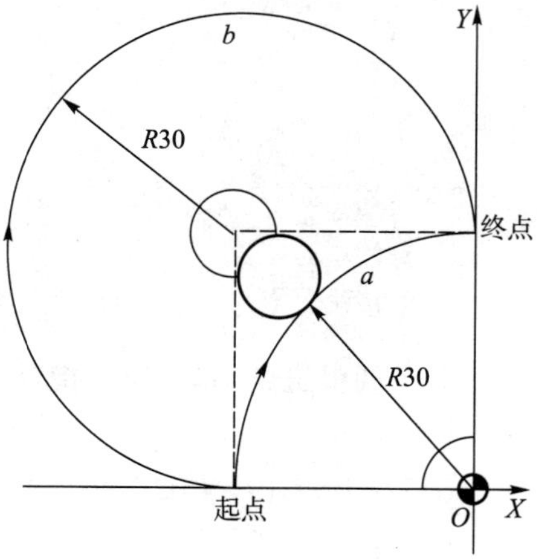

图 3－17　例 3.5 用图

圆弧编程的四种方法组合。

（1）圆弧 *a*。

G91 G02 X30 Y30 R30 F300

G91 G02 X30 Y30 I30 J0 F300

G90 G02 X0 Y30 R30 F300

G90 G02 X0 Y30 I30 J0 F300

(2) 圆弧 b。

G91 G02 X30 Y30 R -30 F300

G91 G02 X30 Y30 I0 J30 F300

G90 G02 X0 Y30 R -30 F300

G90 G02 X0 Y30 I0 J30 F300

例 3.6 使用 G02/G03 对图 3-18 所示的整圆编程。

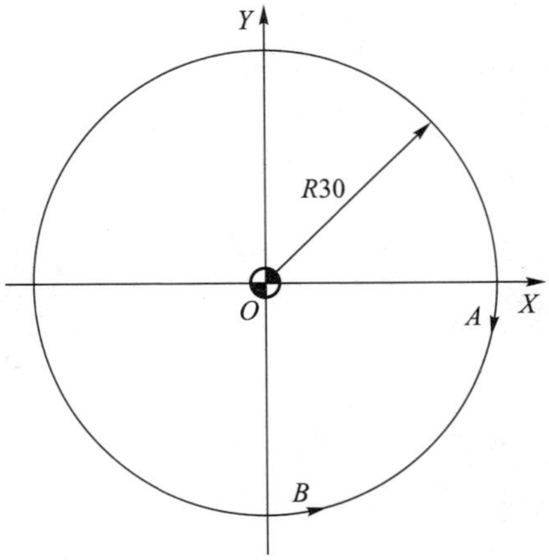

图 3-18 例 3.6 用图

(1) 从 A 点顺时针一周时。

G90 G02 X30 Y0 I -30 J0 F300

G91 G02 X0 Y0 I -30 J0 F300

(2) 从 B 点逆时针一周时。

G90 G03 X0 Y -30 I0 J30 F300

G91 G03 X0 Y0 I0 J30 F300

任务一图 3-10 加工程序：

```
%3004
N1 G92 X0 Y0 Z50
N2 M03 S500
N3 G00 X10 Y30
N4 Z5
N5 G01 Z -3 F40
N6 X30
N7 G02 X38.66 Y25 R10
(N7 G02 X38.66 Y25 J -10)
N8 G01 X47.32 Y10
N9 G02 X30 Y -20 R20
(N9 G02 X30 Y -20 J -10 I -17.32)
N10 G01 X0
N11 G02 X0 Y20 R20
(N11 G02 X0 Y20 J20)
N12 G03 X10 Y30 R10
(N13 G03 X10 Y30 J10)
N14 G00 Z50
N15 X0 Y0
N16 M30
```

项目训练

如图 3-19 所示，用 $\phi 8$ mm 的刀具，沿双点画线加工深 3 mm 的凹槽，编制该加工程序。

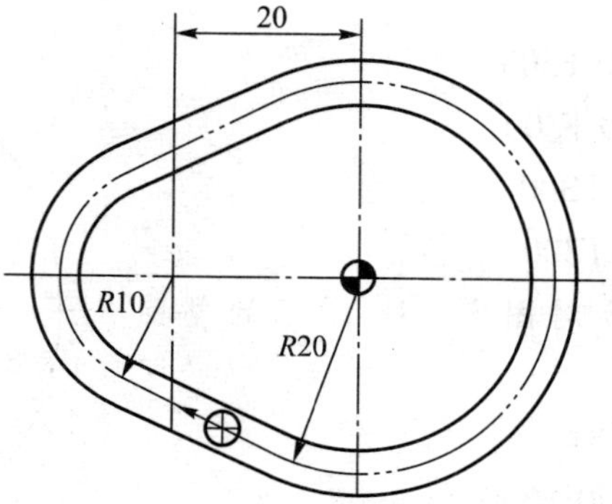

图 3-19　项目训练用图

拓展知识

一、尺寸单位选择 G20、G21、G22 指令

格式：

G20

G21

G22

说明：

G20：英制输入制式；

G21：公制输入制式；

G22：脉冲当量输入制式。

三种制式下线性轴、旋转轴的尺寸单位如表 3-2 所示。

表 3-2　尺寸输入制式及其单位

尺寸输入制式	线 性 轴	旋 转 轴
英制（G20）	in	(°)
公制（G21）	mm	(°)
脉冲当量（G22）	移动轴脉冲当量	旋转轴脉冲当量

G20、G21、G22 为模态功能，可相互注销；G21 为默认值。

二、进给速度单位的设定 G94、G95 指令

格式：

G94 [F_]

G95 [F_]

说明：

G94：每分钟进给；

G95：每转进给。

G94 为每分钟进给。对于线性轴，F 的单位依 G20/G21/G22 的设定为 in/min、mm/min

或脉冲当量/min；对于旋转轴，F的单位为（°）/min或脉冲当量/min。

G95为每转进给，即主轴转一周时刀具的进给量。F的单位依G20/G21/G22的设定为in/r、mm/r或脉冲当量/r。这个功能只在主轴装有编码器时才能使用。

G94、G95为模态功能，可相互注销；G94为默认值。

三、坐标系设定G92

格式：

G92 X_ Y_ Z_ A_

说明：

X、Y、Z、A：设定的坐标系原点到刀具起点的有向距离（注意：HN－21M的最大联动轴数为4。本书中，假设第四轴用A表示）。

当系统执行“G92 X_ Y_ Z_”程序段时，系统可设定一个坐标系，此时刀具的刀位点在该坐标系下的坐标值为“*X_ Y_ Z_*”。而刀位点在机床坐标系下的坐标值系统总是知道的，故系统可确定该坐标系与机床坐标系的位置关系。

刀具无论在什么地方执行“G92 X_ Y_ Z_”程序段，均可设定一个系统知道的坐标系，并控制刀具刀位点在该坐标系下按程序轨迹进行加工，称G92指令设定的坐标系为加工坐标系（数控系统设定加工坐标系的指令还有G54～G59指令）。

但要想正确地实现工件加工，必须使G92设定的加工坐标系与编程时在工件上设定的工件坐标系重合。实现重合的前提：当系统执行“G92 X_ Y_ Z_”程序段时，刀具的刀位点在工件坐标系下的坐标值正好为“*X_ Y_ Z_*”，而此时刀具的刀位点在加工坐标系下的坐标值也为“*X_ Y_ Z_*”，加工原点与编程原点重合。这样系统才能按编程时设计的工艺思路加工。事实上，系统只知道加工坐标系的位置，不知道工件坐标系和工件的位置，只有当加工坐标系与工件坐标系重合时，才间接知道工件坐标系和工件的位置。

正确加工的前提：在执行“G92 X_ Y_ Z_”程序段时，刀具的刀位点正好在工件坐标系的“*X_ Y_ Z_*”位置。要满足该前提条件，只有通过对刀操作，由操作者找到工件坐标系下的该位置（由于工件安装时，受工艺因素或人为因素的影响，工件的位置是随机的，任何系统都要进行对刀操作）。

综上可知，G92指令的作用：将操作者知道的工件坐标系位置，通过G92指令的过渡，使数控装置知道。而正确过渡是有前提的。

G92指令通过设定刀具起点（对刀点）与坐标系原点的相对位置建立工件坐标系，工件坐标系一旦建立，绝对值编程时的指令值就是其此坐标系中的坐标值。

注：执行此程序段只建立工件坐标系，刀具并不产生运动。

G92指令为非模态指令，一般放在一个零件程序的第一段。

例3.7 使用G92编程，建立如图3－20所示的工件坐标系。

G92 X30.0 Y30.0 Z20.0

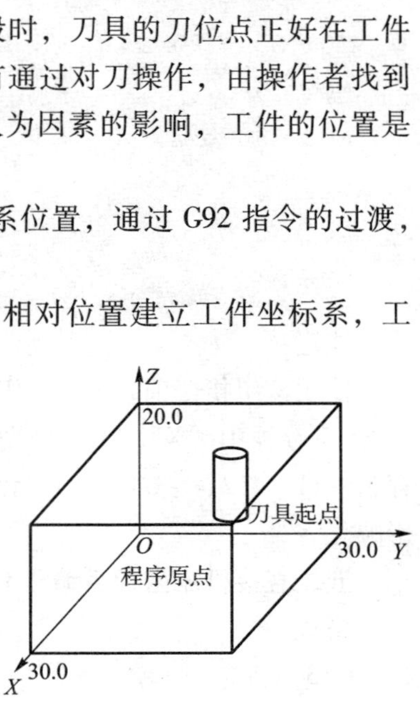

图3－20 例3.7用图

四、工件坐标系选择 G54 ~ G59 指令

格式：

G54

G55

G56

G57

G58

G59

说明：

同数控车床部分的介绍。

例 3.8 如图 3-21 所示，使用工件坐标系编程，要求刀具从当前点移动到 G54 坐标系下的 *A* 点，再移动到 G59 坐标系下的 *B* 点，然后移动到 G54 坐标系零点 O_1 点。

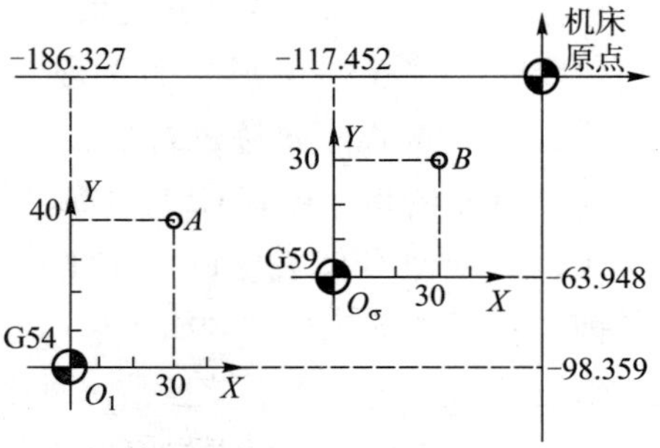

图 3-21 例 3.8 用图

```
%3006(当前点→A→B→O1)
N01 G54 G00 G90 X30 Y40
N02 G59
N03 G00 X30 Y30
N04 G54
N05 X0 Y0
N06 M30
```

注意：

使用该组指令前，先用 MDI 方式输入各坐标系的坐标原点在机床坐标系中的坐标值（G54 寄存器中“X”“Y”分别存为 -186.327、-98.359；G59 寄存器中“X”“Y”分别存为 -117.452、-63.948）。该值是通过对刀得到的，其值受编程原点和工件安装位置的影响。

五、直接机床坐标系编程 G53 指令

格式：

G53

说明：

同数控车床部分的介绍。

六、坐标平面选择 G17、G18、G19 指令

格式：

G17

G18

G19

说明：

G17：选择 *XY* 平面；

G18：选择 *ZX* 平面；

G19：选择 *YZ* 平面。

该组指令选择进行圆弧插补和刀具半径补偿的平面。

G17、G18、G19 为模态功能，可相互注销；G17 为默认值。

注意：移动指令与平面选择无关。例如，执行“G17 G01 Z10”命令时，*Z* 轴照样会移动。

七、坐标系和刀具偏移量的改变（可编程数据输入）G10 指令

格式：

G10 P_ X_ Y_ Z_

说明：

P：指定的自动坐标系，取值为 54 ~ 59，例如，希望修改自动坐标系 G54 的坐标值，那么指定参数为 54；

X，Y，Z：坐标偏移量，用于指定在当前用户坐标系上所需要的偏移量。

当使用 G90 时，坐标系设定值即为当前坐标系值。

当使用 G91 时，坐标系设定值是以增量方式累加到当前坐标系上，也可以在指令中间设置某个参数，例如：

G10 P54 G90 X40 Y10 Z10

G10 P54 G90 X40 G91 Y10 Z10

注意：(1) 该指令为非模态指令；

(2) 该指令无法改变 G92 坐标系的值。

八、单方向定位 G60 指令

格式：

G60 X_ Y_ Z_ A_

说明：

X、Y、Z、A：单向定位终点，在 G90 时为终点在工件坐标系中的坐标；在 G91 时为终点相对于起点的位移量。

G60 单方向定位过程：各轴先以 G00 速度快速定位到一中间点，然后以一固定速度移动到定位终点。

各轴的定位方向（从中间点到定位终点的方向），以及中间点与定位终点的距离由机床参数“单向定位偏移值”设定。当该参数值 <0 时，定位方向为负；当该参数值 >0 时，定位方向为正。

G60 指令仅在其被规定的程序段中有效。

3.2.2 利用刀具补偿加工简单铣削零件

【任务二】

如图 3－22 所示，用 ϕ8 mm 的刀具加工 2 mm 高凸台，运用刀具补偿功能完成凸台的编程加工。

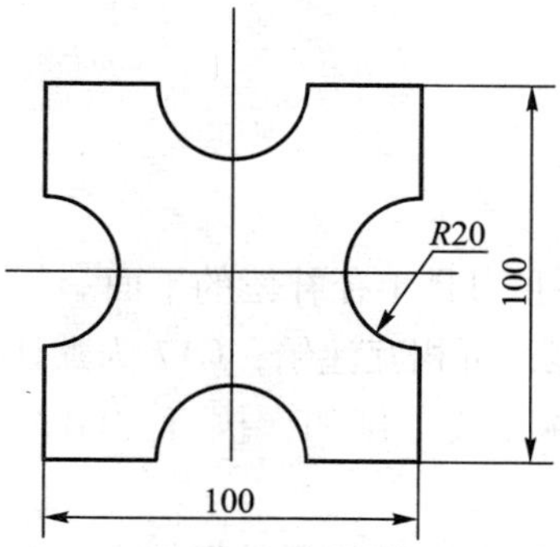

图 3－22 任务二用图

相关知识学习

一、刀具半径补偿 G40、G41、G42 指令

格式：

G17/G18/G19 G40/G41/G42 X_ Y_ Z_ D_

说明：

G40：取消刀具半径补偿；

G41：左刀补（在刀具前进方向左侧补偿），如图 3－23（a）所示；

G42：右刀补（在刀具前进方向右侧补偿），如图 3－23（b）所示；

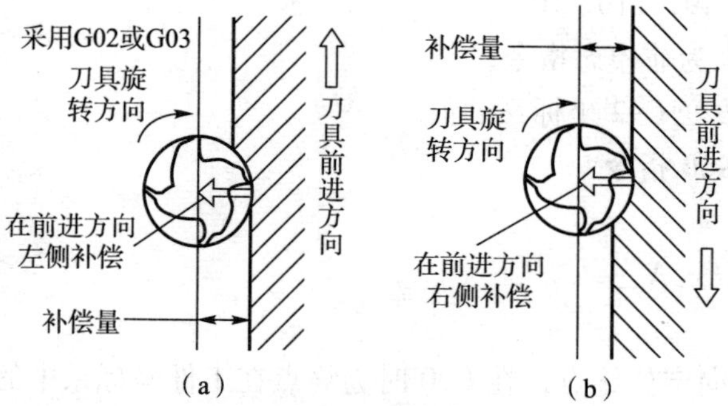

图 3－23 刀具补偿方向

（a）左刀补；（b）右刀补

G17：刀具半径补偿平面为 *XY* 平面；

G18：刀具半径补偿平面为 *ZX* 平面；

G19：刀具半径补偿平面为 *YZ* 平面；

X，Y，Z：G00/G01 的参数，即刀补建立或取消的终点（注：投影到补偿平面上的刀具轨迹受到补偿）；

D：方式一：刀补表中刀补号码（D00～D99），它代表了刀补表中对应的半径补偿值；方式二：#100～#199 全局变量定义的半径补偿量。

G40、G41、G42 都是模态代码，可相互注销。

注意：

（1）刀具半径补偿平面的切换必须在补偿取消方式下进行；

（2）刀具半径补偿的建立与取消只能用 G00 或 G01 指令，不得采用 G02 或 G03 指令。

例 3.9　考虑刀具半径补偿，编制如图 3－24 所示零件的加工程序：要求建立如图 3－24 所示的工件坐标系，按箭头所指示的路径进行加工，设加工开始时刀具距离工件上表面 50 mm，切削深度为 10 mm。

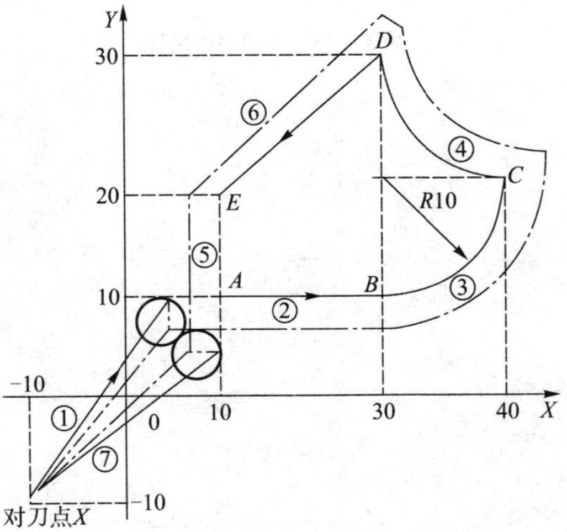

图 3－24　例 3.9 用图

```
%3007
G56
G00 X -10 Y -10 Z50
G90 G17
G42 G00 X4 Y10 D01
Z2 M03 S900
G01 Z -10 F800
X30
G03 X40 Y20 I0 J10
G02 X30 Y30 I0 J10
G01 X10 Y20
Y5
G00 Z50 M05
G40 X -10 Y -10
M02
```

注意：图 3－24 中带箭头的实线为编程轮廓，不带箭头的点画线为刀具中心的实际路线。

例 3.10 如图 3-25 所示，用 ϕ8 mm 的刀具，沿轮廓加工高度为 3 mm 的凸模。

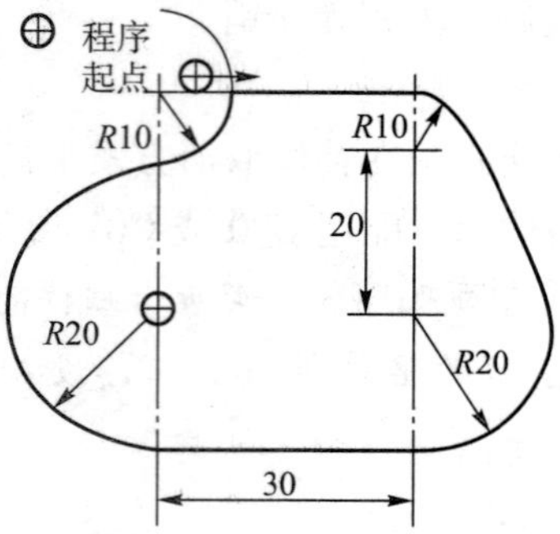

图 3-25 例 3.10 用图

```
%3026
N1 G92 X -40 Y50 Z50
N2 M03 S500
N4 G01 Z -3 F400
N5 G01 G41 X5 Y30 D01 F40
N6 X30
N7 G02 X38.66 Y25 R10
(N7 G02 X38.66 Y25 J -10)
N8 G01 X47.32 Y10
N9 G02 X30 Y -20 R20
(N9 G02 X30 Y -20 I -17.32 J -10)
N10 G01 X0
N11 G02 X0 Y20 R20
(N11 G02 X0 Y20 J20)
N12 G03 Y40 R10
(N12 G03 Y40 J10)
N13 G00 G90 G40 X -40 Y50
N14 G00 Z50
N15 M30
```

例 3.11 如图 3-26 所示，用 ϕ8 mm 的刀具，沿轮廓加工高度为 3 mm 的凸模和凹模。

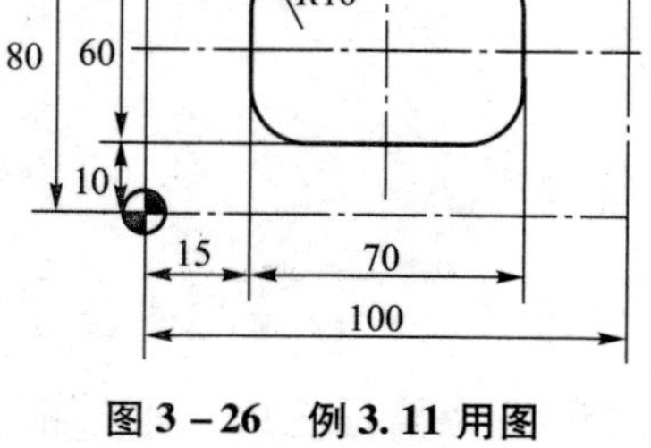

图 3-26 例 3.11 用图

```
%3322(凹模)                        %3323(凸模)
N1 G55 G00 X-10 Y-10 Z50           N1 #101=4
N2 M03 S500                        N2 G55 G00 X-10 Y-10 Z50
N3 Z5                              N3 M03 S500
N4 G00 X25 Y20                     N4 Z5
N5 G01 Z-3 F40                     N5 G01 Z-3 F40
N6 G41 Y30 D01 F100                N6 G41 X15 D101 F100
N7 G03 Y10 R10                     N7 Y60
N8 G01 X75                         N8 G02 X25 Y70 R10
N9 G03 X85 Y20 R10                 N9 G01 X75
N10 G01 Y60                        N10 G02 X85 Y60 R10
N11 G03 X75 Y70 R10                N11 G01 Y20
N12 G01 X25                        N12 G02 X75 Y10 R10
N13 G03 X15 Y60 R10                N13 G01 X25
N14 G01 Y20                        N14 G02 X15 Y20 R10
N15 G03 X23 Y12 R8                 N15 G01 Z10
N16 G01 Z10                        N16 G00 G40 X0 Y0
N17 G00 G40 X25 Y20                N17 G0 Z50
N18 G0 Z50                         N18 M30
N19 M30
```

二、刀具长度补偿 G43、G44、G49 指令

格式：

G17/G18/G19　G43/G44/G49　G00/G01　X_　Y_　Z_　H_

说明：

“/”表示“或”的含义；

G17：刀具长度补偿轴为 Z 轴；

G18：刀具长度补偿轴为 Y 轴；

G19：刀具长度补偿轴为 X 轴；

G49：取消刀具长度补偿；

G43：正向偏置（补偿轴终点加上偏置值）；

G44：负向偏置（补偿轴终点减去偏置值）；

X，Y，Z：G00/G01 的参数，即刀补建立或取消的终点；

H：G43/G44 的参数，即刀具长度补偿偏置号（H00~H99），它代表了刀补表中对应的长度补偿值。

G43、G44、G49 都是模态代码，可相互注销。

例 3.12　考虑刀具长度补偿，编制如图 3-27 所示零件的加工程序，要求建立如图 3-27 所示的工件坐标系，按箭头所指示的路径进行加工。

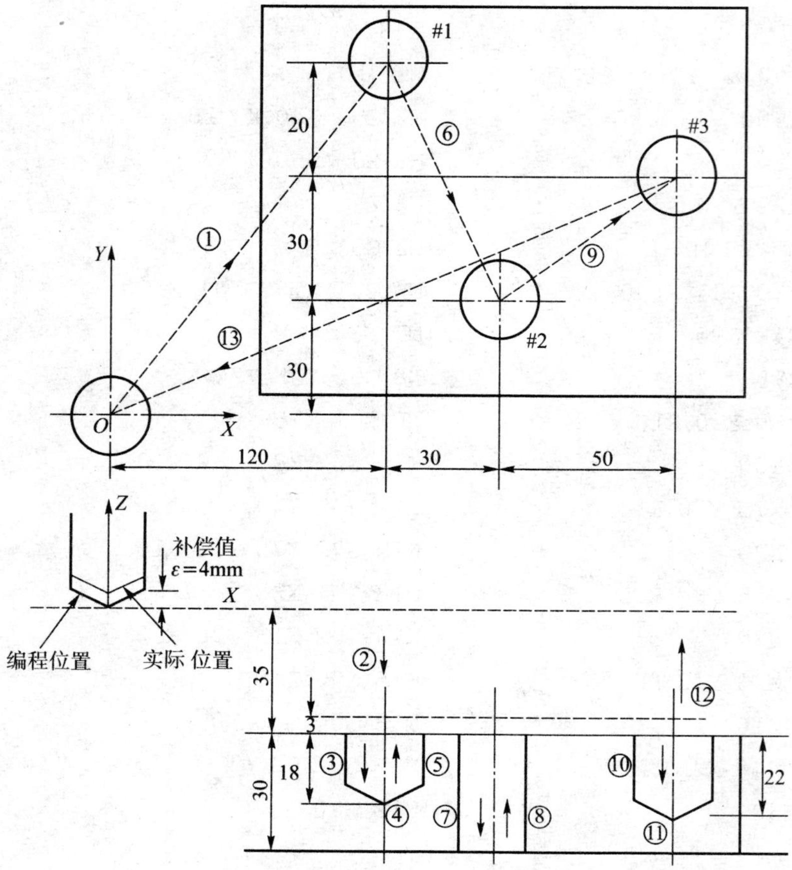

图 3-27　例 3.12 用图

```
%3028
G54 G00 X0 Y0 Z0
G91 G00 X120 Y80 M03 S600
G43 Z -32 H01
G01 Z -21 F300
G04 P2
G00 Z21
X30 Y -50
G01 Z -41
G00 Z41
X50 Y30
G01 Z -25
G04 P2
G00 G49 Z57
X -200 Y -60
M05
M30
```

注意：

（1）垂直于 G17/G18/G19 所选平面的轴受到长度补偿；

（2）偏置号改变时，新的偏置值并不加到旧偏置值上，例如，设 H01 的偏置值为 20，H02 的偏置值为 30，则

G90 G43 Z100 H01　　；Z 将达到 120

G90 G43 Z100 H02　　；Z 将达到 130

三、RTCP 刀具长度补偿功能

在五坐标数控机床上进行加工时，刀具会相对工件做旋转运动，为使刀具中心点沿编程轨迹运动，需要以刀具中心点为基准，根据刀具的长度矢量，对刀具的控制点位置进行自动补偿。此功能一般称为 RTCP（Rotation Tool Center Point Programming），如图 3－28 所示。

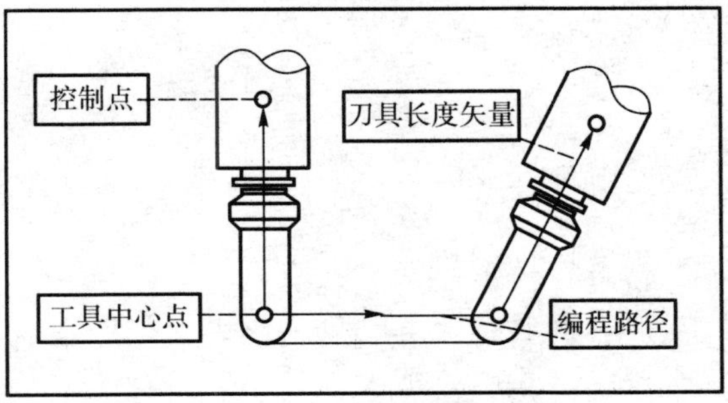

图 3－28　刀具中心点编程原理

使用本功能后，可以在 X、Y、Z 三个正交轴之外，在具有刀具旋转的机床中，一边改变刀具的姿势，一边补偿刀具长度而进行加工，刀具对工件的方向即使改变，仍然沿着刀具中心点所指定的路径移动。

在刀具中心点控制中可以使用的指令有直线插补 G01 指令、快速定位 G00 指令和圆弧插补 G02/G03 指令。

该功能的实现使得在 CAM 编程时，可以直接使用刀具中心进行编程，而不需要考虑转轴中心，转轴中心独立于编程，但在执行程序前需由显示终端输入。同时，也无须为了更改刀具长度而重新定位程序。

该功能的使用格式与方法和三轴铣床系统 G43、G44、G49 的长度补偿指令及刀具长度参数设置接口一致。

任务二图 3－22 加工程序：

将程序不完整的部分补全。

```
%1002
G54
G00 X0 Y0 Z100
Z5 M03 S1000
M07
G42 G00 X60 Y-60 D01
Z-2
```

```
G01 Y-20 F100
(                    )
G01 Y50
X20
G02 X-20 R20
G01 X-50
(                    )
G02 Y-20 R20
G01 Y-50
X-20
(                    )
G01 X60
G00 Z5
G40 X0 Y0
G00 Z100
M09
M30
```

项目训练 1

如图 3-29 所示 2 mm 深凹槽，采用 $\phi 8$ mm 的平底铣刀，运用刀具补偿完成凹槽的编程加工。

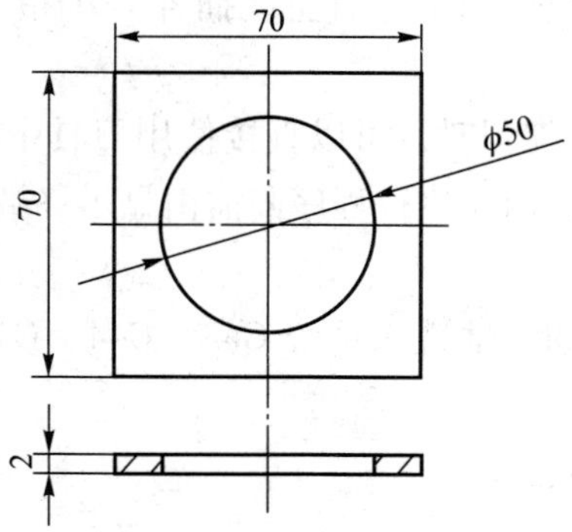

图 3-29　项目训练 1 用图

项目训练 2

如图 3-30 所示 2 mm 高凸台，采用 $\phi 8$ mm 的平底铣刀，运用刀具补偿完成凸台的编程加工。

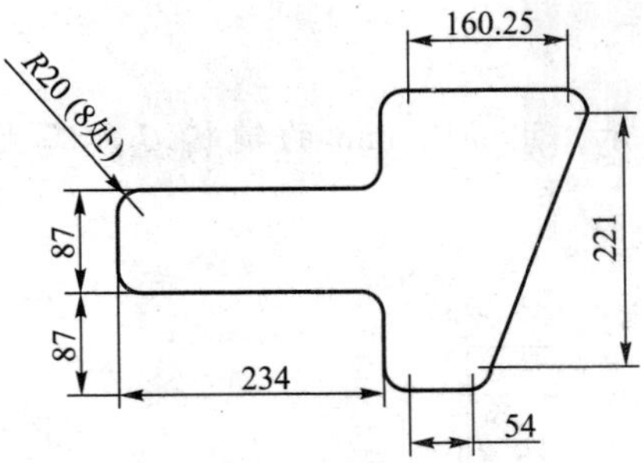

图3-30　项目训练2用图

项目训练3

如图3-31所示2 mm深凹槽，采用ϕ8 mm的平底铣刀，运用刀具补偿完成凹槽的编程加工。

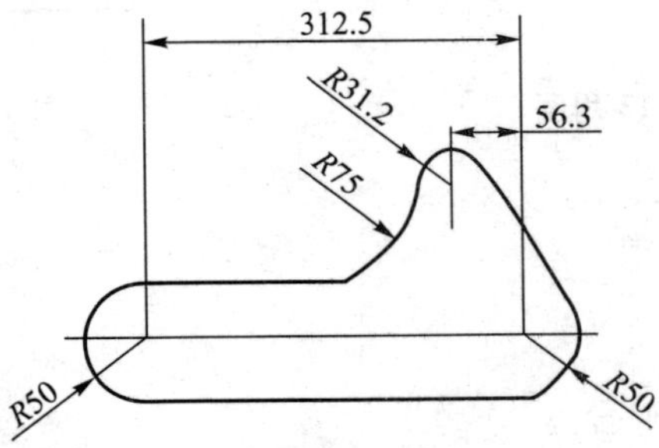

图3-31　项目训练3用图

拓展知识

一、螺旋线进给G02/G03指令

格式：

G17/G18/G19　G02/G03　X_　Y_　I_　J_　/R_　Z_　F_　L_

说明：

“/”表示“或”含义。

螺旋线分别投影到G17/G18/G19二维坐标平面内的圆弧终点，意义同圆弧进给螺旋线在第3坐标轴上的投影距离（旋转角小于或等于360°范围内）。

I、J、K、R：意义同圆弧进给。

L：螺旋线圈数（第3坐标轴上投影距离为增量值时有效）。

例3.13　使用G03指令对如图3-32所示的螺旋线进行编程。

G91编程时：

G91 G17 F300

G03 X-30 Y30 R30 Z10

G90编程时：

G90 G17 F300

G03 X0 Y30 R30 Z10

例 3.14 如图 3－33 所示，用 ϕ10 mm 的键槽刀加工直径为 50 mm 的孔，工件高 10 mm。

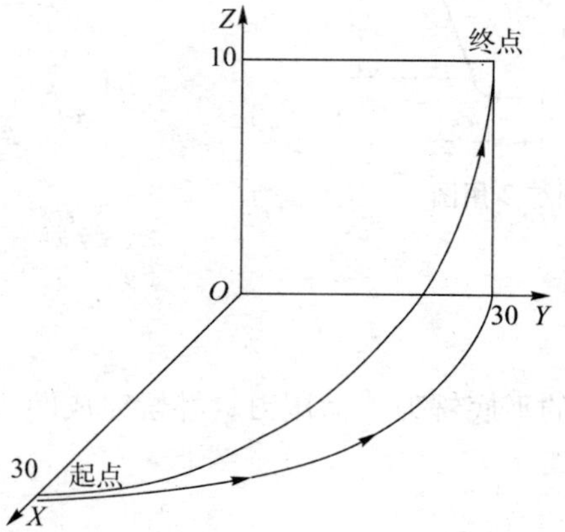

图 3－32 例 3.13 用图

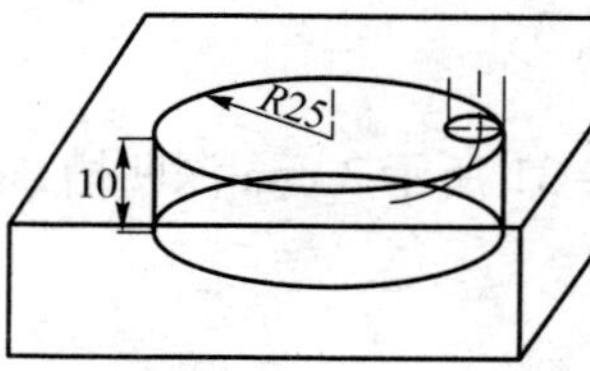

图 3－33 例 3.14 用图

```
%3031
N1 G92 X0 Y0 Z30
N2 G01 Z11 X20 F200
N3 G91 G03 I -20 Z -1 L11
N4 G03 I -20
N5 G90 G01 X0
N6 G00 Z30
N7 X30 Y -50
N8 M30
```

二、虚轴指定 G07 及正弦线插补

格式：

G07 X_ Y_ Z_ A_

说明：

X、Y、Z、A：后跟数字 0，则该轴为虚轴；后跟数字 1，则该轴为实轴。

G07：虚轴指定和取消指令；

G07：模态指令。

若一轴为虚轴，则此轴只参加计算，不运动。虚轴仅对自动操作有效，对手动操作无效。

用 G07 可进行正弦曲线插补，即在螺旋线插补前，将参加圆弧插补的某一轴指定为虚轴，则螺旋线插补变为正弦线插补。

例 3.15 使用 G03 指令对如图 3－34 所示的正弦线进行编程。

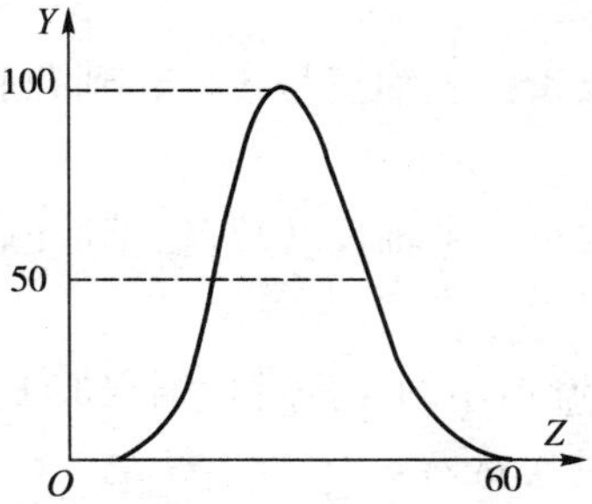

图 3-34　例 3.15 用图

```
…
G90 G00 X-50 Y0 Z0
G07 X0 G91
G03 X0 Y0 I0 J50 Z60 F800
…
```

例 3.16　图 3-35 所示为关于 *XY* 平面上的单周期正弦曲线插补，*Z* 轴为虚轴。

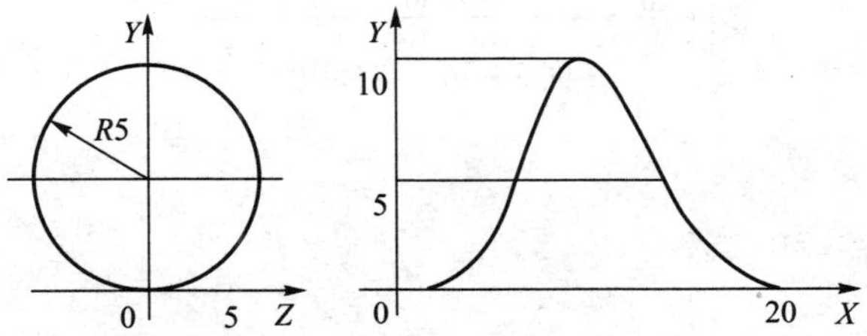

图 3-35　例 3.16 用图

Z×Z+Y×Y = R×R　　　　　　; R：圆弧半径
Y=R×SIN (2×X/L)　　　　　　; L：单周期 *Z* 轴移动量

```
%3319
N01G59G00 X0 Y0 Z0
N02  G07 Z0
N03 G19 G90 G03 Y.0 Z0 J5 K0 X20.0 F100
N04  G07 Z1
N05  M30
```

三、攻丝 G34 指令

格式：

G34　K_　F_　P_

说明：

K：螺纹加工深度，为增量值，即螺纹加工终点相对于加工起点的增量值。

F：螺纹螺距。“F”取正，则主轴正转攻丝；“F”取负，则主轴反转攻丝。

P：孔底停顿时间，单位为秒。

G34：00 组的非模态指令。

注意：

（1）攻正旋螺纹时，“F”取正：主轴正转攻丝，到孔底后，主轴停止并延时，主轴反转退出，恢复到攻丝前状态。

（2）攻反旋螺纹时，“F”取负：主轴反转攻丝，到孔底后，主轴停止并延时，主轴正转退出，恢复到攻丝前状态。

用攻丝指令 G34 对如图 3－36 所示的零件进行编程加工。

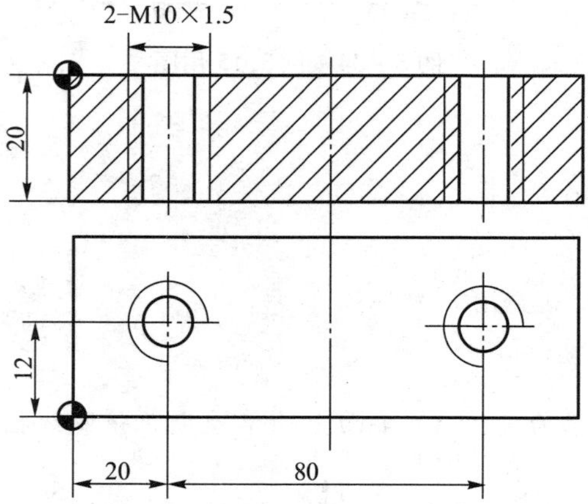

图 3－36　零件图

```
%3034
G58 G00 X-20 Y-20 Z50
M03 S200
GOO X20 Y12
Z5
G34 K-27 F1.5
G00 X100
G34 K-27 F1.5
G00 Z50
X-20 Y-20
M05
M30
```

攻丝过程往往会有过冲现象，这时可以通过调节 PMC 参数“预停量分子”来减少过冲量，预停量的大小是通过 PLC 实时计算的。

假设主轴转速为 S，主轴当前挡位传动比为 C，过冲量为 L，螺纹导程为 F，预停量为 D，预停量分子为 X，具体公式为

$$D=(S\times S/C)\times X/10\ 000=L\times 360/F$$

注：传动比只需要计算一次。

由上述公式可知，在已知主轴转速 S、传动比 C、螺纹导程 F 的情况下，根据过冲量 L 就可以计算出预停量分子 X。

当“攻丝预停调节分子”为0时，“攻丝预停调节临时分子”生效，且“攻丝预停调节临时分子”可以修改后立即生效，不需要断电重启系统。

为了避免加工中出现意外，还提供了攻丝时的主轴最小速度和最大速度两个PMC参数。

参数具体修改步骤如下：

（1）世纪星18/19i系统：

```
PMC 用户参数 #0062          攻丝主轴允许最高速度
PMC 用户参数 #0063          攻丝主轴允许最低速度
PMC 用户参数 #0064          攻丝预停调节分子
PMC 用户参数 #0065          攻丝预停调节临时分子
```

（2）世纪星21/22系统：

```
PMC 用户参数 #0017          攻丝主轴允许最高速度
PMC 用户参数 #0018          攻丝主轴允许最低速度
PMC 用户参数 #0019          攻丝预停调节分子
断电保存 B 寄存器 #0030      攻丝预停调节临时分子
```

四、换刀指令M06

M06用于在加工中心上调用一个欲安装在主轴上的刀具。当执行该指令时，刀具将被自动地安装在主轴上。如“M06 T01”，即01号刀将被安装到主轴上。对于斗笠式刀库机床，其换刀过程如下（如将主轴上的15号刀换成01号刀，即执行M06 T01指令）：

（1）主轴快移到固定的换刀位置（该位置已由调试人员设置完成）。

（2）主轴旋转定向。

（3）刀库旋转到该刀位置（即刀库表中的0组刀号位置15）。

（4）气缸推动刀库，卡住主轴上刀具。

（5）主轴上气缸松开刀具，吹气清理主轴。

（6）主轴上移，并完全离开刀具。

（7）刀库退回原位。

（8）刀库旋转到将更换刀具的位置（即01号位置，此时刀库表中的0组刀号位置变为01）。

（9）气缸推动刀库，到主轴下。

（10）主轴向下移动，接住刀具。

（11）主轴上气缸夹紧刀具

（12）刀库退回原位。

（13）主轴解除定向。

M06为非模态后作用M功能。

五、回参考点控制指令

1. 自动返回参考点G28指令

格式：

G28　X_　Y_　Z_　A_

说明：

X、Y、Z、A：回参考点时经过的中间点（非参考点），在 G90 时为中间点在工件坐标系中的坐标；在 G91 时为中间点相对于起点的位移量。

G28 指令首先使所有的编程轴都快速定位到中间点，然后再从中间点返回到参考点。

一般 G28 指令用于刀具自动更换或者消除机械误差，在执行该指令之前应取消刀具半径补偿和刀具长度补偿。

在 G28 的程序段中不仅会产生坐标轴移动指令，而且记忆了中间点坐标值，以供 G29 使用。

电源接通后，在没有手动返回参考点的状态下，指定 G28 时，从中间点自动返回参考点，与手动返回参考点相同。这时从中间点到参考点的方向就是机床参数“回参考点方向”设定的方向。

G28 指令仅在其被规定的程序段中有效。

2. 自动从参考点返回 G29 指令

格式：

G29　X_　Y_　Z_　A_

说明：

X、Y、Z、A：返回时的定位终点，在 G90 时为定位终点在工件坐标系中的坐标；在 G91 时为定位终点相对于 G28 中间点的位移量。

G29 可使所有编程轴以快速进给经过由 G28 指令定义的中间点，然后再到达指定点。通常该指令紧跟在 G28 指令之后。

G29 指令仅在其被规定的程序段中有效。

例 3.17　用 G28、G29 对图 3－37 所示的路径编程：要求由 A 经过中间点 B 并返回参考点，然后从参考点经由中间点 B 返回到 C 点，并在 C 点换刀。

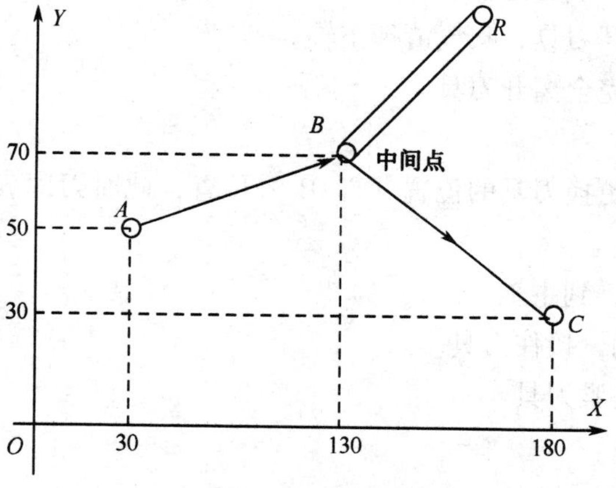

图 3－37　例 3.17 用图

从 A 经过 B 回参考点，再从参考点经过 B 到 C 点，然后换刀。

…

G91 G28 X100 Y20

G29 X50 Y－40

M06 T02

…

本例表明，不必计算从中间点到参考点的实际距离。

3.2.3 利用刀具半径补偿功能加工同心轮廓零件

【任务三】

运用刀具半径补偿完成同心凸台的编程加工。零件如图 3 – 38 所示，用ϕ10 mm的平底铣刀加工如图 3 – 38 所示的双凸台，台高均为 2 mm。

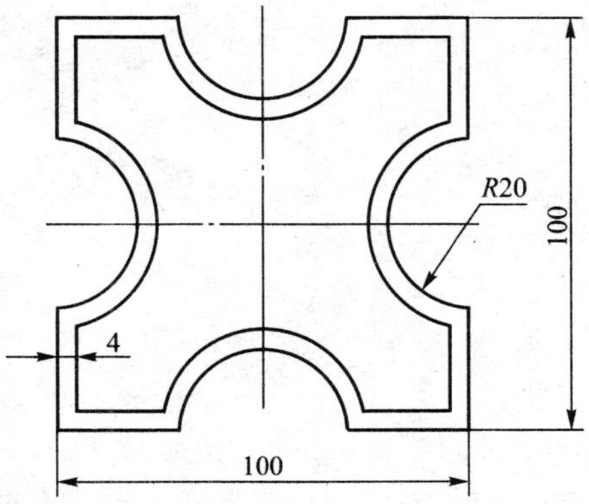

图 3 – 38 任务三用图

任务三图 3 – 38 加工程序：

将程序不完整处补全。

```
%3002
G54
G00 X0 Y0 Z100
Z5 M03 S1000
M07
G42 G00 X50 Y -60 D01                  ;D01 地址中输入的数值为 5
Z -4
G01 Y -20 F100
G02 Y20 R20
G01 Y50
X20
G02 X -20 R20
G01 X -50
Y20
G02 Y -20 R20
G01 Y -50
X -20
G02 X20 R20
```

```
G01 X60
G00 Z5
G40 X0 Y0
G42 G00 X60 Y -60 D02            ;D02 地址中输入的数值应为多少？
Z -2
G01 Y -20 F100
(                    )
G01 Y50
X20
G02 X -20 R20
G01 X -50
(                    )
G02 Y -20 R20
G01 Y -50
X -20
(                    )
G01 X60
G00 Z5
G40 X0 Y0
G00 Z100
M09
M30
```

项目训练 1

如图 3 - 39 所示，用 ϕ5 mm 的平底铣刀加工如图 3 - 39 所示的双凸台，台高均为 2 mm。运用刀具补偿完成凸台的编程加工。

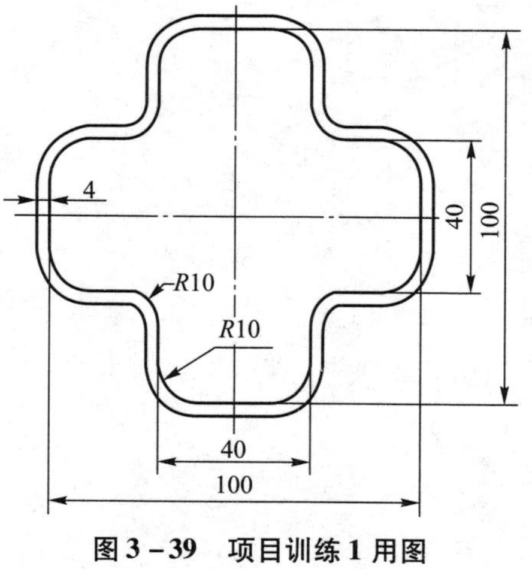

图 3 - 39　项目训练 1 用图

项目训练 2

如图3－40所示，用ϕ10 mm的平底铣刀加工如图3－40的双凸台，台高均为2 mm。运用刀具补偿完成凸台的编程加工。

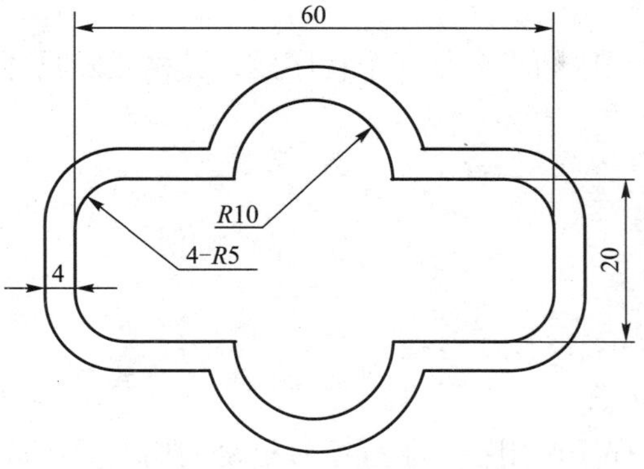

图3－40　项目训练2用图

3.2.4　运用子程序铣削简单零件

【任务四】

用ϕ10 mm的平底铣刀加工如图3－41中的凹槽，每次切深2 mm。

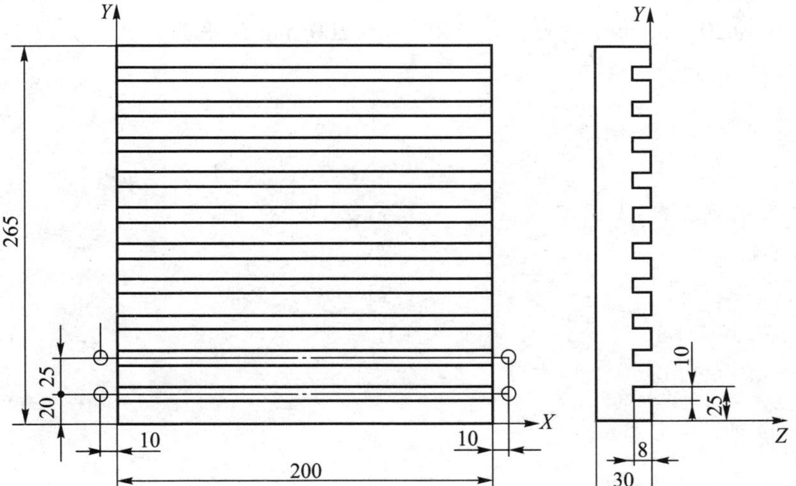

图3－41　任务四用图

相关知识学习

一、子程序的定义

在编制加工程序中，有时会遇到一组程序段在一个程序中多次出现，或者在几个程序中都要使用它。这种典型的加工程序可以做成固定程序，并单独加以命名，这组程序段就称为子程序。

二、使用子程序的目的和作用

使用子程序可以减少不必要的编程重复，从而达到简化编程的目的。主程序可以调用子程序，一个子程序也可以调用下一级的子程序。子程序必须在主程序结束指令后建立，其作用相当于一个固定循环。

三、子程序的调用

在主程序中，调用子程序的指令是一个程序段，其格式随具体的数控系统而定，华中数控系统子程序调用格式为

M98 P_ L _

说明：

M98：子程序调用；

P：子程序号；

L：子程序重复调用次数。

由此可见，子程序由程序调用字、子程序号重复调用次数组成。

四、子程序的返回

子程序返回主程序采用指令 M99，它表示“子程序运行结束，请返回到主程序”。

五、子程序的嵌套

子程序调用下一级子程序称为嵌套。上一级子程序与下一级于程序的关系，与主程序与第一层子程序的关系相同。子程序可以嵌套多少层由具体的数控系统决定，在华中系统中，子程序可以嵌套九层。

例 3.18 用 ϕ20 mm 的立铣刀行切 200 mm×200 mm 的平面。

加工程序：

```
%0001
N10 G54
N20 G00 X -112 Y -100 Z1
N30 M03 S1000
N40 G01 Z -0.5 F100
N50 M98 P0002 L8
N60 G90 G00 Z100
N70 M05
N80 M30
```

```
%0002
G91 G01 X224
Y10
X -224
Y10
M99
```

任务四图 3 -41 加工程序：

方法一：

```
%3024
N10 G54 G00 X0 Y0 Z100
N20 M03 S800
N30 X -10 Y20
N40 Z5
N50 G01 Z -4 F80 M08
```

```
N60 M98 P1000 L5
N70 G90 G00 X-10 Y20
N80 G01 Z-8 F100
N90 M98 P1000 L5
N100 G90 G00 Z100 M09
N110 X0 Y0
N120 M05
N130 M30

%1000(子程序)
N10 G91 G01 X220 F160
N20 Y25
N30 X-220
N40 Y25
N50 M99
```

方法二:

```
%3024
N10 G54 G00 X0 Y0 Z100
N20 M03 S800
N30 X-10 Y20
N40 Z5
N50 G01 Z0 F80 M08
N60 M98 P1000 L2
N70 G90 G00 Z100 M09
N80 X0 Y0
N90 M05
N100 M30

%1000
N10 G01 G91 Z-4
N20 M98 P2000 L5
N30 G90 X-10 Y20
N30 M99

%2000
N10 G91 G01 X220 F160
N20 Y25
N30 X-220
N40 Y25
N50 M99
```

项目训练

用 ϕ4 mm 的铣刀铣削如图 3－42 所示的 2 mm 高凸台。

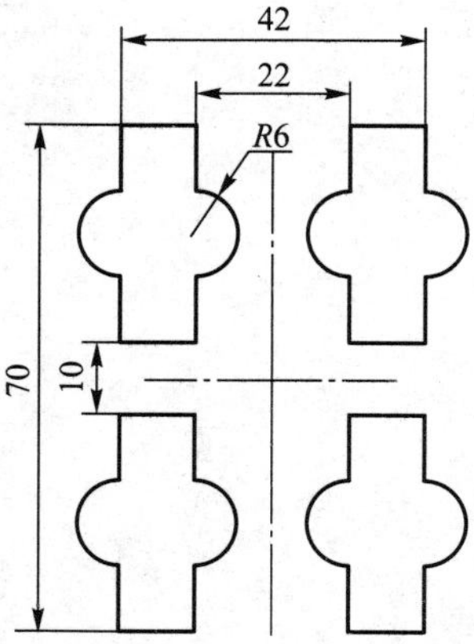

图 3－42　项目训练用图

3.2.5　运用刀具补偿与子程序嵌套功能铣削双层同心轮廓零件

【任务五】

利用子程序嵌套，用 ϕ10 mm 的平底铣刀加工如图 3－43 所示的双凸台，台高均为 2 mm。工件坐标系的坐标原点取在工件上表面对称中心，D01 地址中输入的数值为 5。

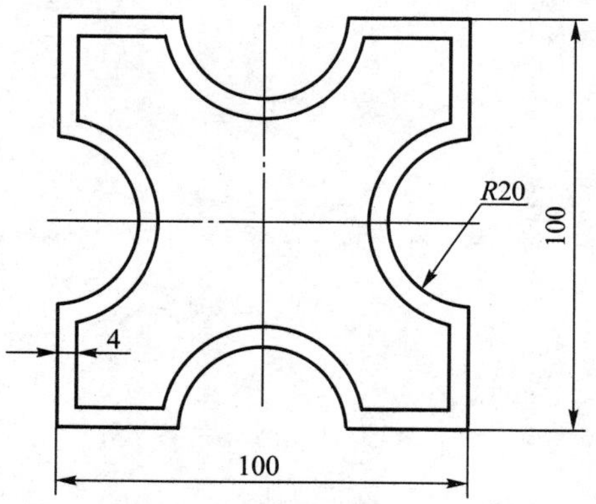

图 3－43　任务五用图

任务五图 3－43 加工程序：

将程序不完整处补充完整。

```
%1002
G54
G00 X0 Y0 Z100
Z5 M03 S1000
M07
M98 P100
```

```
M98 P200(        1        )              ;本行程序加工的是哪部分轮廓?
G00 Z100
M09
M30
%100
G42 G00 X50 Y -60 D01
Z -4
M98 P300
G00 Z5
G40 X0 Y0
M99
%200
G42 G00 X60 Y -60 D02(        2        )     ;D02 地址中输入的数值应为多少?
Z -2
M98 P300
G00 Z5
G40 X0 Y0
M99
%300
G01 Y -20 F100
(        3        )
G01 Y50
X20
G02 X -20 R20
G01 X -50
(        4        )
G02 Y -20 R20
G01 Y -50
X -20
(        5        )
G01 X60
M99
```

项目训练1

运用子程序嵌套的方法完成同心双层凹槽的编程加工，零件如图3 -44 所示，每层凹槽深2 mm。

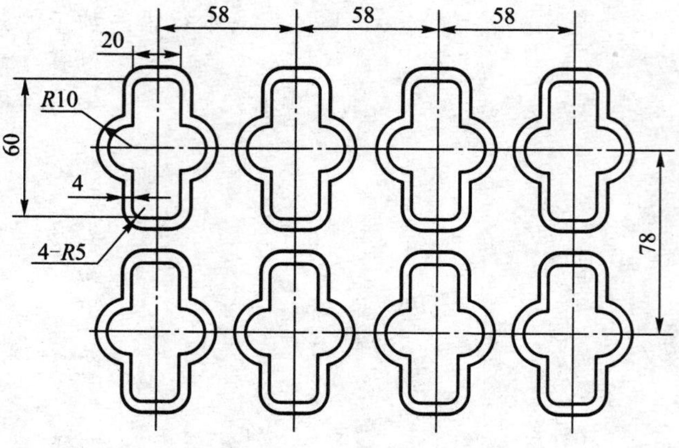

图 3-44　项目训练 1 用图

项目训练 2

运用子程序嵌套的方法完成同心双层凹槽的编程加工，零件如图 3-45 所示，每层凹槽深 2 mm。

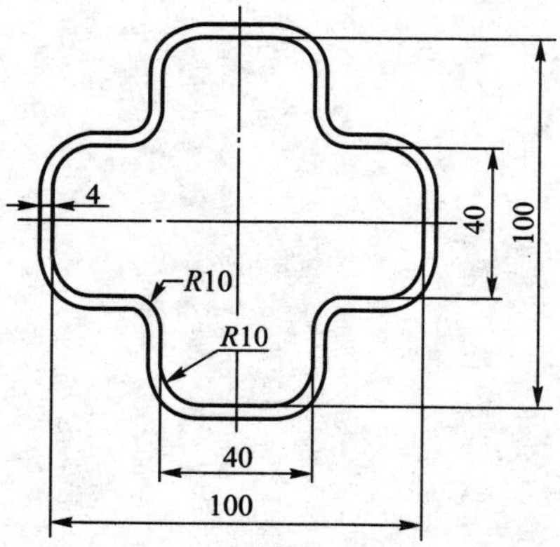

图 3-45　项目训练 2 用图

拓展知识

一、极坐标指令

格式：

G38　X_　Y_

G01　AP = _　RP = _

或　G02（G03）AP = _　RP = _　R_

说明：

G38：极坐标有效，定义极点；

X、Y：极点在工件坐标系下的坐标值；

AP =：终点的极角；

RP =：终点的极半径。

注：极坐标指令编程可与工件坐标指令编程混用。

例3.19　利用极坐标指令编辑如图3-46所示的加工程序。

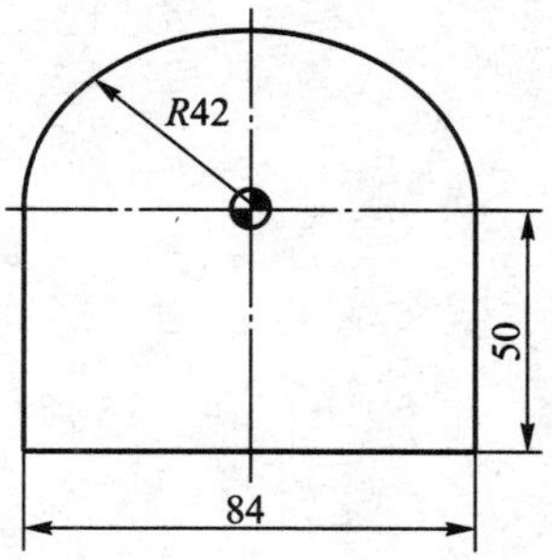

图3-46　例3.19用图

```
%3047
G92 X0 Y0 Z10
G00 X-50 Y-60
G00 Z-3
G01 G41 X-42 D01 F1000
Y0
G38X0 Y0
G02 AP=0 RP=42 R42
G01 Y-50
X-50
G00 G40 Y-60
Z10
G00 X0 Y0
M30
```

例3.20　如图3-47所示，图中曲线顺时针每增加10°，极半径增大2 mm。

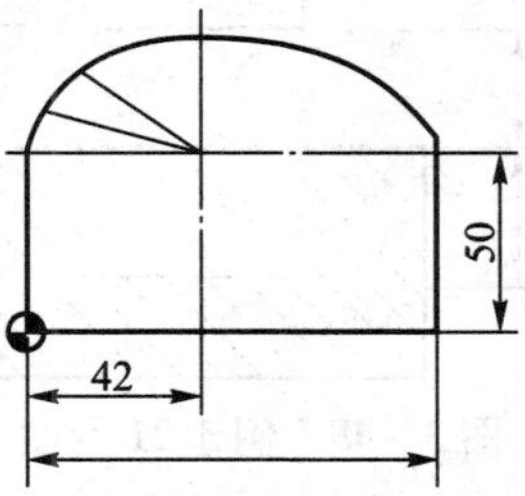

图3-47　例3.20用图

```
%0001
G54 G00 X-15 Y-15 Z10
G00 Z-3
G01 G41 X0 D01 F1000
```

```
Y50
G38 X42 Y50
#0 =180
#1 =42
while #0 gt 0
G01 AP =[ #0 ] RP =[ #1]
#0 = #0 -10
#1 = #1 +2
ENDW
G01 AP =0 RP =78
Y0
X -15
G00 G40 Y -15
Z10
M30
```

二、暂停指令 G04

格式：

G04　P_

说明：

P：暂停时间，单位为 s。

G04 在前一程序段的进给速度降到零之后才开始暂停动作。

在执行含 G04 指令的程序段时，先执行暂停功能。

G04 为非模态指令，仅在其被规定的程序段中有效。

例 3.21　编制如图 3－48 所示零件的钻孔加工程序。

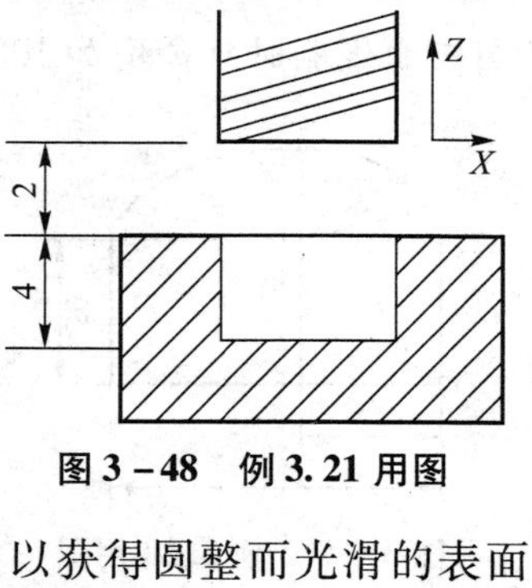

图 3－48　例 3.21 用图

G04 可使刀具做短暂停留，以获得圆整而光滑的表面。如对不通孔做深度控制，在刀具进给到规定深度后，用暂停指令使刀具做非进给光整切削，然后退刀，保证孔底平整。

```
%0004
G92 X0 Y0 Z0
```

```
G91 F200 M03 S500
G43 G01 Z -6 H01
G04 P5
G49 G00 Z6 M05 M30
```

三、准停检验 G09

格式：

G09

说明：

一个包括 G09 的程序段在继续执行下个程序段前，准确停止在本程序段的终点。该功能用于加工尖锐的棱角。

G09 为非模态指令，仅在其被规定的程序段中有效。

四、段间过渡方式 G61、G64

格式：

G61/G64

说明：

G61：精确停止检验；

G64：连续切削方式。

在 G61 后的各程序段编程轴都要准确停止在程序段的终点，然后再继续执行下一程序段。

在 G64 之后的各程序段编程轴刚开始减速时（未到达所编程的终点）就开始执行下一程序段。但在定位指令（G00，G60）或有准停校验（G09）的程序段以及在不含运动指令的程序段中，进给速度仍减速到 0 才执行定位校验。

G61 方式的编程轮廓与实际轮廓相符。

G61 与 G09 的区别在于 G61 为模态指令。

G64 方式的编程轮廓与实际轮廓不同。其不同程度取决于 F 值的大小及两路径间的夹角，F 越大，其区别越大。

G61、G64 为模态指令，可相互注销；G61 为默认值。

例 3.22 编制如图 3-49 所示轮廓的加工程序：要求编程轮廓与实际轮廓相符。

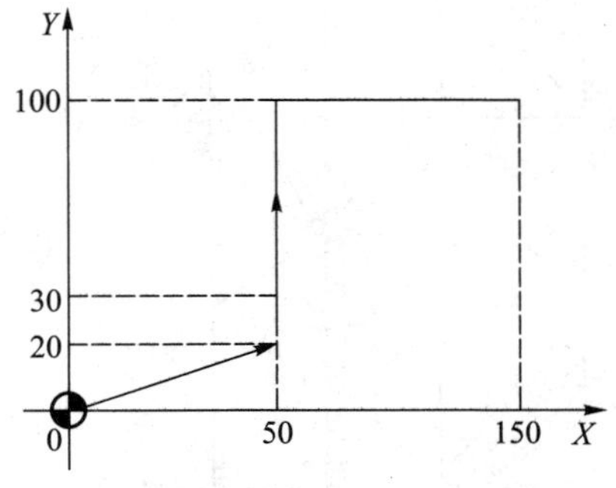

图 3-49 例 3.22 用图

```
%0061
G92 X0 Y0 Z0
G91 G00 G43 Z -10 H01
G41 X50 Y20 D01
G01 G61 Y80 F300
X100
…
```

例 3.23 编制如图 3－50 所示轮廓的加工程序，要求程序段间不停顿。

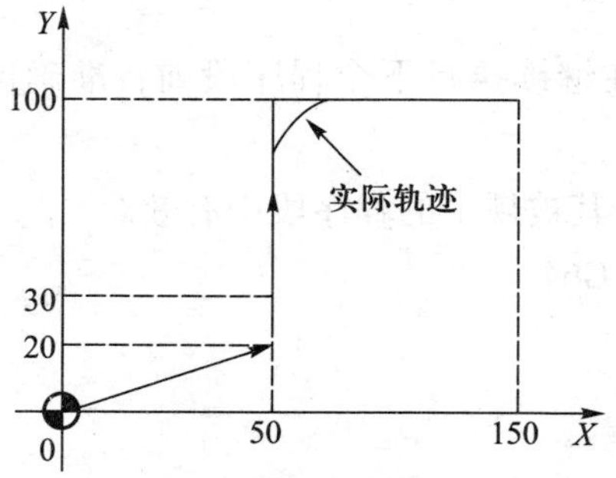

图 3－50 例 3.23 用图

```
%0064
G92 X0 Y0 Z0
G91 G00 G43 Z -10 H01
G41 X50 Y20 D01
G01 G64 Y80 F300
X100
…
```

3.2.6 运用镜像指令铣削简单轮廓零件

【任务六】

运用镜像指令完成凸台的编程与加工。如图 3－51 所示，铣削 5 mm 高凸台。

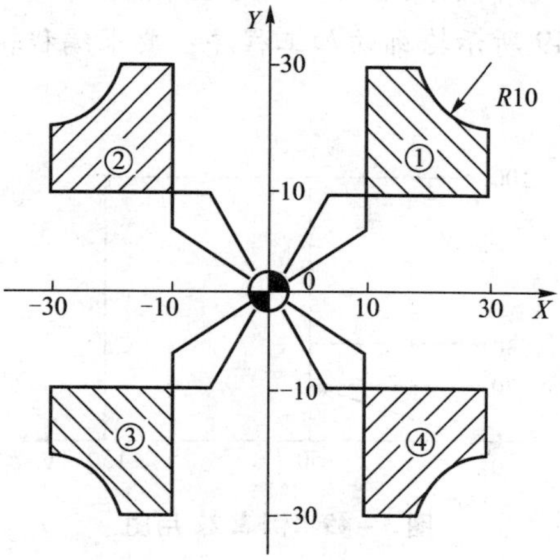

图 3－51 任务六用图

相关知识学习

镜像功能 G24、G25 指令。

格式：

G24 X_ Y_ Z_ A_

M98 P_

G25 X_ Y_ Z_ A_

说明：

G24：建立镜像；

G25：取消镜像；

X，Y，Z，A：镜像位置。

当工件相对于某一轴具有对称形状时，可以利用镜像功能和子程序，只对工件的一部分进行编程，却能加工出工件的对称部分，这就是镜像功能。

当某一轴的镜像有效时，该轴执行与编程方向相反的运动。

G24、G25 为模态指令，可相互注销；G25 为默认值。

任务六图 3－51 加工程序：

```
%3052                          ;主程序
G54 G00 X0 Y0 Z100
M03 S600
G00 Z2
M98 P100                       ;加工①
G24 X0                         ;Y 轴镜像,镜像位置为 X=0
M98 P100                       ;加工②
G24 Y0                         ;X、Y 轴镜像,镜像位置为(0,0)
M98 P100                       ;加工③
G25 X0                         ;X 轴镜像继续有效,取消 Y 轴镜像
M98 P100                       ;加工④
G25 X0 Y0                      ;取消镜像
M30

%100                           ;子程序(①的加工程序)
N100 G41 G00 X10 Y4 D01
N120 G01 Z-5
N140 G91 Y26
N150 X10
N160 G03 X10 Y-10 I10 J0
N170 G01 Y-10
```

```
N180 X -25
N190 G90 G00 Z2
N200 G40 X0 Y0
N210 M99
```

项目训练1

如图3－52所示，2 mm高凸台，用$\phi 8$ mm的平底铣刀运用镜像指令完成凸台的编程加工。

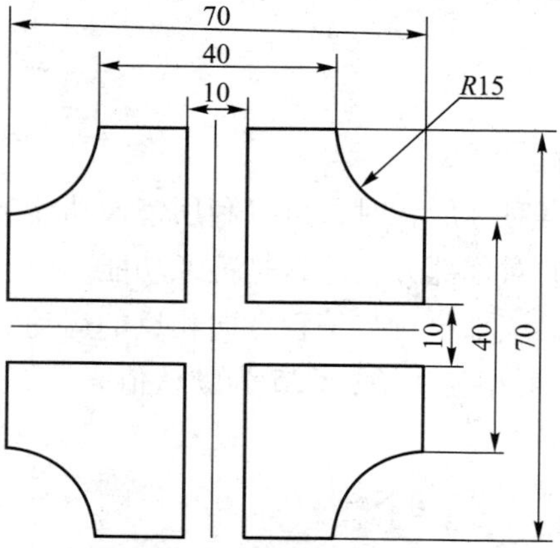

图3－52　项目训练1用图

项目训练2

如图3－53所示，2 mm高凸台，用$\phi 8$ mm的平底铣刀运用镜像指令完成凸台的编程加工。

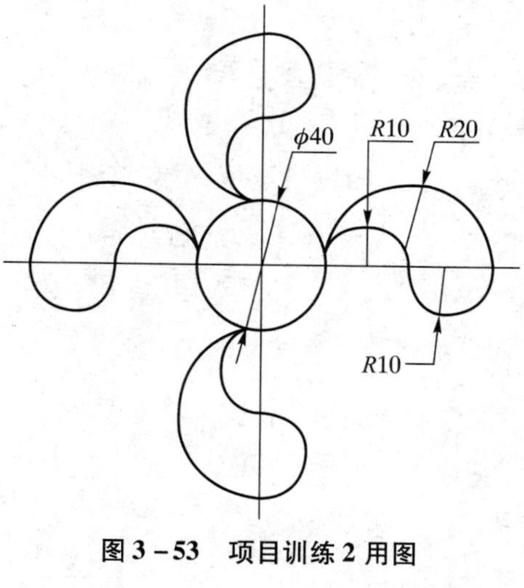

图3－53　项目训练2用图

3.2.7　运用旋转指令加工简单轮廓零件

【任务七】

运用旋转指令完成凸台的编程与加工。如图3－54所示，铣削5 mm高凸台。

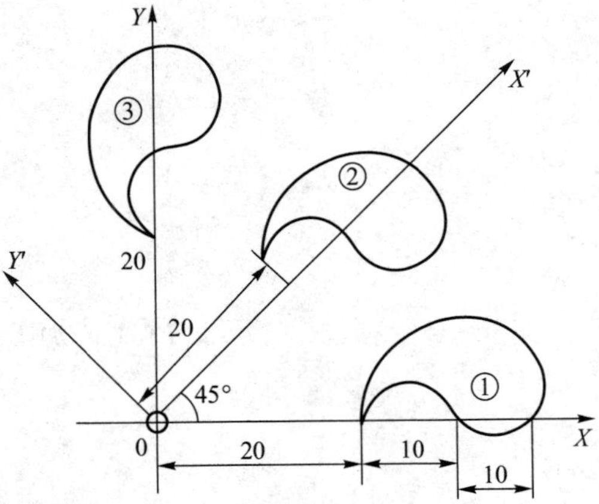

图3－54　任务七用图

相关知识学习：

旋转变换G68、G69指令。

格式

G17 G68　X_　Y_　P_

G18 G68　X_　Z_　P_

G19 G68　Y_　Z_　P_

M98　P_

G69

说明：

G68：建立旋转；

G69：取消旋转；

X，Y，Z：旋转中心的坐标值；

P：旋转角度，单位是（°），0°≤P≤360°。

在有刀具补偿的情况下，先旋转后刀补（刀具半径补偿、长度补偿）；在有缩放功能的情况下，先缩放后旋转。

G68、G69为模态指令，可相互注销；G69为默认值。

任务七图3－54加工程序：

```
%3054                         ;主程序
N10 G55 G00 X0 Y0 Z50
N15 M03 S600
N20 G00 Z2
N25 M98 P200                  ;加工①
N30 G68 X0 Y0 P45             ;旋转45°
```

```
N40 M98 P200                          ;加工②
N60 G68 X0 Y0 P90                     ;旋转 90°
N70 M98 P200
G00 Z50                               ;加工③
N80 G69 M05 M30                       ;取消旋转

%200                                  ;子程序(①的加工程序)
G41 G01 X20 Y-5 D02 F300
G00Z-5
N105 Y0
N110 G02 X40 I10
N120 X30 I-5
N130 G03 X20 I-5
N140 G00 Y-6
G00 Z2
N145 G40 X0 Y0
N150 M99
```

项目训练 1

如图 3-55 所示，运用旋转指令完成凸台的编程加工，凸台高 2 mm。

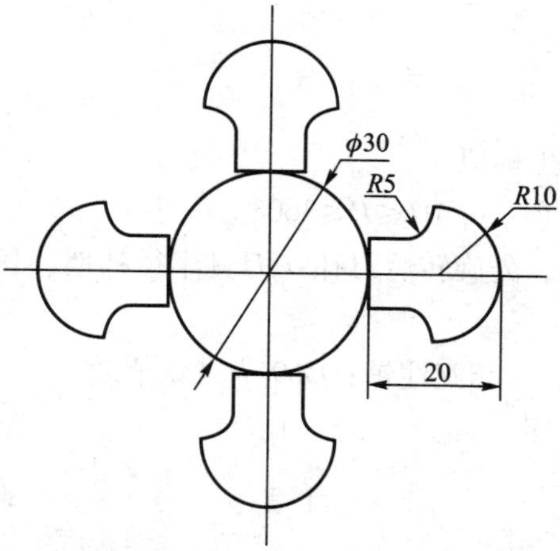

图 3-55　项目训练 1 用图

项目训练 2

如图 3-56 所示，运用旋转指令完成凸台的编程加工。

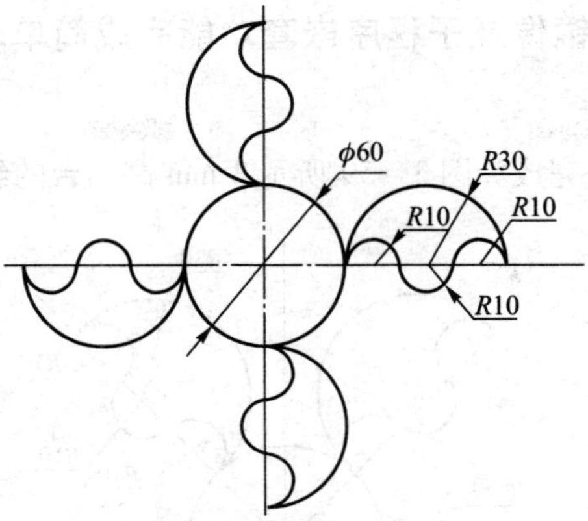

图 3－56　项目训练 2 用图

项目训练 3

如图 3－57 所示，运用旋转指令完成凸台的编程加工，凸台高 2 mm。

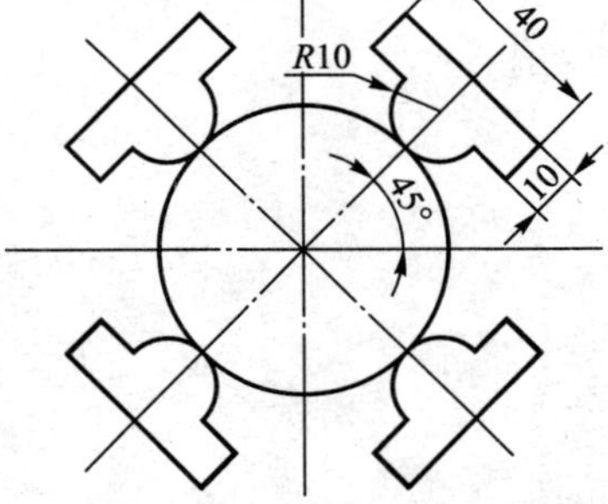

图 3－57　项目训练 3 用图

项目训练 4

如图 3－58 所示，运用旋转、镜像复合指令完成 2 mm 高凸台的编程加工。

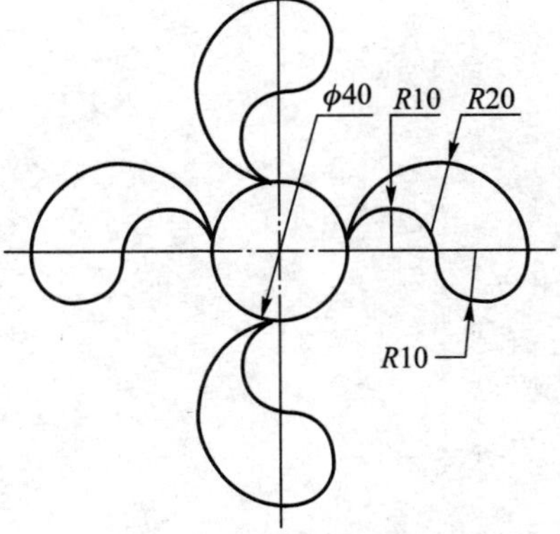

图 3－58　项目训练 4 用图

3.2.8 运用旋转、镜像及子程序嵌套功能完成简单轮廓零件的编程与加工

【任务八】

运用子程序嵌套的方法完成如图 3－59 所示 2 mm 高凸台的编程加工。

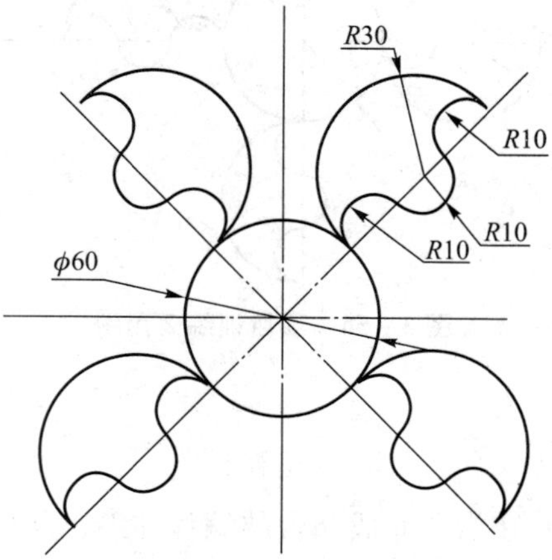

图 3－59　任务八用图

任务八图 3－59 加工程序：

将程序不完整处补全。

```
%1002
G55
G00 X0 Y0 Z100
Z3 M03 S1000
M08
M98 P100                    ;该行程序是加工第几象限上的轮廓?
G24 X0
M98 P100
(            1            )
G00 Z100
M09
M30
%100
G68 X0 Y0 P45
M98 P200
G68 X0 Y0 P315
M98 P200
G69
M99
%200
```

```
G42 G00 X30 Y -5 D01
G01 Z -2
Y0
(           2           )
G03 X70 R10
(           3           )
G01 Y -5
Y0
G03 X30 R30
G01 Y -5
Z3
G00(           4           )X0 Y0
M99
```

项目训练

用 ϕ4 mm 的立铣刀，运用旋转、镜像复合指令完成图 3 - 60 所示凸台的编程加工，凸台高 2 mm。

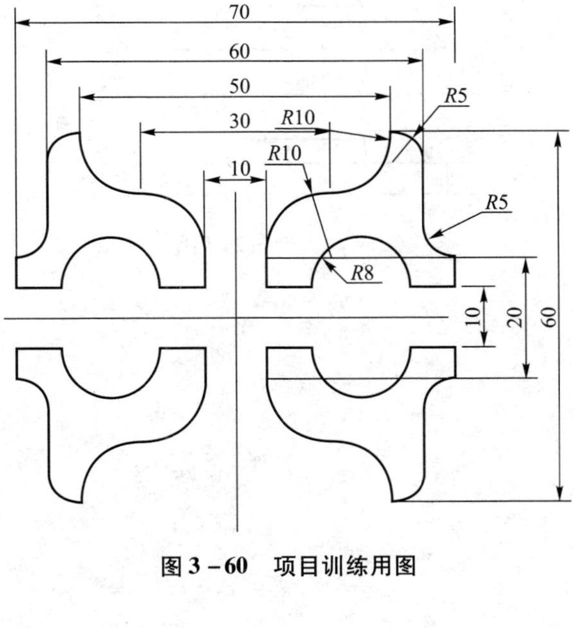

图 3 - 60　项目训练用图

拓展知识

缩放功能 G50、G51

格式：

G51　X_　Y_　Z_　P_

M98　P_

G50

说明：

G51：建立缩放；

G50：取消缩放；

X，Y，Z：缩放中心的坐标值；

P：缩放倍数。

G51 既可指定平面缩放，也可指定空间缩放。

在 G51 后，运动指令的坐标值以（*X*，*Y*，*Z*）为缩放中心，按 P 规定的缩放比例进行计算。

在有刀具补偿的情况下，先进行缩放，然后再进行刀具半径补偿、刀具长度补偿。

G51、G50 为模态指令，可相互注销；G50 为默认值。

例 3.24 使用缩放功能编制如图 3－61 所示轮廓的加工程序：已知三角形 *ABC* 的顶点为 *A*（10，30），*B*（90，30），*C*（50，110），三角形 *A′B′C′*是缩放后的图形，其中缩放中心为 *D*（50，50），缩放系数为 0.5 倍，设刀具起点距工件上表面 50 mm。

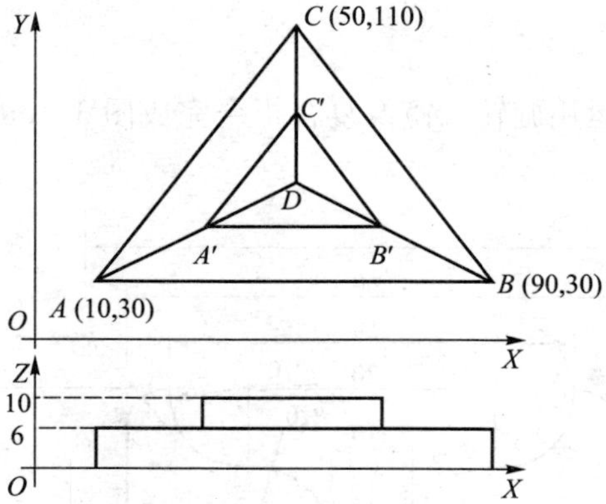

图 3－61　例 3.24 用图

```
%3057                         ;主程序
G92 X0 Y0 Z60
G17 M03 S600 F300
G43 G00 Z14 H01
X110 Y0
#51 =0
M98 P100                      ;加工三角形 ABC
#51 =6
G51 X50 Y50 P0.5              ;缩放中心(50,50),缩放系数 0.5
M98 P100                      ;加工三角形 A'B'C'
G50                           ;取消缩放
G49 Z60
```

```
G00 X0 Y0
M05 M30

%100                        ;子程序(三角形 ABC 的加工程序)
N100 G41 G00 Y30 D01
N120 Z[#51]
N150 G01 X10
N160 X50 Y110
N170 G91 X44 Y-88
N180 G90 Z[#51]
N200 G40 G00 X110 Y0
N210 M99
```

3.2.9 运用孔的固定循环完成简单零件的编程与加工

【任务九】

使用 G84 指令编制如图 3－62 所示的螺纹加工程序，设刀具起点距工作表面 100 mm 处，切削深度为 10 mm。

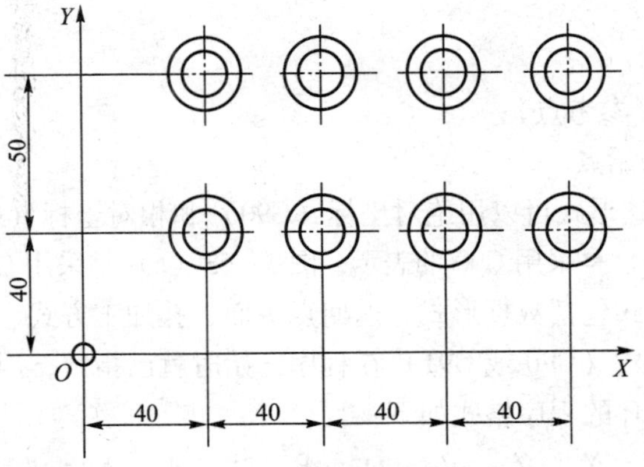

图 3－62 任务九用图

相关知识学习：

一、固定循环概述

数控加工中，某些加工动作循环已经典型化。例如，钻孔、镗孔的动作是孔位平面定位、快速引进、工作进给和快速退回等，这样一系列典型的加工动作已经预先编好程序，存储在内存中，可用称为固定循环的一个 G 代码程序段调用，从而简化编程工作。

孔加工固定循环指令有 G73、G74、G76、G80 ~ G89，通常由下述 6 个动作构成，如图 3－63（a）所示。

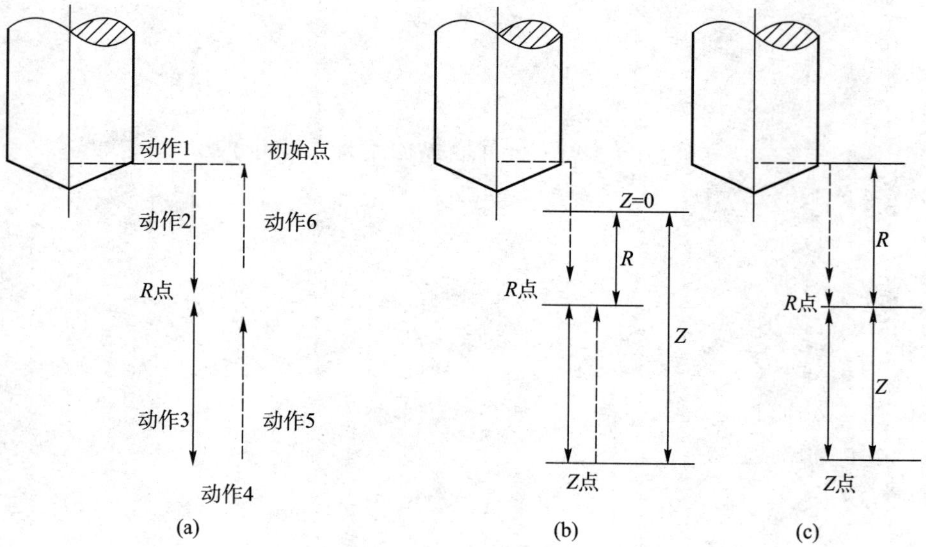

图 3－63　固定循环指令

（a）固定循环动作；（b）G90；（c）G91

实线——切削进给；虚线——快速进给

（1）*X*、*Y* 轴定位；

（2）定位到 *R* 点（定位方式取决于上次是 G00 还是 G01）；

（3）孔加工；

（4）在孔底的动作；

（5）退回到 *R* 点（参考点）；

（6）快速返回到初始点。

固定循环的数据表达形式可以用绝对坐标（G90）和相对坐标（G91）表示，如图 3－63 所示，其中图 3－63（b）是采用 G90 的表示，图 3－63（c）是采用 G91 的表示。

固定循环的程序格式包括数据形式、返回点平面、孔加工方式、孔位置数据、孔加工数据和循环次数。数据形式（G90 或 G91）在程序开始时就已指定，因此，在固定循环程序格式中可不注出。固定循环的程序格式如下：

G98/G99　G_　X_　Y_　Z_　R_　Q_　P_　I_　J_　K_　F_　L_

说明：

“/” 表示 “或” 的含义

G98：返回初始平面；

G99：返回 *R* 点平面；

G：固定循环代码 G73、G74、G76 和 G81 ~ G89 之一；

X，Y：加工起点到孔位的距离（G91）或孔位坐标（G90）；

R：初始点到 *R* 点的距离（G91）或 *R* 点的坐标（G90）；

Z：*R* 点到孔底的距离（G91）或孔底坐标（G90）；

Q：每次进给深度（G73/G83）；

I，J：刀具在轴反向位移增量（G76/G87）；

P：刀具在孔底的暂停时间；

F：切削进给速度；

L：固定循环的次数。

G73、G74、G76 和 G81 ~ G89 是同组的模态指令，其中定义的 Z、R、P、F、Q、I、J、K 地址，在各个指令中是模态值，改变指令需重新定义。G80、G01 ~ G03 等代码可以取消固定循环。

用 G98/G99 对如图 3－64 所示的零件进行编程加工。

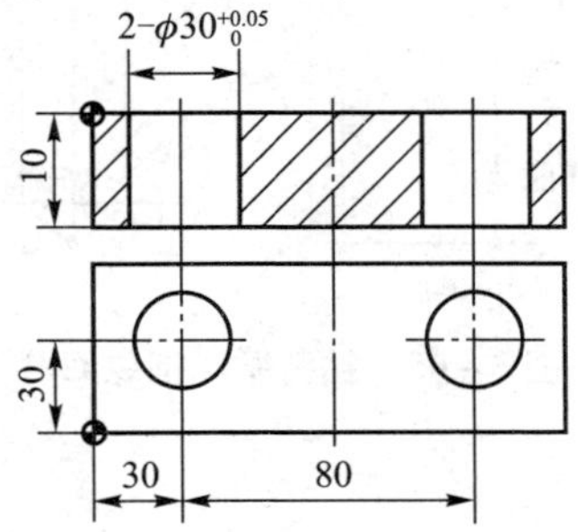

图 3－64　G98/G99 指令示例

加工程序：

```
%3064
G55 G00 X -30 Y -30 Z50
M06 T01
M03 S400
G00 G43 Z20 H01
G99 G73 X -30 Y -30 Z -45 R3 Q -5 P2 K1 F40
G98 X -110
G00 G49 Z50
M06 T02
G00 G43 Z20 H02
G99 G76 X -30 Y -30 Z -42 R3 I -2 F40
G98 Y -110
G00 G49 Z50
X -30 Y -30
M05
M30
```

二、G81：钻孔循环（中心钻）

格式：

G98/G99 G81 X_　Y_　Z_　R_　F_　L_　P_

功能：

钻孔循环指令 G81 如图 3－65 所示，包括 *X*、*Y* 坐标定位及快进、工进和快速返回等动作。

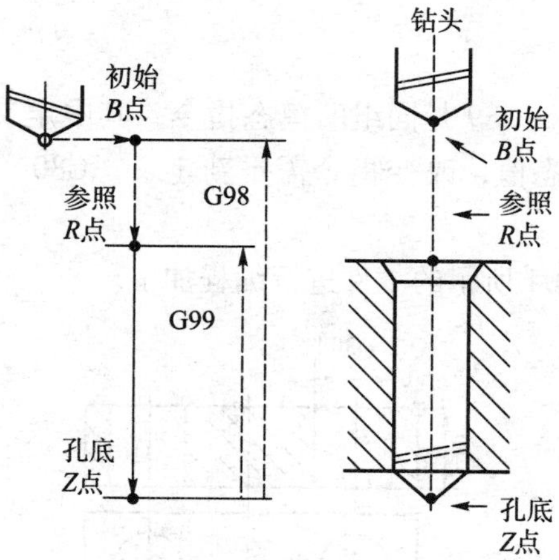

图 3-65 钻孔循环指令 G81

说明：

"/"表示"或"的含义

X、Y：绝对编程时是孔中心在 XY 平面内的坐标位置；增量编程时是孔中心在 XY 平面内相对于起点的增量值。

Z：绝对编程时是孔底 Z 点的坐标值；增量编程时是孔底 Z 点相对于参照 R 点的增量值。

R：绝对编程时是参照 R 点的坐标值；增量编程时是参照 R 点相对于初始 B 点的增量值。

F：钻孔进给速度。

L：循环次数（一般用于多孔加工，故 X 或 Y 应为增量值）。

P：在 R 点暂停时间，单位为秒；当"P"没定义或为零时，不暂停。

工作步骤：

（1）刀位点快移到孔中心上方 B 点。

（2）快移接近工件表面，到 R 点。

（3）向下以 F 速度钻孔，到达孔底 Z 点。

（4）主轴维持旋转状态，向上快速退到 R 点（G99）或 B 点（G98）。

注意：如果 Z 的移动位置为零，则该指令不执行。

例 3.25 用 ϕ10 mm 钻头加工如图 3-66 所示孔。

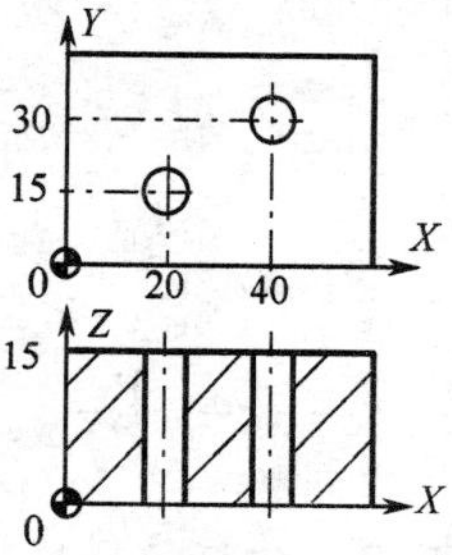

图 3-66 例 3.25 用图

```
%3066
N10 G92 X0 Y0 Z80
N15 M03 S600
N20 G98 G81 G91 X20 Y15 G90 R20 Z -3 P2 L2 F200
N30 G00 X0 Y0 Z80
N40 M30
```

三、G84：攻丝循环

格式：

G98/G99 G84　X_　Y_　Z_　R_　P_　F_　L_

功能：

攻正螺纹时，用右旋丝锥主轴正转攻丝，攻丝时速度倍率不起作用。使用进给保持时，在全部动作结束前也不停止。攻丝循环指令 G84 如图 3－67 所示。

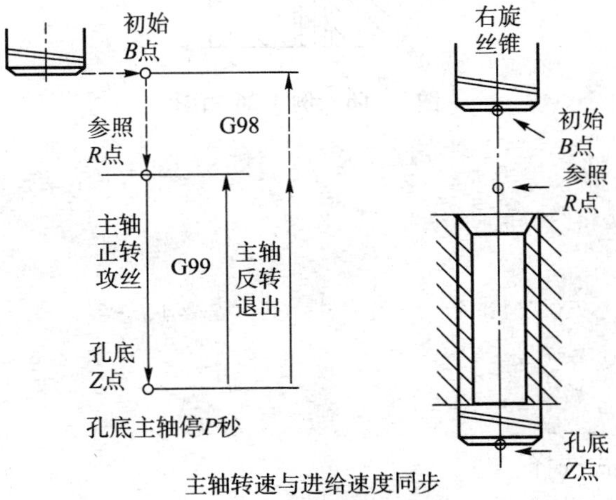

图 3－67　攻丝循环指令 G84

说明：

“/” 表示 “或” 的含义。

X，Y：绝对编程时是螺孔中心在 *XY* 平面内的坐标位置；增量编程时是螺孔中心在 *XY* 平面内相对于起点的增量值。

Z：绝对编程时是孔底 *Z* 点的坐标值；增量编程时是孔底 *Z* 点相对于参照 *R* 点的增量值。

R：绝对编程时是参照 *R* 点的坐标值；增量编程时是参照 *R* 点相对于初始 *B* 点的增量值。

P：孔底停顿时间。

F：螺纹导程。

L：循环次数（一般用于多孔加工，故 *X* 或 *Y* 应为增量值）。

工作步骤：

（1）主轴在原正转状态下，刀位点快移到螺孔中心上方 *B* 点。

（2）快移接近工件表面，到 *R* 点。

（3）向下攻丝，主轴转速与进给匹配，保证转进给为螺距 F。
（4）攻丝到达孔底 Z 点。
（5）主轴停转同时进给停止。
（6）主轴反转退出，主轴转速与进给匹配，保证转进给为螺距 F。
（7）退到 R 点（G99）或退到 R 点后，快移到 B 点（G98）
注意：Z 的移动量为零时，该指令不执行。

例 3.26 用 M10×1 正丝锥攻丝，如图 3－68 所示。

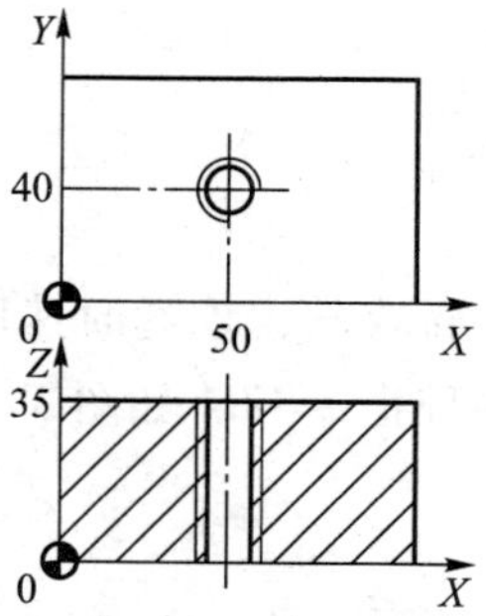

图 3－68 例 3.26 用图

```
%3068
N10 G92 X0 Y0 Z80
N15 M03 S300
N20 G98 G84 G91 X50 Y40 G90 R38 P3 G91 Z -40 F1
N30 G90 G0 X0 Y0 Z80
N40 M30
```

刚性攻丝的攻丝方式选择：
（1）刚性攻丝有以下两种攻丝方式。
C 轴攻丝：将伺服主轴当作 C 轴，采用插补的方法攻丝，可以实现高速、高精度攻丝。
跟随攻丝：采取 Z 轴跟随主轴的方法来攻丝。
（2）系统默认是采取跟随攻丝的方式。
（3）用 M29 来指定攻丝方式是 C 轴攻丝方式，M29 是模态指令。
例：
M29；指定攻丝方式是 C 轴攻丝方式。
G84 ×× ×××××；C 轴攻丝。
任务九图 3－62 加工程序：
（1）先用 G81 钻孔。

```
%3001
G92 X0 Y0 Z30
G91 G00 M03 S600
G98 G81 X40 Y40 G90 R2 Z -10 F200
G91 X40 L3
```

```
Y50
X -40 L3
G90 G80 X0 Y0 Z0 M05
M30
```

（2）再用 G84 攻丝。

```
%3002
G92 X0 Y0 Z30
G91 G00 M03 S600
G98 G84 X40 Y40 G90 R2 Z -10 F1
G91 X40 L3
Y50
X -40 L3
G90 G80 X0 Y0 Z0 M05
M30
```

【任务十】

如图 3-69 所示，用 ϕ20 mm 的刀具加工如图 3-69 所示轮廓，用 ϕ16 mm 的刀具加工如图 3-69 凹台，用 ϕ6 mm、ϕ8 mm 的刀具加工孔。

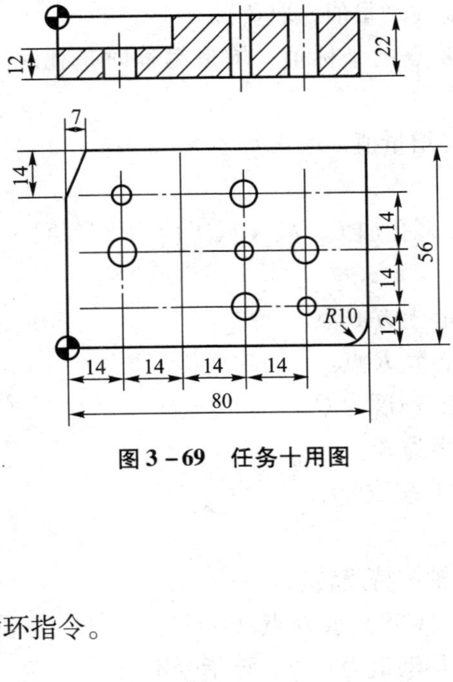

图 3-69　任务十用图

相关知识学习：

G73：高速深孔加工循环指令。

格式：

G98/G99 G73　X_　Y_　Z_　R_　Q_　P_　K_　F_　L_

功能：

该固定循环用于 *Z* 轴的间歇进给，使深孔加工时容易断屑、排屑、加入冷却液，且退刀量不大，可以进行深孔的高速加工。

高速深孔加工循环 G73 如图 3－70 所示。

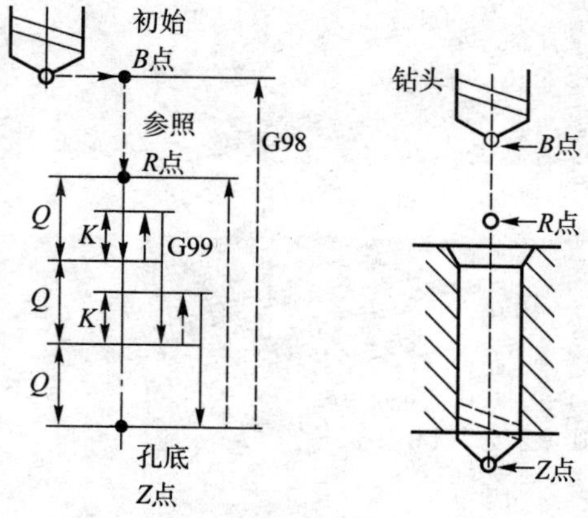

图 3－70　高速深孔加工循环 G73

说明：

“/” 表示“或”的含义；

X，Y：绝对编程时是孔中心在 *XY* 平面内的坐标位置；增量编程时是孔中心在 *XY* 平面内相对于起点的增量值。

R：绝对编程时是参照 *R* 点的坐标值；增量编程时是参照 *R* 点相对于初始 *B* 点的增量值。

Q：每次向下的钻孔深度（增量值，取负）。

Z：绝对编程时是孔底 *Z* 点的坐标值；增量编程时是孔底 *Z* 点相对于参照 *R* 点的增量值。

K：每次向上的退刀量（增量值，取正）。

F：钻孔进给速度。

L：循环次数（一般用于多孔加工，故 *X* 或 *Y* 应为增量值）

工作步骤：

（1）刀位点快移到孔中心上方 *B* 点。

（2）快移接近工件表面，到 *R* 点。

（3）向下以 *F* 速度钻孔，深度为 *Q*。

（4）向上快速抬刀，距离为 *K*。

（5）步骤（3）、（4）往复多次。

（6）钻孔到达孔底 *Z* 点。

（7）孔底延时 *P* 秒（主轴维持旋转状态）

（8）向上快速退到 *R* 点（G99）或 *B* 点（G98）。

注意：①如果 *Z*、*K*、*Q* 移动量为零时，该指令不执行。

②｜*Q*｜＞｜*K*｜。

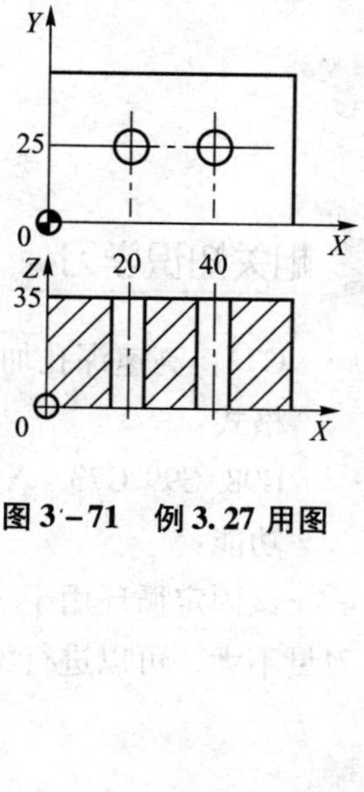

图 3－71　例 3.27 用图

例 3.27　用 ϕ10 mm 钻头加工如图 3－71 所示的孔。

```
%3337
N10 G59 G00 X0 Y0 Z80
N15 M03 S700
N20 G00 Y25
N30 G98 G73 G91 X20 G90 R40 P2 Q -10 K2 Z -3 L2 F80
N40 G00 X0 Y0 Z80
N45 M30
```

任务十图3 -69 加工程序：

```
%3069
G58 X -20 Y -20 Z100
M03 S500
N1 M06 T01
G00 G43 Z -23 H01
G01 G41 X0 Y -8 D01 F100
Y42
X7 Y56
X80
Y12
G02 X70 Y0 R10
G01 X -10
G00 G40 X -20 Y -20
G49 Z100
N2 M06 T2
G00 G43 Z -10 H02
X5 Y -10
G01 Y66 F100
X19
Y -10
X20
Y66
G00 G49 Z100
G00 X -20 Y -20
N3 M06 T03
G00 G43 Z10 H03
G98 G73 X14 Y26 Z -23 R -6 Q -5 K2 F50
G99 G73 X42 Y40 Z -23 R4 Q -5 K2 F50
```

```
G99 G73 X42 Y12 Z -23 R4 Q -5 K2 F50
G98 G73 X56 Y26 Z -23 R4 Q -5 K2 F50
G00 G49 Z100
N4 M06 T04
G00 G43 Z10 H04
G98 G73 X14 Y40 Z -23 R -6 Q -5 K2 F50
G99 G73 X42 Y26 Z -23 R4 Q -5 K2 F50
G99 G73 X56 Y12 Z -23 R4 Q -5 K2 F50
G00 G49 Z100
X -20 Y -20
M05 M30
```

项目训练 1

在如图 3 – 72 所示的零件上钻削 5 个 ϕ10 mm 的孔。试选用合适的刀具，并编写加工程序。

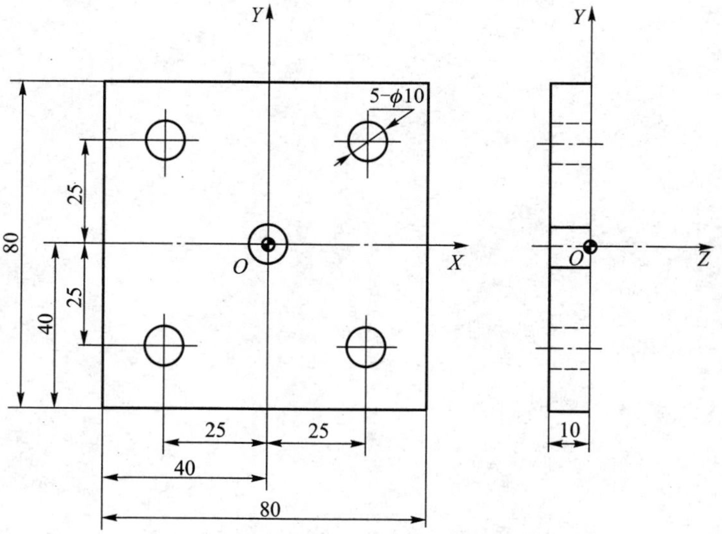

图 3 – 72　项目训练 1 用图

项目训练 2

如图 3 – 73 所示，用 ϕ20 mm 的刀具加工周边轮廓，用 ϕ16 mm 的刀具加工凹台，用 ϕ8 mm的钻头加工孔。

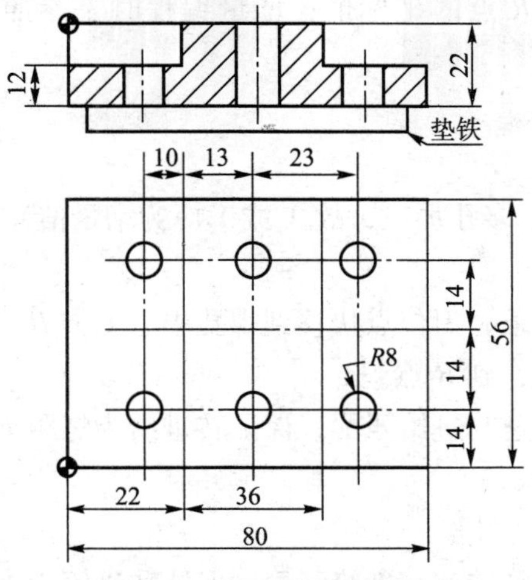

图3－73　项目训练2用图

拓展知识

一、反攻丝循环G74指令

格式：

G98/G99 G74　X_　Y_　Z_　R_　P_　F_　L_

功能：

攻反螺纹时，用左旋丝锥主轴反转攻丝，攻丝时速度倍率不起作用。使用进给保持时，在全部动作结束前也不停止。

反攻丝循环G74如图3－74所示。

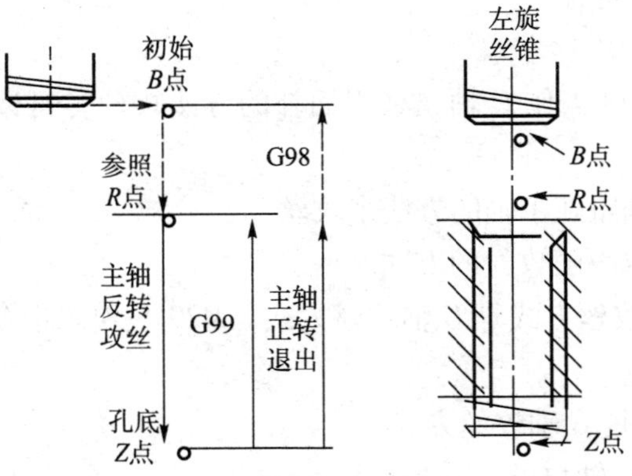

图3－74　反攻丝循环G74

说明：

“/”表示“或”的含义。

X，Y：绝对编程时是螺孔中心在 *XY* 平面内的坐标位置；增量编程时是螺孔中心在 *XY* 平面内相对于起点的增量值。

Z：绝对编程时是孔底 *Z* 点的坐标值；增量编程时是孔底 *Z* 点相对于参照 *R* 点的增量值。

R：绝对编程时是参照 R 点的坐标值；增量编程时是参照 R 点相对于初始 B 点的增量值。

P：为孔底停顿时间。

F：螺纹导程。

L：循环次数（一般用于多孔加工，故 X 或 Y 应为增量值）。

工作步骤：

（1）主轴在原反转状态下，刀位点快移到螺孔中心上方 B 点。

（2）快移接近工件表面，到 R 点。

（3）向下攻丝，主轴转速与进给匹配，保证转进给为螺距 F。

（4）攻丝到达孔底 Z 点。

（5）主轴停转同时进给停止。

（6）主轴正转退出，主轴转速与进给匹配，保证转进给为螺距 F。

（7）退到 R 点（G99）或退到 R 点后，快移到 B 点（G98）

注意：Z 的移动量为零时，该指令不执行。

例 3.28 用 M10×1 反丝锥攻丝，如图 3－75 所示。

```
%3027
N10 G57 G00 X0 Y0 Z80 F200
N15 M04 S300
N20 G98 G74 X50 Y40 R40 P10 G90 Z -5 F1
N30 G00 X0 Y0 Z80
N40 M30
```

刚性攻丝的攻丝方式选择：

（1）刚性攻丝有两种攻丝方式。

C 轴攻丝：将伺服主轴当作 C 轴，采用插补的方法攻丝，可以实现高速、高精度攻丝。

跟随攻丝：采取 Z 轴跟随主轴的方法来攻丝。

（2）系统默认是采取跟随攻丝的方式。

（3）用 M29 来指定攻丝方式是 C 轴攻丝方式，M29 是模态指令。

例：

M29；指定攻丝方式是 C 轴攻丝方式。

G74 ×× ×××××；C 轴攻丝。

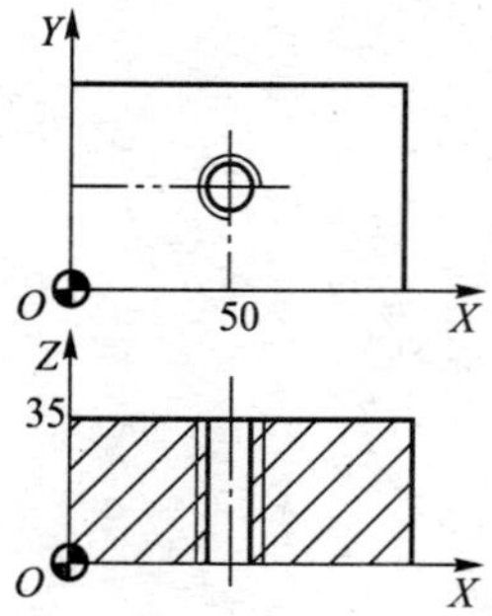

图 3－75 例 3.28 用图

二、精镗循环 G76 指令

格式：

G98/G99 G76 X_ Y_ Z_ R_ P_ I_ J_ F_ L_

功能：

精镗时，主轴在孔底定向停止后，向刀尖反方向移动，然后快速退刀。刀尖反向位移量用地址 I、J 指定，其值只能为正值。I、J 值是模态的，位移方向在装刀时确定。

精镗循环指令 G76 如图 3－76 所示。

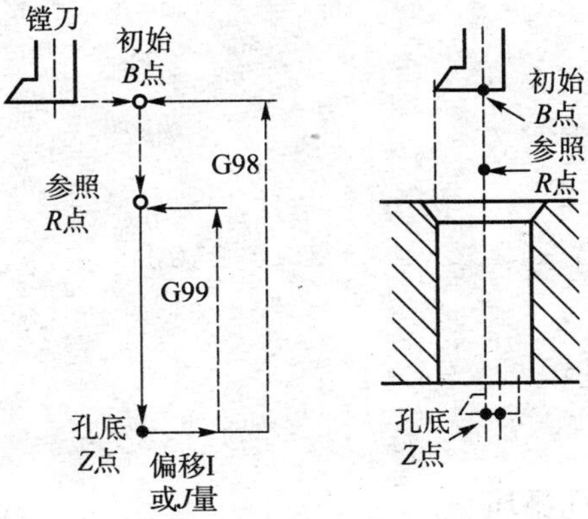

图3－76　精镗循环指令 G76

说明：

“/”表示“或”的含义

X，Y：绝对编程时是孔中心在 *XY* 平面内的坐标位置；增量编程时是孔中心在 *XY* 平面内相对于起点的增量值。

Z：绝对编程时是孔底 *Z* 点的坐标值；增量编程时是孔底 *Z* 点相对于参照 *R* 点的增量值。

R：绝对编程时是参照 *R* 点的坐标值；增量编程时是参照 *R* 点相对于初始 *B* 点的增量值。

I：*X* 轴方向偏移量，只能为正值。

J：*Y* 轴方向偏移量，只能为正值。

P：孔底停顿时间。

F：镗孔进给速度。

L：循环次数（一般用于多孔加工，故 *X* 或 *Y* 应为增量值）。

工作步骤：

（1）刀位点快移到孔中心上方 *B* 点。

（2）快移接近工件表面，到 *R* 点。

（3）向下以 *F* 速度镗孔，到达孔底 *Z* 点。

（4）孔底延时 *P* 秒（主轴维持旋转状态）。

（5）三轴定向，停止旋转。

（6）镗刀向刀尖反方向快速移动 *I* 或 *J*。

（7）向上快速退到 *R* 点高度（G99）或 *B* 点高度（G98）。

（8）向刀尖正方向快移 *I* 或 *J*，刀位点回到孔中心上方 *R* 点或 *B* 点。

（9）主轴恢复正转。

注意：如果 *Z* 移动量为零，则该指令不执行。

例 3.29　用单刃镗刀镗孔，如图 3－77 所示。

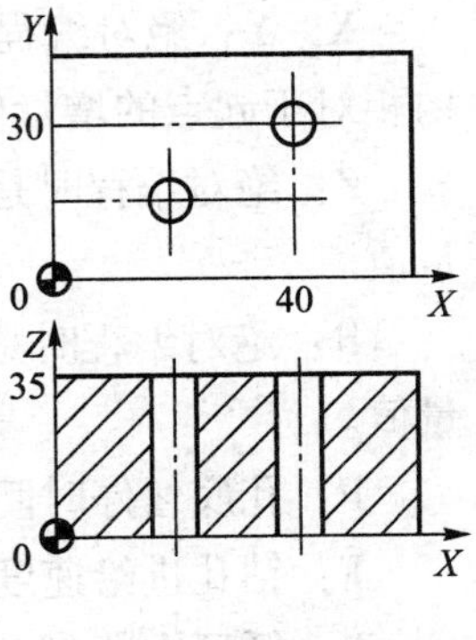

图3－77　例 3.29 用图

```
%3028
N10 G54
N12 M03 S600
N15 G00 X0 Y0 Z80
N20 G98 G76 X20 Y15 R40 P2 I-5 Z-4 F100
N25 X40 Y30
N30 G00 G90 X0 Y0 Z80
N40 M30
```

三、G82：带停顿的钻孔循环

格式：

G98/G99 G82　X_　Y_　Z_　R_　P_　F_　L_

功能：

此指令主要用于加工沉孔、盲孔，以提高孔深精度。该指令除了要在孔底暂停外，其他动作与 G81 相同，带停顿的钻孔循环指令 G82 如图 3－78 所示。

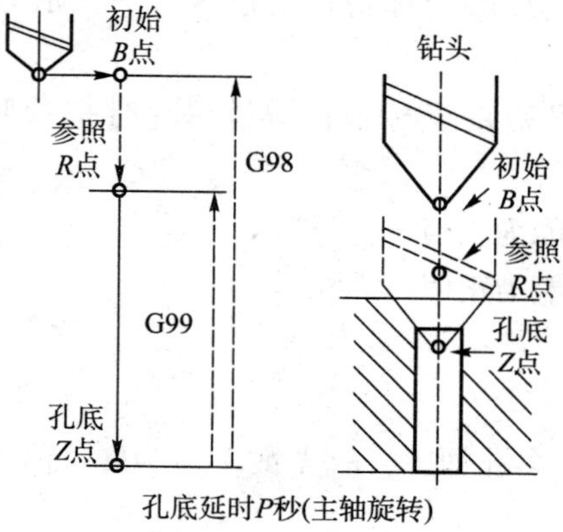

图 3－78　带停顿的钻孔循环指令 G82

说明：

“/”表示“或”的含义。

X，Y：绝对编程时是孔中心在 *XY* 平面内的坐标位置；增量编程时是孔中心在 *XY* 平面内相对于起点的增量值。

Z：绝对编程时是孔底 *Z* 点的坐标值；增量编程时是孔底 *Z* 点相对于参照 *R* 点的增量值。

R：绝对编程时是参照 *R* 点的坐标值；增量编程时是参照 *R* 点相对于初始 *B* 点的增量值。

P：孔底暂停时间。

F：钻孔进给速度。

L：循环次数（一般用于多孔加工的简化编程）。

工作步骤：

（1）刀位点快移到孔中心上方 B 点。

（2）快移接近工件表面，到 R 点。

（3）向下以 F 速度钻孔，到达孔底 Z 点。

（4）主轴维持原旋转状态，延时 P 秒。

（5）向上快速退到 R 点（G99）或 B 点（G98）。

注意：如果 Z 的移动量为零，则该指令不执行。

例 3.30 用锪钻锪沉孔，如图 3－79 所示。

```
%3345
N10 G54 G00 X0 Y0 Z80
N15 M03 S600
N20 G98 G82 G90 X25 Y30 R40 P2 Z25 F200
N30 G00 X0 Y0 Z80
N40 M30
```

四、深孔加工循环 G83 指令

格式：

G98/G99 G83 X_ Y_ Z_ R_ Q_ P_ K_ F_ L_

功能：

该固定循环用于 Z 轴的间歇进给，每向下钻一次孔后，快速退到参照 R 点，退刀量较大，更便于排屑和加冷却液。深孔加工循环指令 G83 如图 3－80 所示。

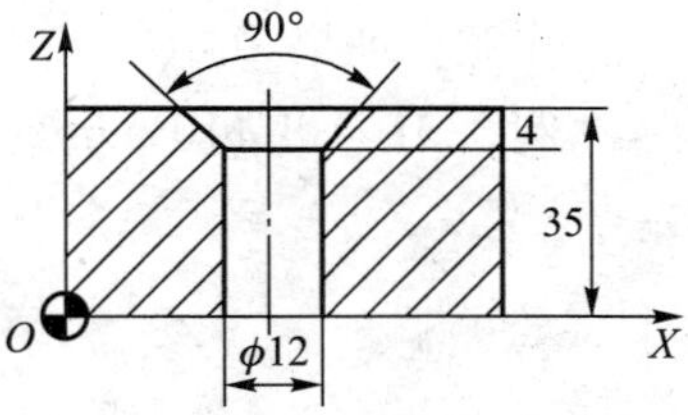

图 3－79 例 3.30 用图

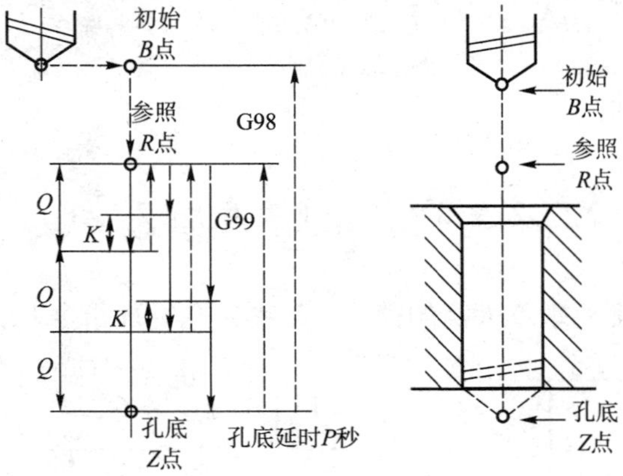

图 3－80 深孔加工循环指令 G83

说明：

“/”表示“或”的含义。

X，Y：绝对编程时是孔中心在 XY 平面内的坐标位置；增量编程时是孔中心在 XY 平面内相对于起点的增量值。

Z：绝对编程时是孔底 Z 点的坐标值；增量编程时是孔底 Z 点相对于参照 R 点的增量值。

R：绝对编程时是参照 R 点的坐标值；增量编程时是参照 R 点相对于初始 B 点的增量值。

Q：每次向下的钻孔深度（增量值，取负）。

K：距已加工孔深上方的距离（增量值，取正）。

F：钻孔进给速度。

L：循环次数（一般用于多孔加工的简化编程）。

工作步骤：

（1）刀位点快移到孔中心上方 *B* 点。

（2）快移接近工件表面，到 *R* 点。

（3）向下以 *F* 速度钻孔，深度为 *Q*。

（4）向上快速抬刀到 *R* 点。

（5）向下快移到已加工孔深的上方，*K* 距离处。

（6）向下以 *F* 速度钻孔，深度为 *Q*+*K*。

（7）重复步骤（4）、（5）、（6），到达孔底 *Z* 点。

（8）孔底延时 *P* 秒（主轴维持原旋转状态）。

（9）向上快速退到 *R* 点（G99）或 *B* 点（G98）

注意：如果 *Z*、*Q*、*K* 的移动量为零，则该指令不执行。

例 3.31 用 ϕ10 mm 钻头加工如图 3－81 所示的孔。

```
%3081
N10 G55 G00 X0 Y0 Z80
N15 Y25
N20 G98 G83 G91 X20 G90 R40 P2 Q-10 K5 G91 Z-43 F100 L2
N30 G90 G00 X0 Y0 Z80
N40 M30
```

五、G85：镗孔循环

格式：

G98/G99 G85　X_　Y_　Z_　R_　P_　F_　L_

功能：

该指令主要用于精度要求不太高的镗孔加工。镗孔循环指令 G85 如图 3－82 所示。

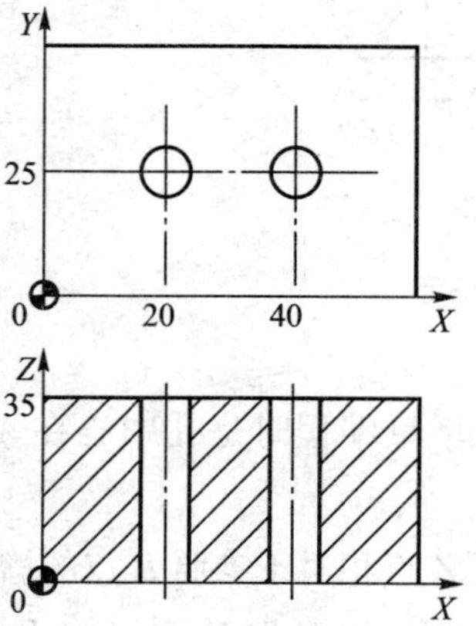

图 3－81　例 3.31 用图

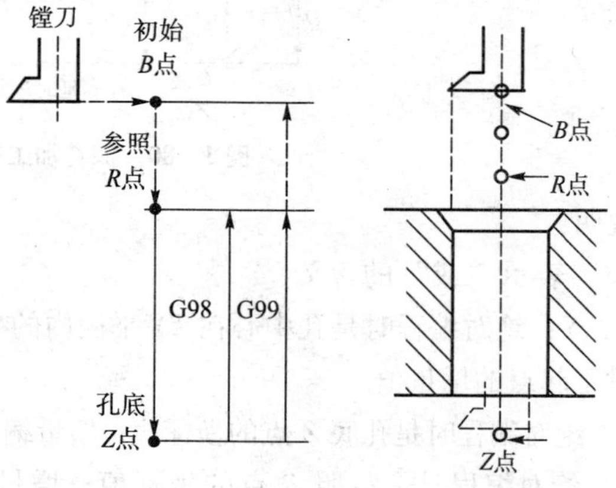

图 3－82　镗孔循环指令 G85

说明：

“/”表示“或”的含义。

X，Y：绝对编程时是孔中心在 *XY* 平面内的坐标位置；增量编程时是孔中心在 *XY* 平面内相对于起点的增量值。

Z：绝对编程时是孔底 *Z* 点的坐标值；增量编程时是孔底 *Z* 点相对于参照 *R* 点的增量值。

R：绝对编程时是参照 *R* 点的坐标值；增量编程时是参照 *R* 点相对于初始 *B* 点的增量值。

P：孔底延时时间，单位为秒。

F：钻孔进给速度。

L：循环次数（一般用于多孔加工的简化编程）。

工作步骤：

（1）刀位点快移到孔中心上方 *B* 点。

（2）快移接近工件表面，到 *R* 点。

（3）向下以 *F* 速度镗孔。

（4）到达孔底 *Z* 点。

（5）孔底延时 *P* 秒（主轴维持旋转状态）。

（6）向上以 *F* 速度退到 *R* 点（主轴维持旋转状态）。

（7）如果是 G98 状态，则还要向上快速退到 *B* 点。

注意：如果 *Z*、*Q*、*K* 的移动量为零，则该指令不执行。

例 3.32　用单刃镗刀镗孔，如图 3－83 所示。

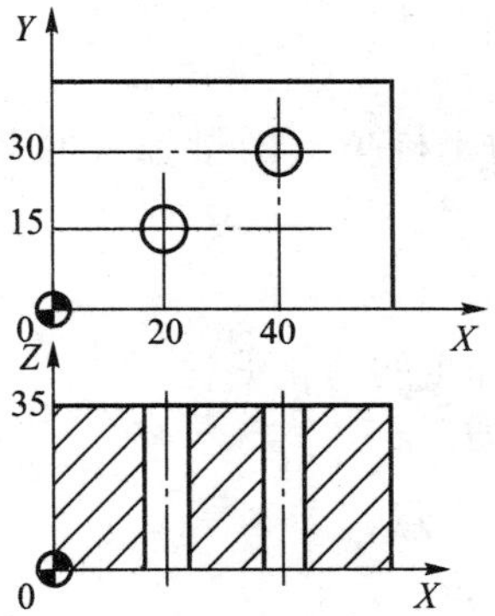

图 3－83　例 3.32 用图

```
%3083
N10 G58 G00 X0 Y0 Z80
N15 M03 S600
N20 G98 G85 G91 X20 Y15 R -42 P2 Z -40 L2 F100
N30 G90 G00 X0 Y0 Z80
N40 M30
```

六、G86：镗孔循环

格式：

G98/G99 G86　X_　Y_　Z_　R_　F_　L_

功能：

此指令与G81相同，但在孔底时主轴停止，然后快速退回，主要用于精度要求不太高的镗孔加工。镗孔循环指令G86如图3－84所示。

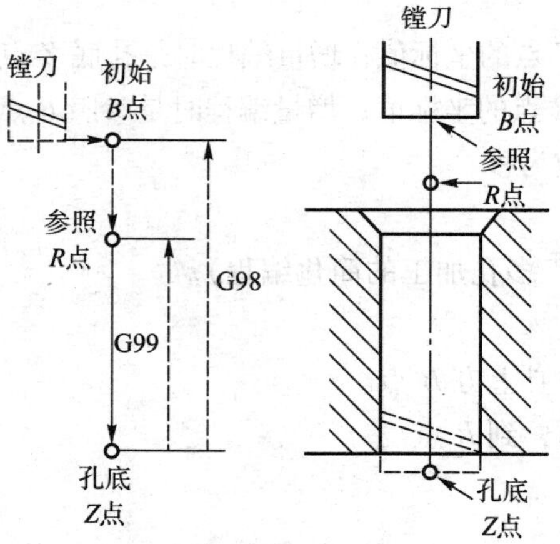

图3－84　镗孔循环指令G86

说明：

“/”表示“或”的含义。

X，Y：绝对编程时是孔中心在XY平面内的坐标位置；增量编程时是孔中心在XY平面内相对于起点的增量值。

Z：绝对编程时是孔底Z点的坐标值；增量编程时是孔底Z点相对于参照R点的增量值。

R：绝对编程时是参照R点的坐标值；增量编程时是参照R点相对于初始B点的增量值。

F：钻孔进给速度。

L：循环次数（一般用于多孔加工的简化编程）。

工作步骤：

（1）刀位点快移到孔中心上方B点。

（2）快移接近工件表面，到R点。

（3）向下以F速度镗孔。

（4）到达孔底Z点。

（5）孔底延时P秒（主轴维持旋转状态）。

（6）主轴停止旋转。

（7）向上快速退到R点（G99）或B点（G98）。

（8）主轴恢复正转。

注意：如果Z的移动位置为零，则该指令不执行。

例3.33　用铰刀铰孔，如图3－85所示。

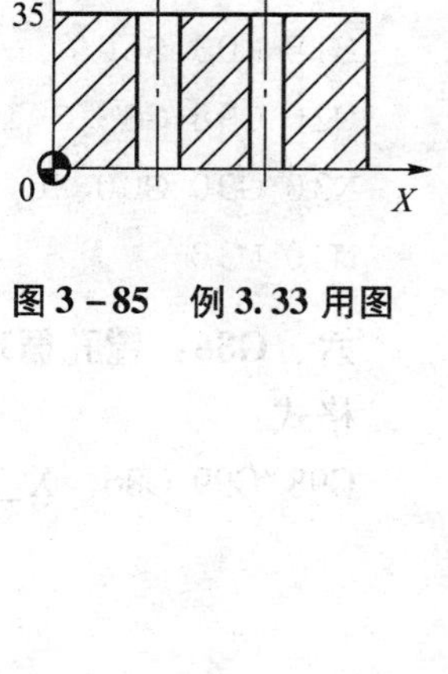

图3－85　例3.33用图

```
%3085
N10 G54 G00 X0 Y0 Z80
N15 G98 G86 G90 X20 Y15 R38 Q -10 K5 P2 Z -2 F200
N20 X40 Y30
N30 G90 G00 X0 Y0 Z80
N40 M30
```

七、反镗循环 G87 指令

格式：

G98 G87 X_ Y_ Z_ R_ P_ I_ J_ F_ L_

功能：

该指令一般用于镗削下小上大的孔，其孔底 *Z* 点一般在参照 *R* 点的上方，与其他指令不同。反镗循环指令 G87 如图 3－86 所示。

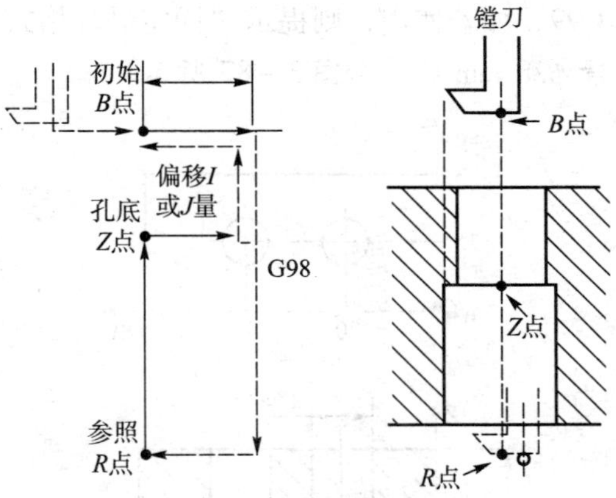

图 3－86 反镗循环指令 G87

说明：

X，Y：绝对编程时是孔中心在 *XY* 平面内的坐标位置；增量编程时是孔中心在 *XY* 平面内相对于起点的增量值。

Z：绝对编程时是孔底 *Z* 点的坐标值；增量编程时是孔底 *Z* 点相对于参照 *R* 点的增量值。

R：绝对编程时是参照 *R* 点的坐标值；增量编程时是参照 *R* 点相对于初始 *B* 点的增量值。

I：*X* 轴方向偏移量。

J：*Y* 轴方向偏移量。

P：孔底停顿时间。

F：镗孔进给速度。

L：循环次数（一般用于多孔加工，故 *X* 或 *Y* 应为增量值）。

工作步骤：

（1）刀位点快移到孔中心上方 *B* 点。

（2）主轴定向，停止旋转。

(3) 镗刀向刀尖反方向快速移动 I 或 J。

(4) 快速移到 R 点。

(5) 镗刀向刀尖正方向快移 I 或 J，刀位点回到孔中心 X、Y 坐标处。

(6) 主轴正转。

(7) 向上以 F 速度镗孔，到达孔底 Z 点。

(8) 孔底延时 P 秒（主轴维持旋转状态）。

(9) 主轴定向，停止旋转。

(10) 刀尖反方向快速移动 I 或 J。

(11) 向上快速退到 B 点高度（G98）。

(12) 向刀尖正方向快移 I 或 J，刀位点回到孔中心上方 B 点处。

(13) 主轴恢复正转。

注意：

(1) 如果 Z 的移动量为零，则该指令不执行。

(2) 此指令不得使用 G99，如若使用，则提示“固定循环格式错”报警。

例 3.34 用单刃镗刀镗 ϕ28 mm 孔，如图 3-87 所示。

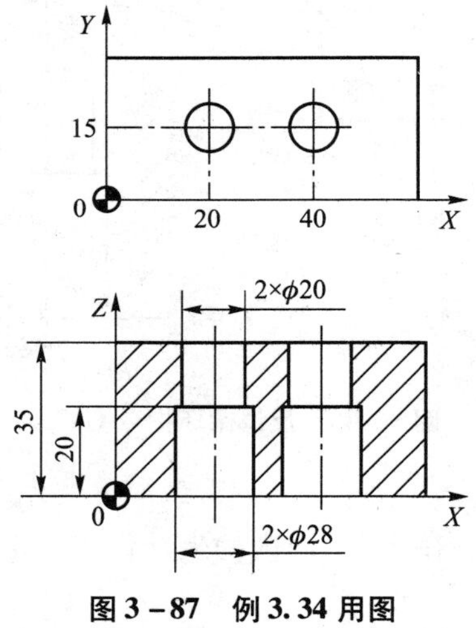

图 3-87 例 3.34 用图

```
%3087
N10 G57 G00 X0 Y0 Z80
N15 M03 S600
N20 G00 Y15 F200
N25 G98 G87 G91 X20 I-5 R-83 P2 Z23 L2
N30 G90 G00 X0 Y0 Z80 M05
N40 M30
```

八、镗孔循环（手镗）G88 指令

格式：

G98/G99 G88　X_　Y_　Z_　R_　P_　F_　L_

功能：

该指令在镗孔前记忆了初始 B 点或参照 R 点的位置，当镗刀自动加工到孔底后机床停止运行，将工作方式转换为“手动”，通过手动操作使刀具抬刀到 B 点或 R 点高度上方，并避开工件。然后工作方式恢复为自动，再循环启动程序，刀位点回到 B 点或 R 点。用此指令，一般铣床即可完成精镗孔，不需要主轴准停功能。镗孔循环（手镗）指令 G88 如图 3 - 88 所示。

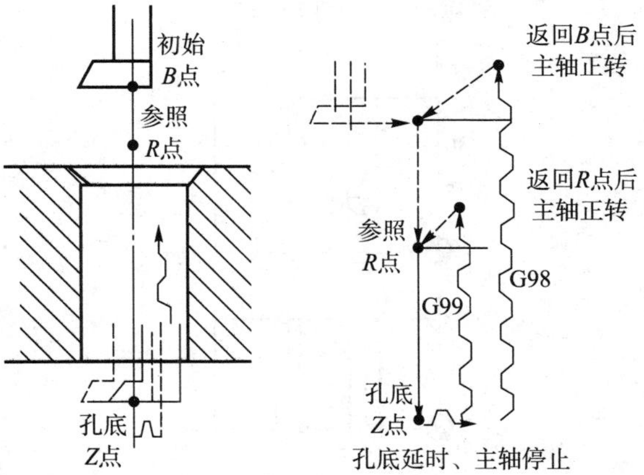

图 3 - 88　镗孔循环（手镗）指令 G88

说明：

“/” 表示“或”的含义。

X，Y：绝对编程时是孔中心在 XY 平面内的坐标位置；增量编程时是孔中心在 XY 平面内相对于起点的增量值。

Z：绝对编程时是孔底 Z 点的坐标值；增量编程时是孔底 Z 点相对于参照 R 点的增量值。

R：绝对编程时是参照 R 点的坐标值；增量编程时是参照 R 点相对于初始 B 点的增量值。

P：孔底停顿时间。

F：镗孔进给速度。

L：循环次数（一般用于多孔加工，故 X 或 Y 应为增量值）。

工作步骤：

（1）在“自动”工作方式，刀位点快移到孔中心上方 B 点。

（2）快速移动到 R 点。

（3）向下以 F 速度镗孔，到达孔底 Z 点。

（4）孔底延时 P 秒（主轴维持旋转状态）。

（5）主轴停止旋转。

（6）将工作方式置为“手动”。

（7）手动抬刀，注意避免损坏刀具，直到高于 R 点（G99）或 B 点（G98）高度（否则下面步骤无效）。

（8）手动将主轴旋转起来。

（9）将工作方式置为“自动”。

（10）按机床操作面板上的“循环启动”键。

（11）刀位点快速到 R 点（G99）或 B 点（G98）位置。

注意：

①如果 Z 的移动量为零，则该指令不执行。

②手动抬刀高度，必须高于 R 点（G99）或 B 点（G98）。

例 3.35 用单刃镗刀镗孔，如图 3－89 所示。

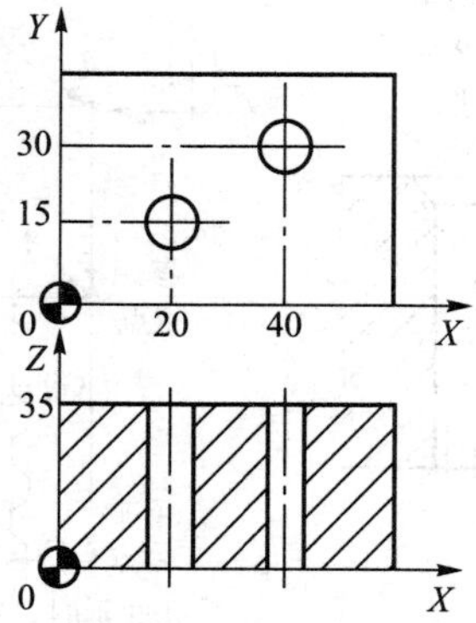

图 3－89 例 3.35 用图

```
%3089
N10 G54
N12 M03 S600
N15 G00 X0 Y0 Z80
N20 G98 G88 G91 X20 Y15 R -42 P2 I -5 Z -40 L2 F100
N30 G00 G90 X0 Y0 Z80
N40 M30
```

九、镗孔循环 G89 指令

G89 指令与 G86 指令相同，但在孔底有暂停。

注意：如果 Z 的移动量为零，则 G89 指令不执行。

镗孔循环指令 G89 如图 3－90 所示。

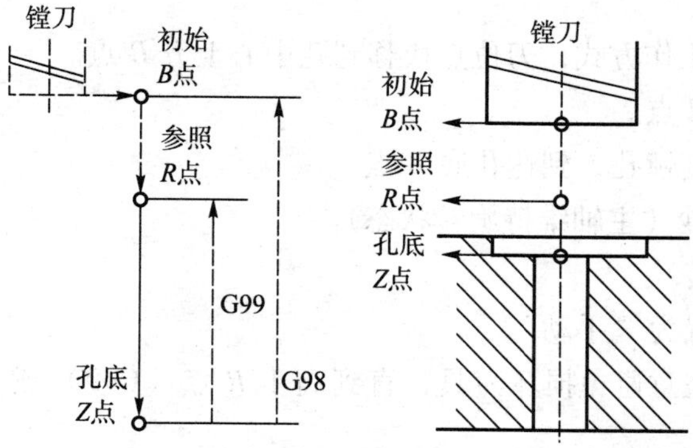

图 3－90 镗孔循环指令 G89

十、圆周钻孔循环 G70 指令

格式：

(G98 / G99) G70　X_　Y_　Z_　R_　I_　J_　N_【Q_　K_　P_】F_　L_

此指令适用于 M21/22 系列 7.10 及以后版本、M18/19 系列 4.03 及以后版本。

功能：

在 *X*、*Y* 指定的坐标为中心、所形成半径为 *I* 的圆周上，以 *X* 和角度 *J* 形成的点开始将圆周作 *N* 等分，作 *N* 个孔的钻孔动作，每个孔的动作根据 *Q*、*K* 的值执行 G81 或 G83 标准固定循环。孔间位置的移动以 G00 方式进行。G70 为模态，其后的指令字为非模态。圆周钻孔循环指令 G70 如图 3 -91 所示。

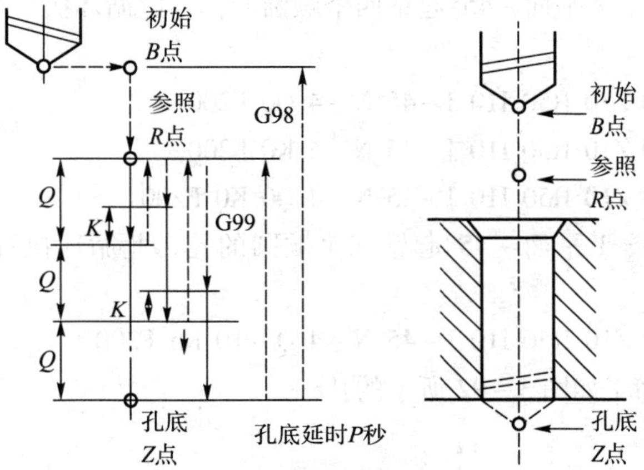

图 3 -91　圆周钻孔循环指令 G70

参数说明：

“/” 表示 “或” 的含义。

X，Y：圆周孔循环的圆心坐标。

Z：孔底坐标。

R：绝对编程时是参照 *R* 点的坐标值；增量编程时是参照 *R* 点相对与初始 *B* 点的增量值。

I：圆半径。

J：最初钻孔点的角度，逆时针方向为正。

N：孔的个数，正值表示逆时针方向钻孔，负值表示顺时针方向钻孔。

Q：每次进给深度，为有向距离。

K：每次退刀再次进给时，由快速进给转换为切削进给时距上次加工面的距离。

P：刀具在孔底暂停时间，单位为秒。

当 *Q* 大于零或 *K* 小于零、进刀距离 *Q* 小于退刀距离 *K* 时报错；当 *Q* 或 *K* 为零或没有定义时，每个孔的动作执行 G81 中心钻孔循环，此时 P 无效；当 *Q*、*K* 两者的值均正确时，每个孔的动作执行 G83 深孔加工循环，此时 P 有效。

示例 1：表示在 *X*、*Y* 平面四个轴方向上钻四个逆圆的孔，此循环执行两次，孔底执行 G81 钻孔动作。

G98 G70 X10 Y10 Z0 R20 I10 J0 N4 F200 L2

示例2：表示在 X、Y 平面45°起钻四个顺圆的孔，此循环执行一次，孔底执行 G81 钻孔动作。

G99 G70 X10 Y10 Z10 R50 I10 J45 N－4 F200

示例3：表示在 X、Y 平面－45°起钻四个顺圆的孔，此循环执行一次，孔底执行 G81 钻孔动作。

G99 G70 X10 Y10 Z10 R50 I10 J－45 N－4 F200

示例4：表示在 X、Y 平面－45°起钻四个顺圆的孔，此循环执行一次，Q 值无效，孔底执行 G81 钻孔动作。

G99 G70 X10 Y10 Z10 R50 I10 J－45 N－4 Q－10 F200

示例5：表示在 X、Y 平面－45°起钻四个顺圆的孔，此循环执行一次，孔底执行 G81 钻孔动作。

G99 G70 X10 Y10 Z10 R50 I10 J－45 N－4 Q0 F200

G99 G70 X10 Y10 Z10 R50 I10 J－45 N－4 K0 F200

G99 G70 X10 Y10 Z10 R50 I10 J－45 N－4 Q0 K0 F200

示例6：表示在 X、Y 平面－45°起钻四个顺圆的孔，此循环执行一次，执行 G83 深孔循环。

G99 G70 X10 Y10 Z10 R50 I10 J－45 N－4 Q－10 K5 F200

用 ϕ10 mm 钻头加工如图 3－92 所示的孔。

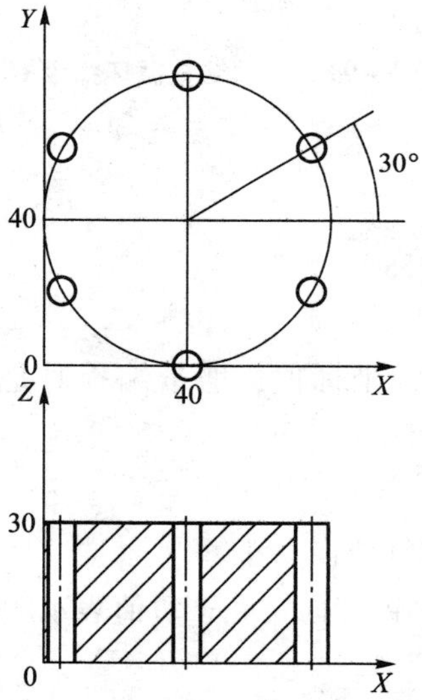

图 3－92　圆周钻孔加工实例

加工程序：

```
%3092
N10 G55 G00 X0 Y0 Z80
N20 G98 G70 G90 X40 Y40 R35 Z0 I40 J30 N6 P2 Q -10 K5 F100
N30 G90 G00 X0 Y0 Z80
N40 M30
```

十一、圆弧钻孔循环 G71 指令

格式：

(G98/G99) G71　X_　Y_　Z_　R_　I_　J_　O_　N_　【Q_　K_　P_　】F_　L_

此指令适用于 M21/22 系列 7.10 及以后版本、M18/19 系列 4.03 及以后版本。

功能：

以 *X*、*Y* 指定的坐标为中心，所形成半径为 *I* 的圆弧上，以 *X* 轴和角度 *J* 形成的点开始，间隔 *O* 角度作 *N* 个点的钻孔，每个孔的动作根据 *Q*、*K* 的值执行 G81 或 G83 标准固定循环。孔间位置的移动以 G00 方式进行。G71 为模态，其后的指令字为非模态。

说明：

X，Y：圆弧的中心坐标。

Z：孔底坐标。

R：绝对编程时是参照 *R* 点的坐标值；增量编程时是参照 *R* 点相对于初始 *B* 点的增量值。

I：圆弧半径。

J：最初钻孔点的角度，逆时针方向为正。

O：孔间角度间隔，正值表示逆时针方向钻孔，负值表示顺时针方向钻孔。

N：包括起点在内的孔的个数。

Q：每次进给深度，为有向距离。

K：每次退刀再次进给时，由快速进给转换为切削进给时距上次加工面的距离。

P：刀具在孔底暂停时间，单位为秒。

当 *Q* 大于零或 *K* 小于零、进刀距离 *Q* 小于退刀距离 *K* 时报错；当 *Q* 或 *K* 为零或没有定义时，每个孔的动作执行 G81 中心钻孔循环，此时 P 无效；当 *Q*、*K* 两者的值均正确时，每个孔的动作执行 G83 深孔加工循环，此时 P 有效。

注意：圆弧总角度 $N \times O$ 不能大于或等于 360°，否则不予执行。

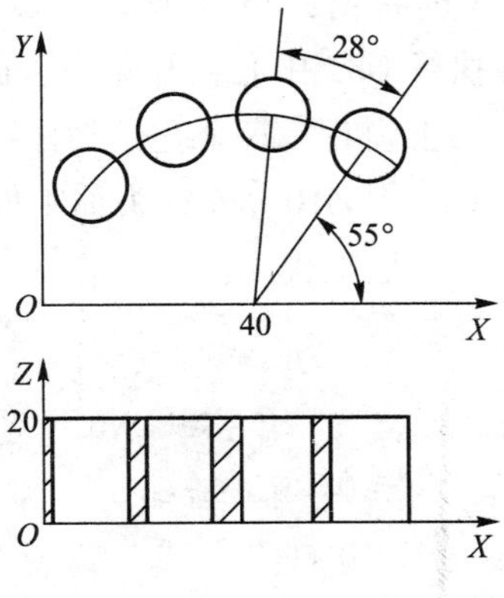

图 3－93　圆弧钻孔加工实例

用 ϕ10 mm 钻头加工如图 3－93 所示的孔。

加工程序：

```
%3093
N10 G55 G00 X0 Y0 Z80
N20 G98 G71 G90 X40 Y0 G90 R25 Z0 I40 J55 O28 N4 P2 Q -10 K5 F100
N30 G90 G00 X0 Y0 Z80
N40 M30
```

十二、G78：角度直线孔循环

格式：

(G98/G99) G78　X_　Y_　Z_　R_　I_　J_　N_　【Q_　K_　P_　】F_　L_

此指令适用于 M21/22 系列 7.10 及以后版本、M18/19 系列 4.03 及以后版本。

功能：

以 X、Y 指定的坐标为起点，在 X 轴和角度 J 所形成的方向用间隔 I 区分成 N 个孔做钻孔循环，每个孔的动作根据 Q、K 的值执行 G81 或 G83 标准固定循环。孔间位置的移动以 G00 方式进行。G78 为模态，其后的指令字为非模态。

说明：

X，Y：第一个孔的坐标。

Z：孔底坐标。

R：绝对编程时是参照 R 点的坐标值；增量编程时是参照 R 点相对于初始 B 点的增量值。

I：孔间距。

J：斜线与 X 轴正方向形成的起始角度，逆时针方向为正。

N：包括起点在内的孔的个数。

Q：每次进给深度，为有向距离。

K：每次退刀再次进给时，由快速进给转换为切削进给时距上次加工面的距离。

P：刀具在孔底暂停时间，单位为秒。

当 Q 大于零或 K 小于零、进刀距离 Q 小于退刀距离 K 时报错；当 Q 或 K 为零或没有定义时，每个孔的动作执行 G81 中心钻孔循环，此时 P 无效；当 Q、K 两者的值均正确时，每个孔的动作执行 G83 深孔加工循环，此时 P 有效。

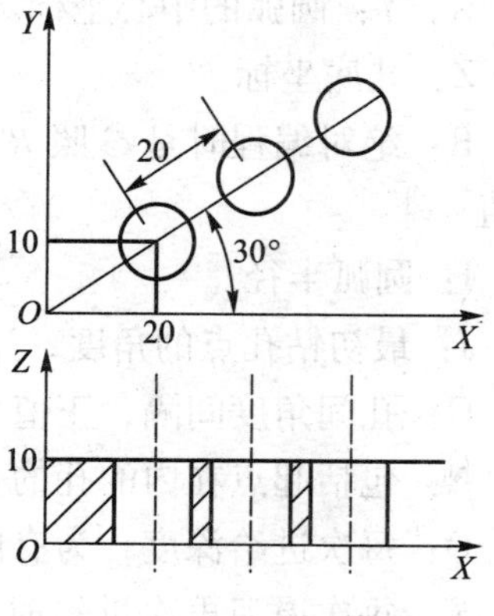

图 3－94　角度直线孔加工实例

用 ϕ10 mm 钻头加工如图 3－94 所示的孔。

加工程序：

```
%3094
N10 G55 G00 X0 Y0 Z80
N20 G98 G78 G90 X20 Y10 G90 R15 Z0 I20 J30 N3 P2 Q-10 K5 F100
N30 G90 G00 X0 Y0 Z80
N40 M30
```

十三、棋盘孔循环（先进行 *X* 方向钻孔）G79 指令

格式：

(G98/G99) G79　X_　Y_　Z_　R_　I_　N_　J_　O_　Q_　K_　P_　F_　L_

此指令适用于 M21/22 系列 7.10 及以后版本、M18/19 系列 4.03 及以后版本。

功能：

以 X、Y 指定的坐标为起点，在 X 轴平行方向以间隔 I 作 N 个孔，做钻孔循环，再以 Y 轴方向间隔 J 在 X 轴方向钻孔，共循环 O 次，每个孔的动作根据 Q、K 的值执行 G81 或 G83 标准固定循环。孔间位置的移动以 G00 方式进行。G78 为模态，其后的指令字为非模态。

参数说明：

X，Y：第一个孔的坐标。

Z：孔底坐标。

R：绝对编程时是参照 R 点的坐标值；增量编程时是参照 R 点相对于初始 B 点的增量值。

I：X 方向孔间距，正表示向 X 轴正方向钻孔，负表示向 X 轴负方向钻孔。

N：X 方向包括起点在内的孔的个数。

J：Y 方向孔间距，正表示向 Y 轴正方向钻孔，负表示向 Y 轴负方向钻孔。

O：Y 方向包括起点在内的孔的个数。

Q：每次进给深度，为有向距离。

K：每次退刀后，再次进给时，由快速进给转换为切削进给时距上次加工面的距离。

P：刀具在孔底暂停时间，单位为秒。

当 Q 大于零或 K 小于零、进刀距离 Q 小于退刀距离 K 时报错；当 Q 或 K 为零或没有定义时，每个孔的动作执行 G81 中心钻孔循环，此时 P 无效；当 Q、K 两者的值均正确时，每个孔的动作执行 G83 深孔加工循环，此时 P 有效。

用 $\phi10$ mm 钻头加工如图 3－95 所示的孔。

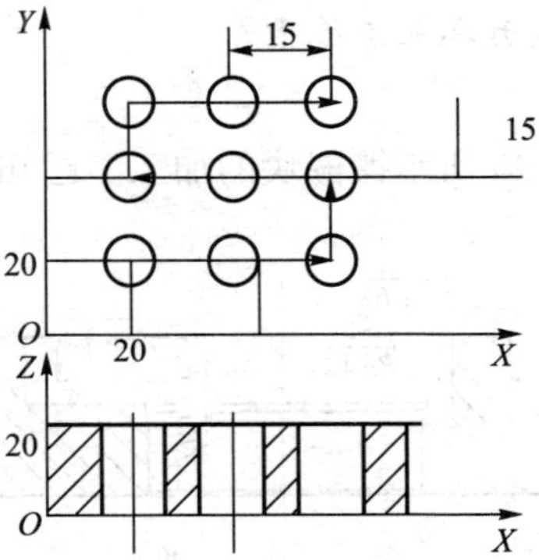

图 3－95　棋盘孔加工实例

加工程序：

```
%3095
N10 G55 G00 X0 Y0 Z80
N20 G98 G79 G90 X20 Y20 G90 R25 Z0 I15 N3 J15 O3 P2 Q -10 K5 F100
N30 G90 G00 X0 Y0 Z80
N40 M30
```

固定循环小结

使用固定循环时应注意以下几点：

（1）在固定循环指令前应使用 M03 或 M04 指令使主轴回转；

（2）在固定循环程序段中，“X”“Y”“Z”“R”数据应至少指令一个才能进行孔加工；

（3）在使用控制主轴回转的固定循环（G74、G84、G86）中，如果连续加工一些孔间距比较小，或者初始平面到 R 点平面的距离比较短的孔时，会出现在进入孔的切削动作前主轴还没有达到正常转速的情况，遇到这种情况，应在各孔的加工动作之间插入 G04 指令，以获得时间；

（4）当用 G00～G03 指令注销固定循环时，若 G00～G03 指令和固定循环出现在同一程序段，则按后出现的指令运行；

（5）在固定循环程序段中，如果指定了 M，则在最初定位时送出 M 信号，等待 M 信号完成后才能进行孔加工循环。

3.3　复杂铣削类零件程序编制与机床操作

学习目标

进一步熟练掌握数控铣床的相关操作。

巩固铣削编程指令的使用。

会分析复杂平面轮廓零件的铣削工艺。

能合理选择铣削用量。

培养安全文明生产的习惯。

增强安全文明生产意识，提升职业道德素养。

【任务十一】

在数控铣床上完成如图 3－96 所示镶嵌块的加工。已知毛坯尺寸为 100 mm×100 mm×28 mm，已加工，材料为45#钢。

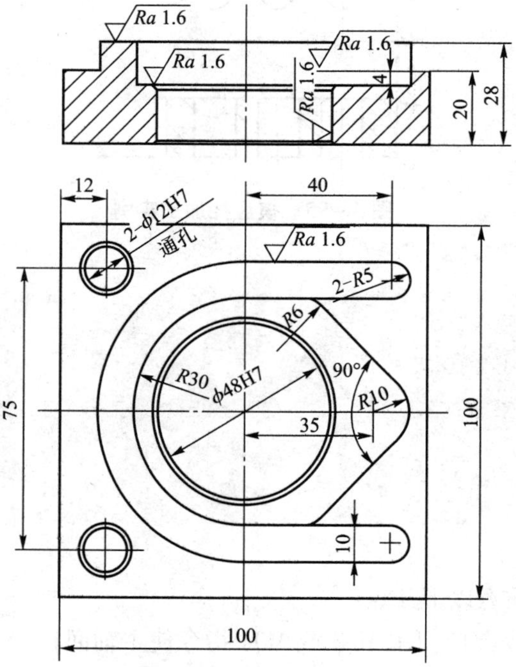

图 3－96　任务十一用图

零件的技术要求如下。

（1）未注公差尺寸按 GB/T 1804—2000。

（2）以小批量生产条件编程。

（3）填写数控加工刀具卡片。

（4）填写数控加工工序卡片。

任务实施

1. 图样分析

如图3－96所示的零件形状比较规则，主要由平面外形轮廓、型腔和孔组成，总体尺寸较小，尺寸精度和表面粗糙度要求不高，无几何公差要求，零件的典型特征为平面外形轮廓和型腔。

2. 确定装夹方案

由工艺分析可知，零件形状规则，毛坯六面已加工，故采用机用平口钳直接装夹。

3. 确定刀具

由零件的加工内容来选择刀具，如表3－3所示。

表3－3　数控加工刀具卡片

<table>
<tr><td colspan="2">产品名称</td><td></td><td>零件名称</td><td></td><td>零件图号</td><td></td></tr>
<tr><td colspan="2">设备名称</td><td></td><td>程序号</td><td></td><td>工序名称</td><td></td></tr>
<tr><td colspan="2">材料</td><td>45#钢</td><td>硬度</td><td></td><td>地点</td><td></td></tr>
<tr><td rowspan="2">序号</td><td rowspan="2">刀具编号</td><td rowspan="2">刀具名称与材料</td><td colspan="2">刀具参数</td><td colspan="2">刀补地址</td></tr>
<tr><td>刀具直径/mm</td><td>切削刃长度/mm</td><td>刀补号</td><td>半径</td></tr>
<tr><td>1</td><td>T01</td><td>平底立铣刀，
高速钢</td><td>$\phi20$</td><td>45</td><td></td><td></td></tr>
<tr><td>2</td><td>T02</td><td>平底立铣刀，
高速钢</td><td>$\phi10$</td><td>30</td><td></td><td></td></tr>
<tr><td>3</td><td>T03</td><td>钻头</td><td>$\phi11.8$</td><td>75</td><td></td><td></td></tr>
<tr><td>4</td><td>T04</td><td>铰刀</td><td>$\phi12H7$</td><td>15</td><td></td><td></td></tr>
<tr><td>5</td><td>T05</td><td>倒角刀</td><td>$\phi6$</td><td></td><td></td><td></td></tr>
</table>

4. 编制工艺

根据加工要求，按照先粗后精的原则加工零件，数控加工工序卡见表3－4。

表3－4　数控加工工序卡

<table>
<tr><td rowspan="2">单位
名称</td><td rowspan="2"></td><td>产品名称</td><td>零件名称</td><td>零件图号</td></tr>
<tr><td></td><td></td><td></td></tr>
<tr><td>工序</td><td>程序编号</td><td>夹具名称</td><td>使用设备</td><td>车间</td></tr>
<tr><td></td><td></td><td>机用平口钳</td><td></td><td></td></tr>
</table>

续表

工步号	工步内容	刀号	刀具规格	主轴转速/（r·min^{-1}）	进给速度/（mm·min^{-1}）	背吃刀量/mm	备注
1	粗、精加工U形外轮廓	T01	ϕ20 mm 立铣刀	600	120	4	
2	钻通孔	T03	ϕ11.8 mm 钻头	650	60	—	
3	铣 ϕ48 mm 孔	T01	ϕ20 mm 立铣刀	600	120	4	
4	铣凹腔	T02	ϕ10 mm 立铣刀	800	60	3	
5	铰孔	T04	ϕ12H7 mm 铰刀	120	20	0.2	
6	倒角	T05	ϕ6 mm 倒角刀	800	60		

5. 编制程序

工步1：

```
%3068
G54 G00 X60 Y-60
M03 S600
G00 Z-4
G41 G01 X55 Y50 D01 F80
G01 X40 Y-40
X0
G02 X0 Y40 R40
G01 X40
G02 X40 Y30 R5
G01 X0
G03 X0 Y-30 R30
G01 X40 Y-30
G02 X40 Y-40 R5
G40 G01 X0 Y-60
G00 Z150
M30
```

钻孔：

```
%3069
G54 G00 X0 Y0 Z5
M03 S700
G01 Z-35 F40
```

```
G01 Z5
G0 X-38 Y37.5
G01 Z-35 F40
G01 Z5
G0 X-38 Y-37.5
G01 Z-35 F40
G01 Z5
G0 Z100
M30
```

铣 ϕ48 mm 内孔：

```
%3070
G54 G00 X0 Y-5 Z2
M03 S600
G00 Z-8 F80
G41 G01 X24 Y0 D01 F80
G03 I-24 J0 Z-14
G03 I-24 J0 Z-20
G03 I-24 J0 Z-26
G03 I-24 J0 Z-30
G00 X0 Y0
G00 Z100
G40 G00 X-10 Y10
M30
```

铣凹腔：

```
%3071
G54 G00 X0 Y-5 Z2
M03 S800
G01 Z-12 F60
G41 G01 X42.07 Y7.07 D02
G01 X20.90 Y28.24
G03 X16.66 Y30 R6
G01 X0 Y30
G03 X0 Y-30 R30
G01 X16.66 Y-30
G03 X20.90 Y-28.24 R6
G01 X42.07 Y-7.07
G03 X42.07 Y7.07 R10
G0 Z50
G40 X10 Y10
M30
```

6. 数控机床加工

项目训练 1

在掌握任务十一的基础上，完成图 3－97 所示零件的编程与加工。材料为 CY12。

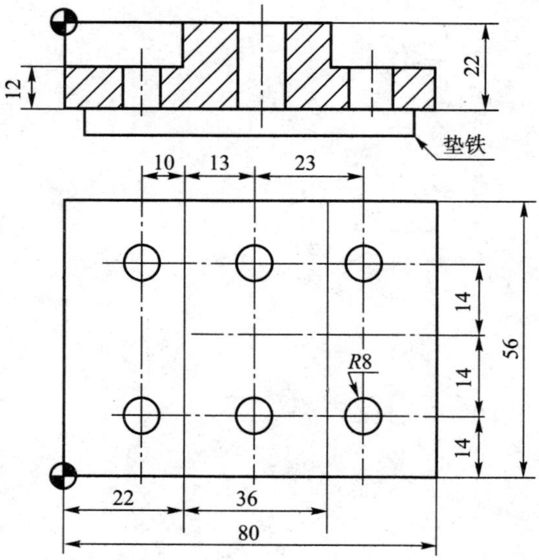

图 3－97　项目训练 1 用图

项目训练 2

在掌握任务十一的基础上，完成图 3－98 所示零件的编程与加工。材料为 CY12。

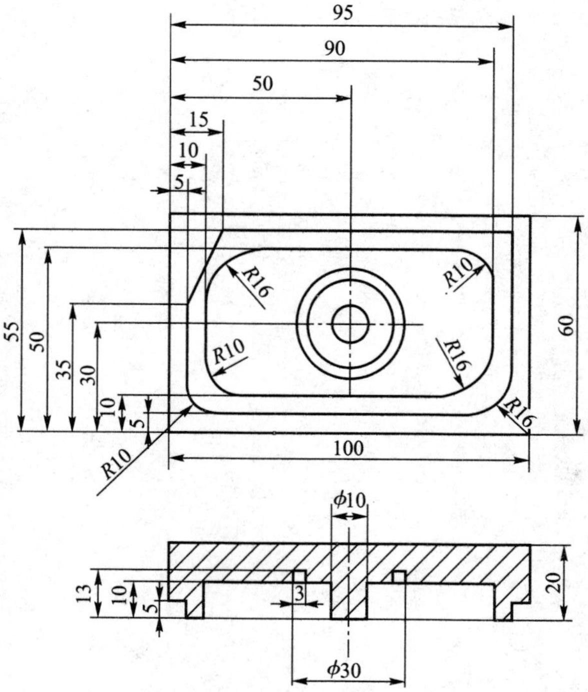

图 3－98　项目训练 2 用图

项目训练3

在掌握任务十一的基础上，完成图3－99所示零件的编程与加工。材料为CY12。

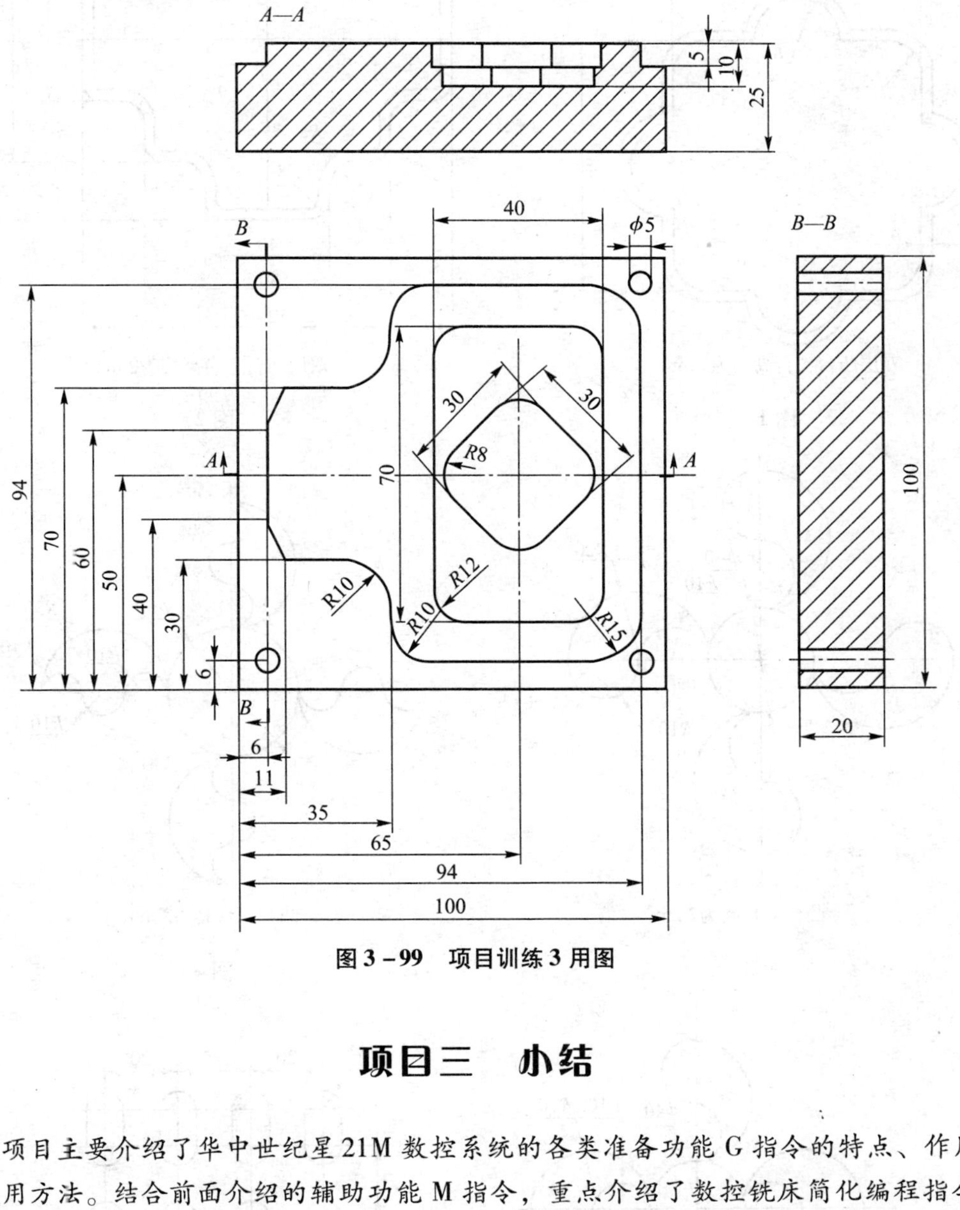

图3－99　项目训练3用图

项目三　小结

本项目主要介绍了华中世纪星21M数控系统的各类准备功能G指令的特点、作用、格式与使用方法。结合前面介绍的辅助功能M指令，重点介绍了数控铣床简化编程指令与固定循环指令的运用，以及各类指令的综合应用方法。通过学习项目内容，可以完成一般内外轮廓、表面、沟槽、孔等结构与零件的数控铣床编程加工。

项目三　练习题

1. 数控铣床手动试切对刀时，如何将工件坐标系的坐标原点选在不同的位置上？
2. 编制如图1～图16所示零件的数控加工程序。

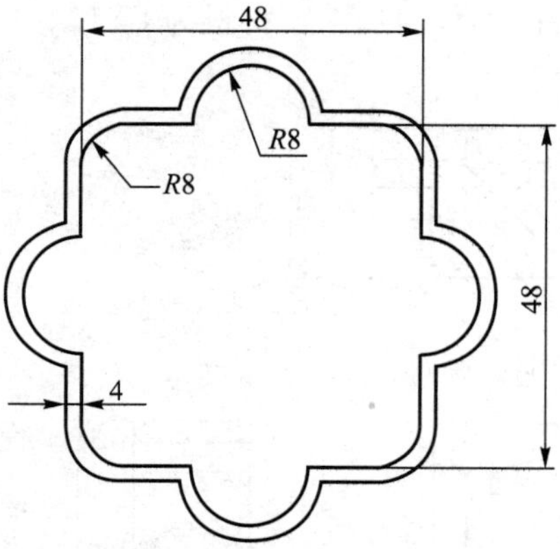

双层凸台，台高均为2 mm

图 1

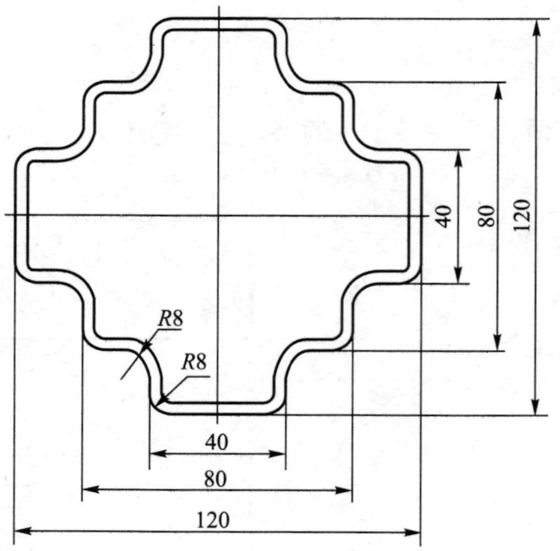

双层凸台，台高均为2 mm

图 2

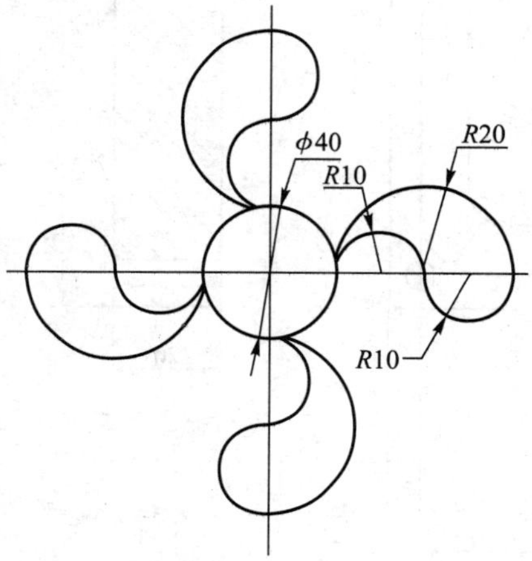

凸台，台高为2 mm

图 3

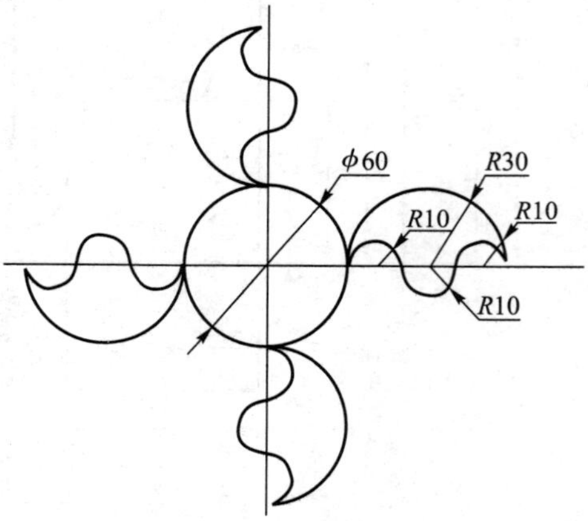

凸台，台高为2 mm

图 4

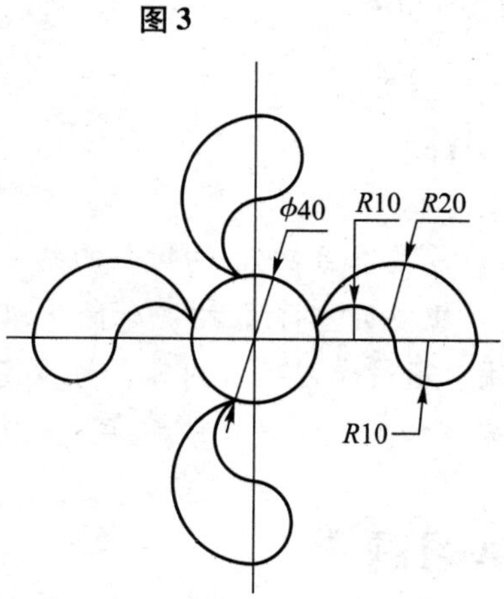

凸台，台高为2 mm

图 5

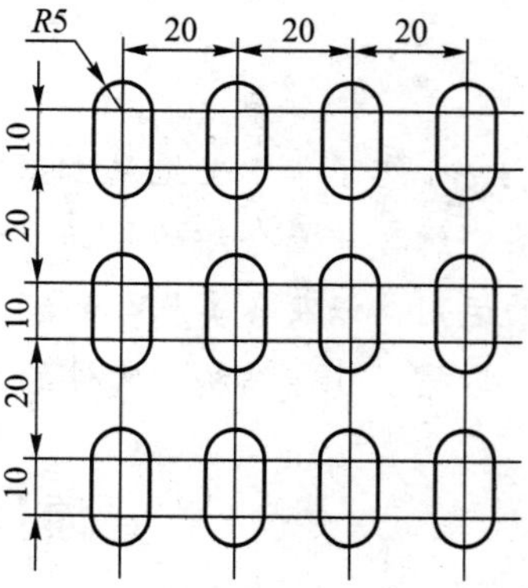

凸台，台高为2 mm

图 6

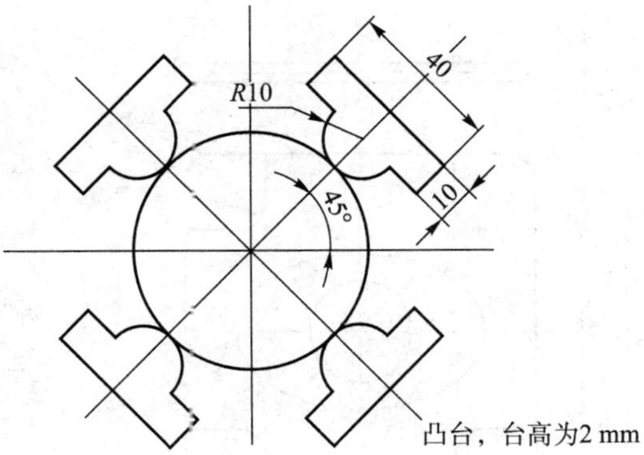

图 7

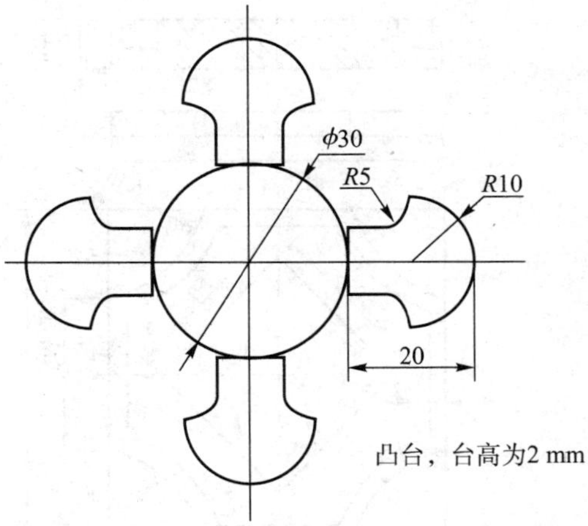

图 8

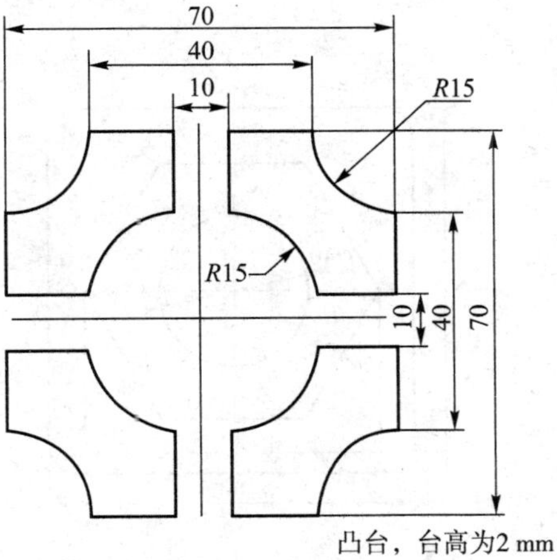

图 9

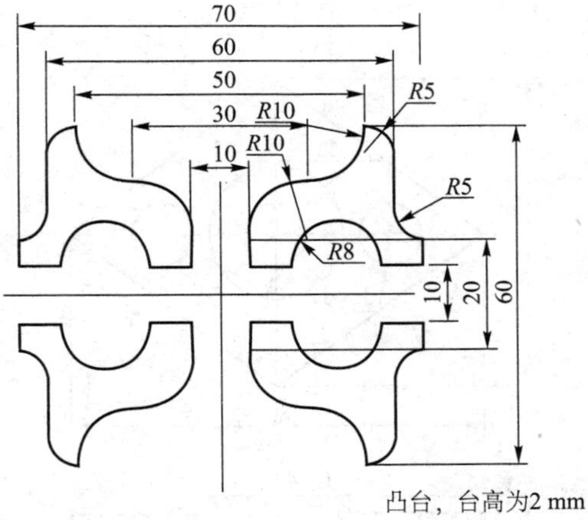

图 10

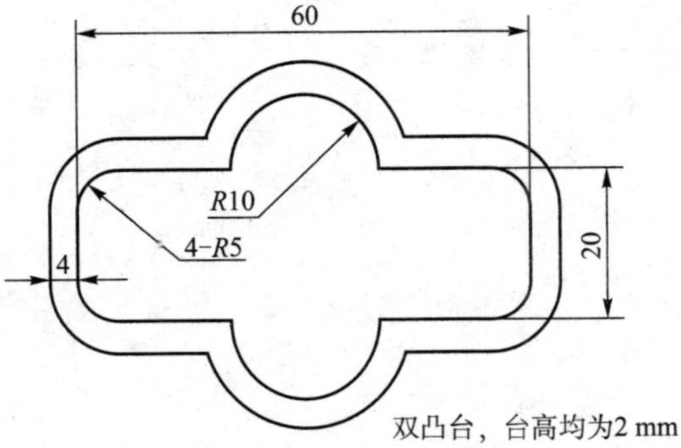

图 11

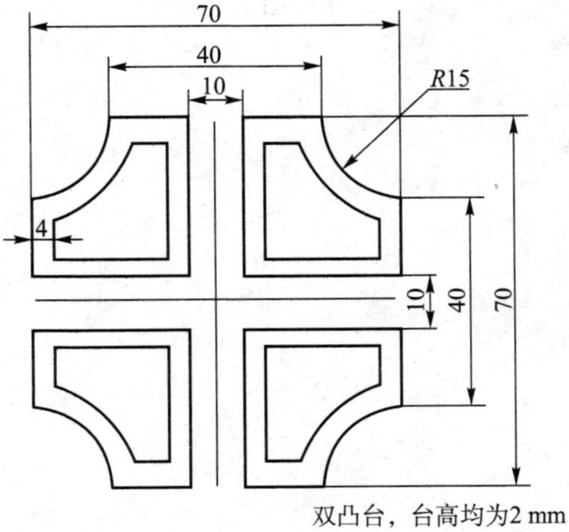

图 12

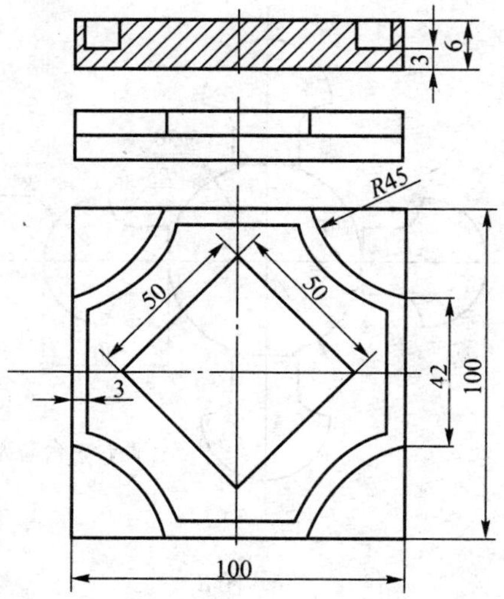

图 13

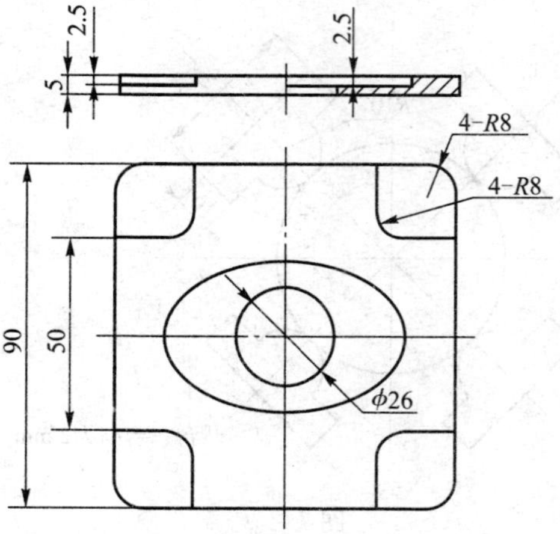

图 14

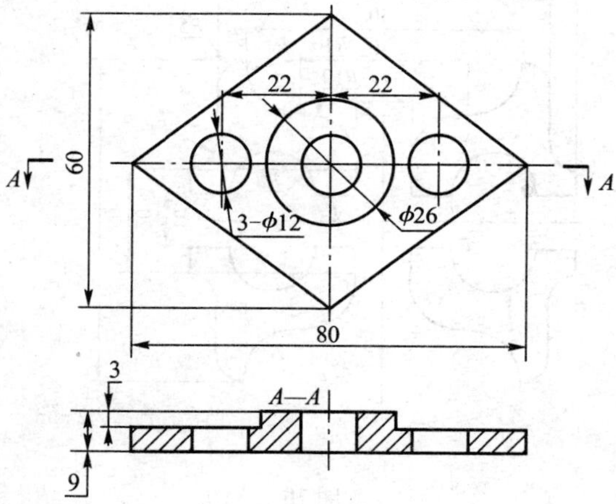

图 15

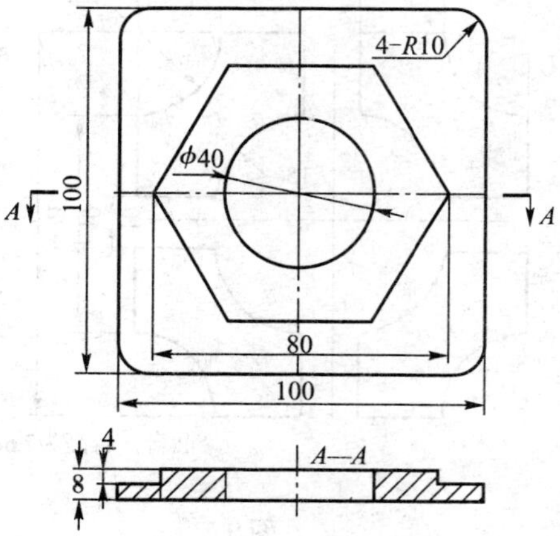

图 16

项目4　宏程序的编制与机床操作

学习目标

掌握华中世纪星21T、21M数控系统车、铣床宏指令编程的相关规定，包括宏变量与常量的规定、运算符与表达式的规定、赋值语句的规定、条件判断语句与循环语句的规定、参数传递方法的规定。

掌握华中世纪星数控车床、数控铣床宏指令编程的作用、使用方法及优点。

会利用宏程序来完成零件的编程与加工。

4.1　宏程序的基础知识

知识学习

4.1.1　宏变量及宏常量

华中数控车床的HNC－21/22T、HNC－18/19数控系统及铣床的HNC－21M数控系统为用户配备了强有力的、类似于高级语言的宏程序功能，用户可以使用变量进行算术运算、逻辑运算和函数的混合运算。此外宏程序还提供了循环语句、分支语句和子程序调用语句，适合编制各种复杂的零件加工程序，减少乃至免除手工编程时进行烦琐的数值计算，以及精简程序量；适合抛物线、椭圆、双曲线等没有插补指令的曲线编程；适合图形一样，只是尺寸不同的系列零件的编程；适合工艺路径一样，只是位置参数不同的系列零件的编程，较大地简化了编程，扩展了应用范围。

一、宏变量

#0～#49　　当前局部变量

#50～#199　　全局变量

注：铣床HNC－21M数控系统#100～#199全局变量可以在子程序中定义半径补偿量。

#200～#249　　0层局部变量

#250～#299　　1层局部变量

#300～#349　　2层局部变量

#350～#399　　3层局部变量

#400～#449　　4层局部变量

#450～#499　　5层局部变量

#500 ~ #549　　6 层局部变量

#550 ~ #599　　7 层局部变量

注：用户编程仅限使用#0 ~ #599 局部变量。#599 以后变量用户不得使用；#599 以后变量仅供系统程序编辑人员参考。

二、常量

PI：圆周率 p

TRUE：条件成立（真）

FALSE：条件不成立（假）

三、运算符与表达式

1. 算术运算符

+，-，*，/。

2. 条件运算符

EQ（=），NE（≠），GT（>），GE（≥），LT（<=），LE（≤）。

3. 逻辑运算符

AND，OR，NOT。

4. 函数

SIN（正弦），COS（余弦），TAN（正切），ATA N（反正切），ABS（绝对值），INT（取整），SIGN（取符号），SQRT（开方），EXP（指数）。

5. 表达式

用运算符连接起来的常数，宏变量构成表达式。

例如：175/SQRT [2] * COS [55 * PI/180]；#3 *6 GT 14。

4.1.2　宏程序的语句

一、赋值语句

格式：

宏变量 = 常数或表达式

把常数或表达式的值送给一个宏变量称为赋值。

例如：#2 = 175/SQRT [2] * COS [55 * PI/180]；#3 = 124.0。

二、条件判别语句

格式 1：IF 条件表达式

…

ELSE

…

ENDIF

功能：

条件成立执行 IF 与 ELSE 之间的程序，不成立则执行 ELSE 与 ENDIF 之间的程序。

格式 2：IF 条件表达式

…

ENDIF

功能：

条件成立执行 IF 与 ENDIF 之间的程序，不成立则跳过。其中 IF、ENDIF 称为关键词，不区分大小写。IF 为开始标识，ENDIF 为结束标识。

三、循环语句

格式：WHILE 条件表达式

…

ENDW

功能：

条件成立执行 WHILE 与 ENDW 之间的程序，然后返回到 WHILE 再次判断条件，直到条件不成立才跳到 ENDW 后面。

条件判别语句的使用参见宏程序编程举例。

循环语句的使用参见宏程序编程举例。

4.2　简单轮廓宏程序的编制与加工

4.2.1　数控车床简单宏程序的编制与加工

【任务一】

用宏程序编制如图 4－1 所示零件的粗、精加工程序。

例 4.1　用宏程序编制如图 4－2 所示抛物线在 A 区间［0，8］内的程序。

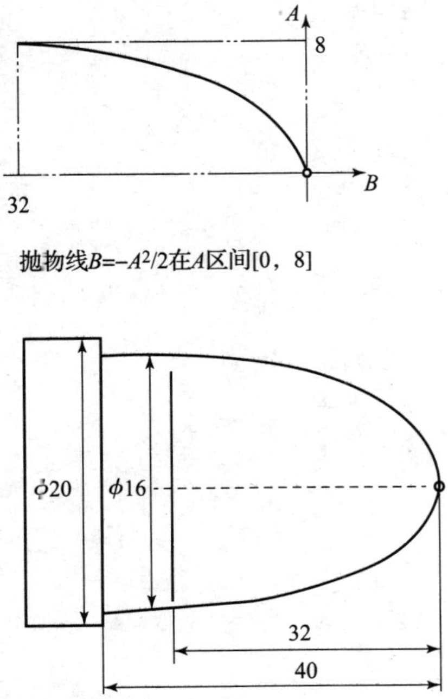

图 4－1　任务一用图（一）

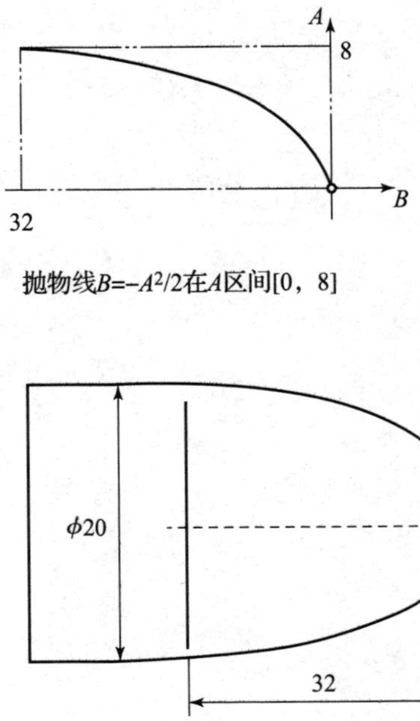

图 4－2　任务一用图（二）

加工程序：

```
%4401
N1 T0101
N2 G37
N3 #10 =0                          ;A 坐标
N4 M03 S600
N5 WHILE #10 LE 8
N6 #11 = #10 * #10 /2
N7 G90 G01 X[#10]  Z[-#11]  F500
N8 #10 = #10 +0.08
N9 ENDW
N10 G00 Z0 M05
N11 G00 X0
N12 M30
```

任务一图 4-1 加工程序：

```
%3402
T0101
G00 X21 Z3
M03 S600
#10 =7.5                              ;A 坐标
WHILE  #10  GE  0                     ;粗加工
#11 = #10 * #10 /2                    ;B 坐标
G90 G01 X[2 * #10 +0.8]  F500
Z[-#11 +0.05]
U2
Z3
#10 = #10 -0.6
ENDW
#10 =0                                ;A 坐标
WHILE #10 LE 8                        ;精加工
#11 = #10 * #10 /2                    ;B 坐标
G90 G01 X[2 * #10]  Z[-#11]F500
#10 = #10 +0.08
ENDW
G01 X16 Z -32
Z -40
G00 X20.5 Z3
M05
M30
```

项目训练1

用宏程序编制如图4－3所示零件加工程序。

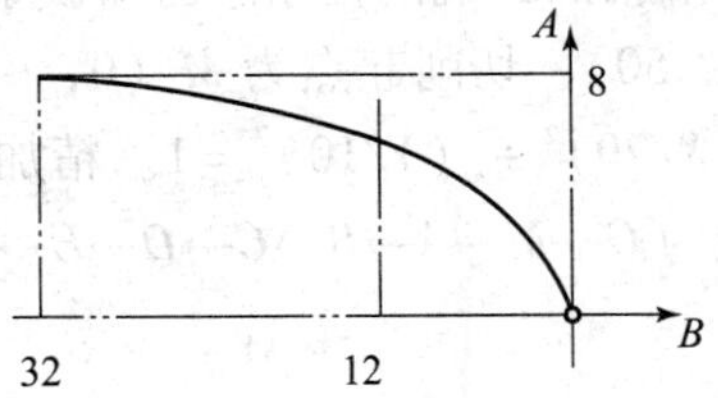

抛物线$B=-A^2/2$在B区间[12，32]

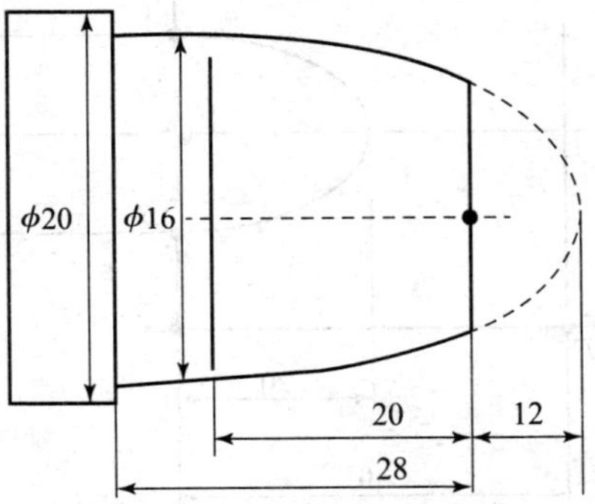

图4－3　项目训练1用图

项目训练2

用宏程序编制如图4－4所示零件加工程序。

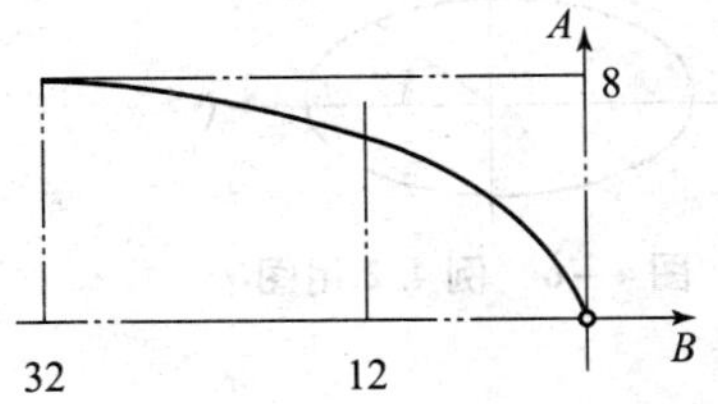

抛物线$B=-A^2/2$在B区间[12，32]

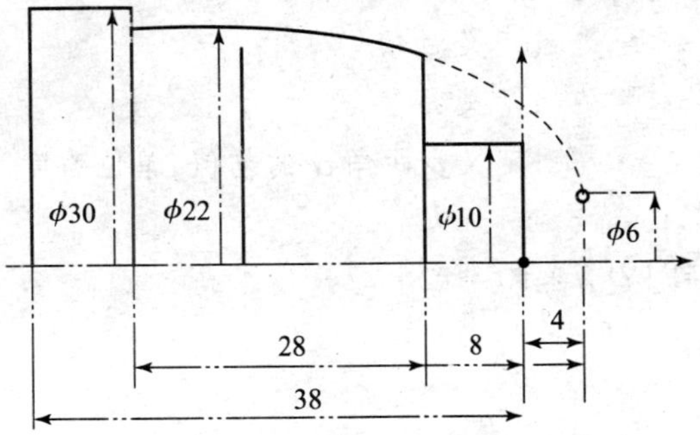

图4－4　项目训练2用图

4.2.2 数控铣床简单宏程序的编制与加工

【任务二】

如图4-5所示，编制零件外廓精加工铣削程序。已知板厚5 mm，工件坐标系原点设于工件上表面，起刀点 O 为（0，0，50），切削起点为 M（0，-30，-5），半径补偿量代号为D01，BC 段为椭圆，方程为 $(X/20)^2+(Y/10)^2=1$。精加工主轴转速为800 r/min，进给速度为100 mm/min。走刀路线为 $O \to M \to A \to B \to C \to D \to E \to F \to A \to O$。

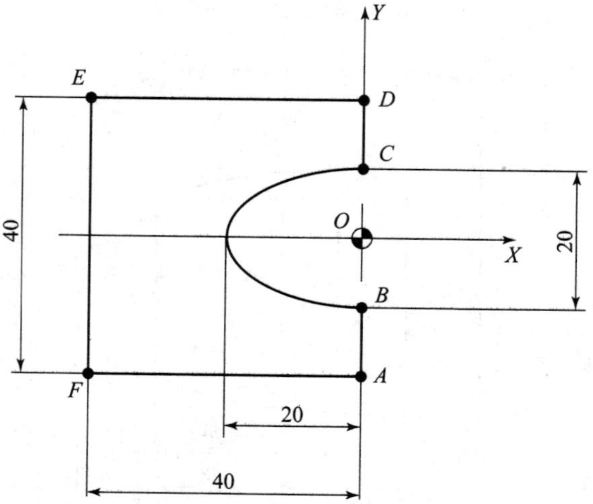

图4-5 任务二用图

例4.2 编辑椭圆加工程序，如图4-6所示，椭圆长半轴长为20 mm，短半轴长为10 mm（椭圆表达式：$X=a\times\cos\alpha$，$Y=b\times\sin\alpha$）。

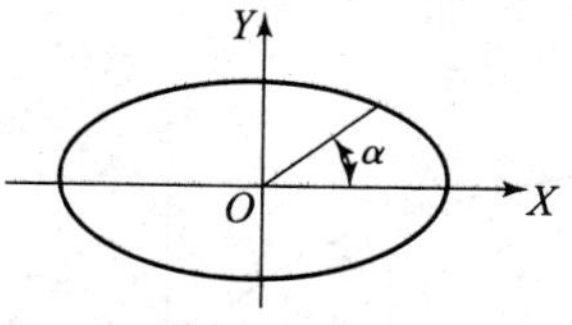

图4-6 例4.2用图

加工程序：

```
%4001
#0 =5                         ;定义刀具半径 R 值
#1 =20                        ;定义 a 值
#2 =10                        ;定义 b 值
#3 =0                         ;定义步距角 α 的初值,单位为度
N1G54G00 X0 Y0 Z10
N2 G00 X[2 * #0 + #1]Y[2 * #0 + #2]
```

```
N3 G01 Z0
N4 G41 X[#1]
N5 WHILE #3 GE [-360]
N6 G01 X[#1*COS[#3*PI/180]]Y[#2*SIN[#3*PI/180]]
N7 #3=#3-5
ENDW
G01 G91 Y[-2*#0]
G90 G00 Z10
G40 X0 Y0
M30
```

任务二图4-5加工程序：

```
%0001
#0=5                    ;定义刀具半径R值
#1=20                   ;定义a值
#2=10                   ;定义b值
#3=0                    ;定义步距角α的初值,单位为度
N1 G92 X0 Y0 Z10
N2 G00 X[2*#0+#1]Y[2*#0+#2]
N3 G01 Z0
N4 G41 X[#1]
N5 WHILE #3 GE [-360]
N6 G01 X[#1*COS[#3*PI/180]]Y[#2*SIN[#3*PI/180]]
N7 #3=#3-5
ENDW
G01 G91 Y[-2*#0]
G90 G00 Z10
G40 X0 Y0
M30
```

项目训练

如图4-7所示，编制零件外廓精加工铣削程序。已知板厚为5 mm，工件坐标系原点设于工件上表面，起刀点 O 为（0，0，50），切削起点 M 为（20，-30，-5），半径补偿量代号为D01，$B-O-C$ 段为抛物线，方程为 $X=Y^2/5$。精加工主轴转速800 r/min，进给速度100 mm/min。走刀路线为 $O \to M \to A \to B \to O \to C \to D \to E \to F \to A \to O$。

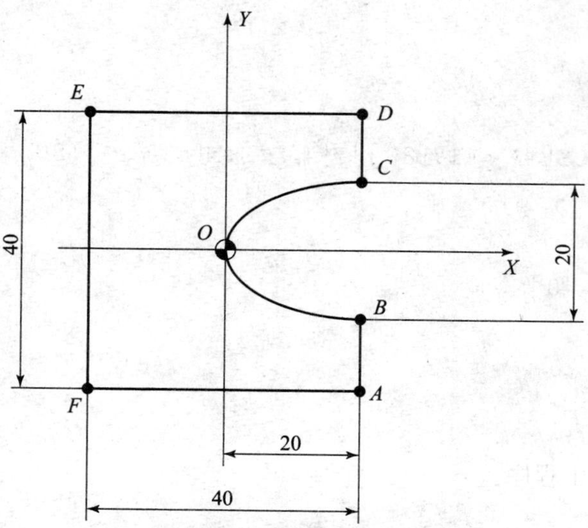

图 4-7　项目训练用图

4.3　复杂轮廓宏程序的编制与加工

【任务三】

如图 4-8 所示，用球头铣刀加工 *R*5 mm 倒圆曲面。

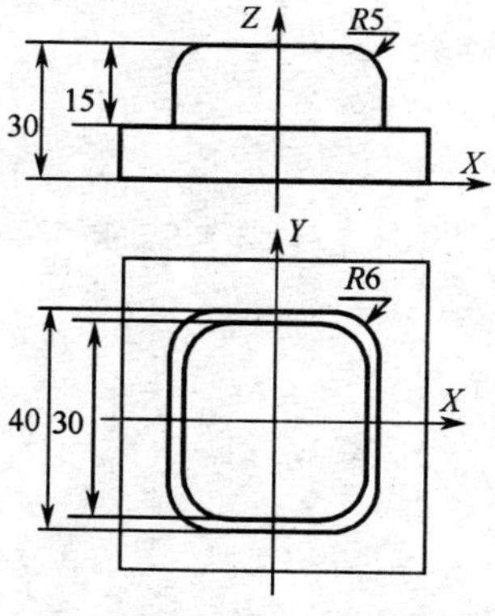

图 4-8　任务三用图

例 4.3　如图 4-9 所示，铣半球，编制该零件的加工程序。

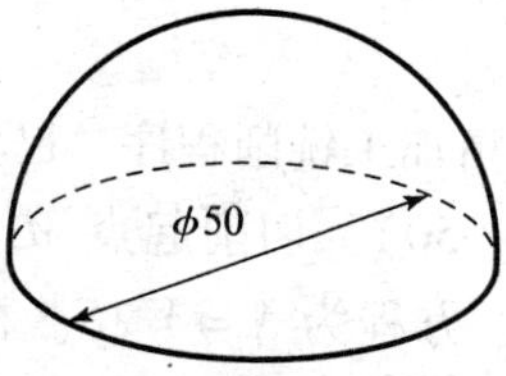

图 4-9　例 4.3 用图

加工程序：

```
%100
G55 G00 X20 Y20 Z100
M03 S800
G42 G00 X0 Y0 Z26 D01                  ;平底刀,加刀补
G01 Z25 F250
#1 =0                                  ;R值
WHILE #1 LE 25
G01 X[#1]Z[SQRT[25*25-#1*#1]]
G17 G03 I[-#1]
#1 =#1 +0.1
ENDW
G00 Z100
X20 Y20
M30
```

任务三图4-8加工程序:

```
%0001                                          ;刀位点为球心
G92 X-30 Y-30 Z25
#0 =5                                          ;倒圆半径
#1 =4                                          ;球刀半径
#2 =180                                        ;步距角Q的初值,单位为度
WHILE #2 GT 90
G01 Z[25+[#0+#1]*SIN[#2*PI/180]]               ;计算Z轴高度
#101 =ABS[[#0+#1]*COS[#2*PI/180]]-#0           ;计算半径偏移量
G01 G41 X-20 D101
Y14
G02 X-14 Y20 R6
G01 X14
G02 X20 Y14 R6
G01 Y-14
G02 X14 Y-20 R6
G01 X-14
G02 X-20 Y-14 R6
G01 X-30
G40 Y-30
#2 =#2 -10
ENDW
M30
```

项目训练

编制图 4－10 所示零件的加工程序。

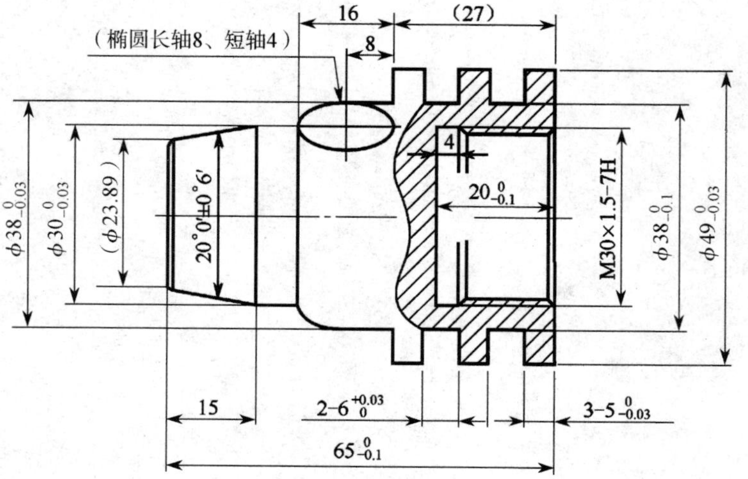

图 4－10　项目训练用图

项目四　小结

本项目介绍了华中世纪星 21T、21M 数控系统车、铣床宏指令编程相关规定，数控车床宏指令编程的示例与数控铣床宏指令编程的示例。宏指令编程是对数控机床手工编程的极大拓展，可以解决很多由方程描述的曲线或曲面的编程加工问题，还可以大大简化程序，以及通过修改参数来加工相似形结构。同时，宏指令也是各类固定循环指令的后台支撑，机床使用者可以通过自行编写宏程序来实现自定义固定循环。宏程序对于拓展数控车、铣床加工范围具有重要意义。

项目四　练习题

1. 如图 1 所示，试编写适合在 HNC－21/22T 华中世纪星数控车系统上加工的宏程序（注：只编写切槽程序，假设刀宽为 2.8 mm，以左刀尖为刀位点编程）。

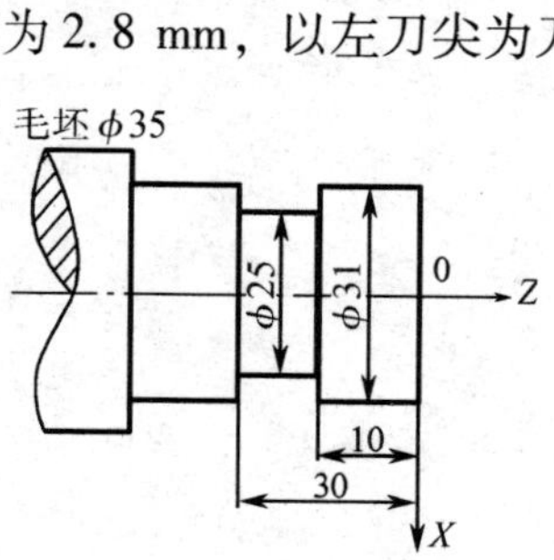

图 1

2. 编制如图 1 ~ 图 4 所示零件的加工程序。

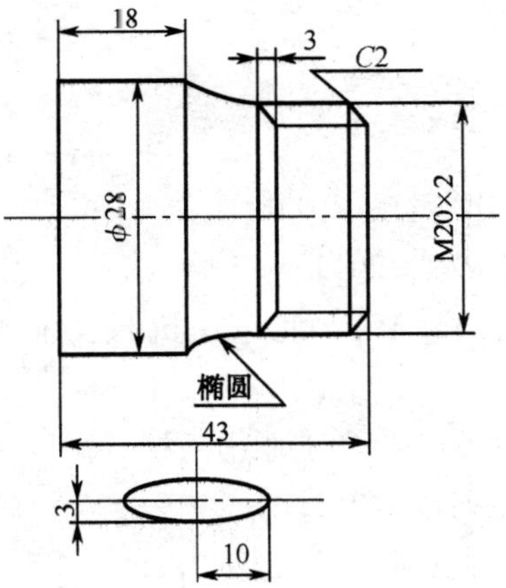
18
3
C2
φ28
M20×2
椭圆
43
3
10

图 2

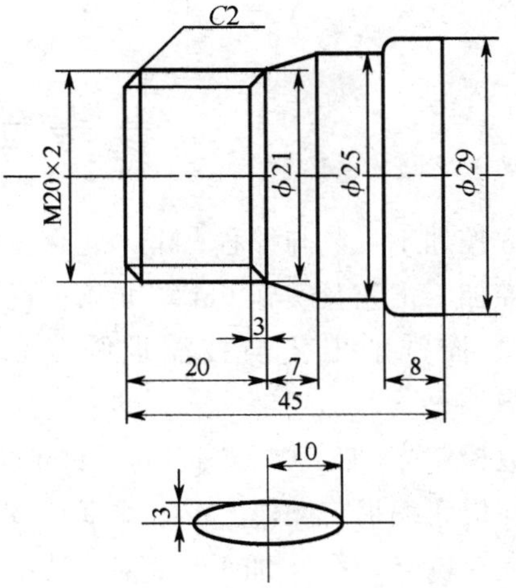
C2
M20×2
φ21
φ25
φ29
3
20
7
8
45
10
3

图 3

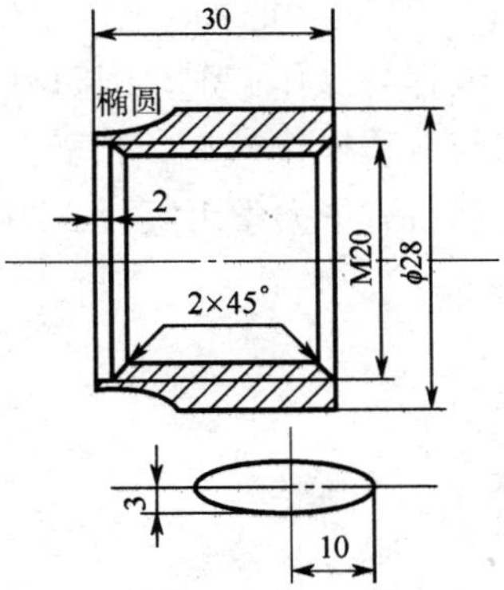
30
椭圆
2
M20
φ28
2×45°
3
10

图 4

参 考 文 献

［1］关雄飞．数控加工工艺与编程［M］．北京：机械工业出版社，2011.

［2］李柱．数控加工工艺及实施［M］．北京：机械工业出版社，2011.

［3］周晓红．数控铣削工艺与技能训练（含加工中心）［M］．北京：机械工业出版社，2011.

［4］张亚力．数控铣床/加工中心编程与零件加工［M］．北京：化学工业出版社，2011.

［5］魏杰．数控机床编程与操作［M］．北京：电子工业出版社，2012.

［6］陈学翔．数控铣（中级）加工与实训［M］．北京：机械工业出版社，2011.

［7］周健强．数控加工技术［M］．中国人民大学出版社，2010.

［8］郭勋德，李莉芳．数控编程与加工实训教程［M］．北京：清华大学出版社，2009.

［9］张伟．数控机床零件加工［M］．北京：北京邮电大学出版社，2012.

［10］李河水．赵晓东．数控加工编程与操作［M］．国防科技大学出版社，2010.

［11］周麟彦．数控铣床加工工艺与编程操作［M］．北京：机械工业出版社，2009.

［12］王明红．数控技术［M］．北京：清华大学出版社，2009.